联用分析技术
在农业领域的应用

田宏哲　赵瑛博　主编

LIANYONG FENXI JISHU
ZAI NONGYE LINGYU DE YINGYONG

U0231181

化学工业出版社
·北京·

内 容 简 介

本书结合当前分析技术的发展前沿，系统介绍了色谱-质谱联用技术、色谱-光谱联用技术、色谱-核磁共振波谱联用技术、色谱-色谱联用技术及光电关联成像技术等几种联用分析技术的基本原理、仪器结构，及其应用于农药残留、兽药残留、农用抗生素、有机金属化合物、生物毒素、天然产物活性成分分析、蛋白质组学及代谢组学等研究中的最新进展。

本书可供分析工作者及技术开发人员参考，也可作为高等院校农林、化学、食品、环境、医药等专业的教材使用。

图书在版编目（CIP）数据

联用分析技术在农业领域的应用/田宏哲，赵瑛博主编. —北京：化学工业出版社，2020.12
ISBN 978-7-122-38079-1

Ⅰ.①联… Ⅱ.①田…②赵… Ⅲ.①仪器分析-应用-农业化学-高等学校-教材 Ⅳ.①S13

中国版本图书馆 CIP 数据核字（2020）第 246130 号

责任编辑：冉海滢 刘 军　　　　　　文字编辑：张春娥
责任校对：宋 玮　　　　　　　　　　装帧设计：王晓宇

出版发行：化学工业出版社（北京市东城区青年湖南街 13 号　邮政编码 100011）
印　　装：北京虎彩文化传播有限公司
710mm×1000mm　1/16　印张 15½　字数 334 千字　2021 年 3 月北京第 1 版第 1 次印刷

购书咨询：010-64518888　　　　　　售后服务：010-64518899
网　　址：http://www.cip.com.cn
凡购买本书，如有缺损质量问题，本社销售中心负责调换。

定　　价：88.00 元

本书编写人员名单

主　　编：田宏哲　赵瑛博

副 主 编：胡　睿　王　荫　王远鹏

编写人员：（按姓名汉语拼音排序）

　　　　　　付浩亮　胡　睿　田宏哲　王　荫　王远鹏

　　　　　　徐成浩　许春琦　张　俊　赵瑛博

前言

仪器分析领域具备两个发展方向：一方面，为了应对海量样本的分析任务，必须发展快速分析方法，如免疫分析技术等；另一方面，对现代仪器分析技术的需求也越来越大。合二为一，就是追求更为先进的分析平台，以满足高检测灵敏度和对复杂样品成分进行全分析的需求。

传统的仪器分析技术，如气相色谱（GC）、高效液相色谱（HPLC）、质谱（MS）、核磁共振波谱（NMR）、光谱、电镜等分析技术虽然在仪器结构及分析原理方面取得了很大进展，但并不能完美地解决上述问题。随着分离科学与技术的发展，不同仪器分析技术的联用已成为一个必然趋势。从理论上考虑，为了尽可能发挥不同分析系统的效能，必须按照仪器结构及分析原理来恰当地进行设计，如色谱-质谱、色谱-光谱、色谱-核磁共振波谱、色谱-色谱及光镜-电镜等联用技术，使快速定性定量分析及复杂样品全分析的进行有望实现。

与传统的分析技术相比，联用技术具有更为强大的分析功能，如色谱-光谱联用技术将分离技术与结构鉴定技术完美结合，可同时完成样品中不同成分的分离及定性定量分析；色谱-质谱联用技术通过测定待测组分的分子离子峰及碎片峰，可以排除基质或杂质成分对待测组分的干扰，提高微量或痕量组分定性的准确性，在农药残留、兽药残留、天然药物活性成分及组学分析中得到了广泛应用；在色谱-色谱联用技术中，将两种相同或不同的色谱分离方法进行联用，采用不同的机理进行分离，可以提高峰容量，扩大样品的分离空间，使复杂样品中的更多组分得以完全分离，避免谱峰重叠现象，从而提高不同组分定性及定量分析的准确性，为复杂样品的全分析提供了可能，目前已广泛应用于天然药物活性成分、环境污染物残留及蛋白质组学分析中；色谱-核磁共振波谱联用技术在生物来源样品分析中具有独特优势，核磁共振波谱分析技术不需要过于复杂的样品处理步骤，线性范围宽，不需标准物质即可对待测组分进行结构鉴定，适于不稳定化合物的快速分析，其最大的优势是非破坏性分析方法，与色谱方法联用可分离分析基质成分十分复杂的生物样品，是目前代谢组学分析中最常用的分析手段之一；光镜-电镜联用技术通过光镜定位，然后以电镜技术进行图像检测，可以实现形态分析或成分分析，在生物样品表面形貌及细胞内容物定位研究方面具有很大优势。

尽管上述联用技术具有传统仪器分析技术不可比拟的优点，但每种联用技术也有其不足之处，在实际应用中需要应用几种联用技术同时提供不同的分析数据，相互补充，从而实现复杂样品中待测组分的准确定性及定量分析，以及未知样品的全分析。

近年来，联用技术发挥了越来越重要的作用，在农业领域的应用也得到了广泛关注。本书可为对联用技术感兴趣的广大读者提供有关色谱-质谱、色谱-光谱、色谱-色谱、色谱-核磁共振波谱及光镜-电镜等联用技术的基本原理、仪器结构及应用等方面的知识。随着联用技术的快速发展，联用技术的接口技术及仪器结构方面已经趋于成熟，书中内容只是涉及了一些发展较为成熟的方面，并没有对联用技术做一个全面的回顾，因此也并未对所有领域都进行详尽阐述，读者如有更深层次的需求，可继续进行挖掘。

本书由沈阳农业大学从事分析化学研究工作的同志编写，第一章和第五章由田宏哲编写，第二章由赵瑛博编写，第三章由胡睿编写，第四章由王远鹏编写，第六章由王萌编写，许春琦、付浩亮、徐成浩及张俊参与书稿编写及整理工作，田宏哲承担全书的统稿和定稿工作。

由于编者的水平有限，书中的疏漏和不足之处在所难免，如果能够传达了联用技术十分之一的精髓和本质，就已满足，同时欢迎广大读者提出建议和意见，以便今后改正。

编者
2020 年 6 月

目录

缩略语表

AAS	原子吸收光谱
AC	亲和色谱
AChE	乙酰胆碱酯酶
AES	原子发射光谱
AFS	原子荧光光谱
Ag-LC	银离子色谱
Alexa 488	一种绿色荧光染料
ANN	人工神经元网络
APCI	大气压化学电离源
API	大气压电离源
APX	抗坏血酸盐氧化酶
ASE	快速溶剂萃取法
As^{III}	亚砷酸盐
As^{V}	砷酸盐
AsB	砷甜菜碱
AsC	砷胆碱
AsS	砷糖
ASA	阿散酸
BSA	双三甲基硅基乙酰胺
BSTFA	双三甲基硅基三氟乙酰胺
CAD	碰撞活化解离
CD	圆二色检测器
CD44	透明质酸受体蛋白
CE	毛细管电泳
CI	化学电离源
CID	碰撞诱导解离
CLEM	光电关联显微镜技术
CY3	一种花青色荧光染料
DAB	二氨基联苯胺
DAD	二极管阵列检测器

DAG	甘油二酯
DAPI	4′,6-二脒基-2-苯基吲哚
DE	离子采样技术
de novo	从头计算
DE-TOF-MS	离子采样-飞行时间质谱
^{1}D	第一维
1D	一维
1D-GC	一维气相色谱
1D-LC	一维液相色谱
^{2}D	第二维
2D-GC	二维气相色谱
2D-LC	二维液相色谱
2D-TLC	二维薄层色谱
ECD	电子捕获检测器
EI	电子电离源
ELISA	酶联免疫吸附测定法
ESI	电喷雾电离源
ETD	电子转移裂解
FAB	快原子轰击电离源
FID	氢火焰离子化检测器
FITC	异硫氰酸荧光素
FlAsH/ReAsH	双砷化合物
FPD	火焰光度检测器
FTIR	傅里叶变换红外光谱
FT-MS	傅里叶变换质谱
FWHM	半峰宽
GC-GC	气相色谱-气相色谱联用
GC×GC	全二维气相色谱
GC-AAS	气相色谱-原子吸收光谱联用
GC-AFS	气相色谱-原子荧光光谱联用
GC-ETAAS	气相色谱-电热石英管炉原子吸收光谱联用
GC-FAAS	气相色谱-火焰原子吸收光谱联用
GC-FTIR	气相色谱-红外光谱联用
GC-GFAAS	气相色谱-石墨炉原子吸收光谱联用
GC-ICP-AES	气相色谱-等离子体原子发射光谱联用
GC-ICP MS	气相色谱-等离子体质谱联用
GC-MS	气相色谱-质谱联用
GC-MS/MS	气相色谱-串联质谱联用
GC-TOF-MS	气相色谱-飞行时间质谱联用

GFP	绿色荧光蛋白
GPC	凝胶渗透色谱
GWAS	全基因组关联分析
HAS3	透明质酸合成酶 3
HCD	高能碰撞分解
HEK293	人胚胎肾细胞系
HeLa	人宫颈癌细胞系
HE 染色	苏木素-伊红染色
HFBI	七氟丁酰咪唑
HG	氢化物发生模式
HG-AFS	氢化物发生-原子荧光光谱
HILIC	亲水作用色谱
HPLC-AFS	高效液相色谱-原子荧光光谱联用
HPLC-DAD-MS	高效液相色谱-二极管阵列检测器-质谱联用
HPLC-ICP MS	高效液相色谱-电感耦合等离子体质谱联用
HPLC-NMR	高效液相色谱-核磁共振波谱联用
HPLC-NMR-MS	高效液相色谱-核磁共振波谱-质谱联用
HPLC-MS/MS	高效液相色谱-串接质谱联用
HRP	辣根过氧化物酶
ICP-AES	电感耦合等离子体原子发射光谱法
ICR	离子回旋共振
i. d.	内径
IEC	离子交换色谱
IMAC	固定化金属亲和色谱技术
iTRAQ	相对和绝对定量同位素标记技术
LC-AAS	液相色谱-原子吸收光谱联用
LC-AFS	液相色谱-原子荧光光谱联用
LC×GC	全二维液相色谱-气相色谱联用
LC-GC	液相色谱-气相色谱联用
LC-LC	液相色谱-液相色谱联用
LC×LC	全二维液相色谱
LC-MS	液相色谱-质谱联用
LC-MS/MS	液相色谱-串联质谱联用
m/z	质荷比
MAE	微波辅助法
MALDI	基质辅助激光解吸电离源
MALDI-TOF	基质辅助激光解吸-飞行时间质谱
MCF7	人乳腺癌细胞系
MCT	汞镉碲

MFC	多功能净化小柱
miniSOG	小型单线态氧制造者
mLC-LC	多"切割式"二维液相色谱
MMA	一甲基砷酸
modulator	调制器
MRM	多反应离子监测模式
MS	质谱
MS/MS	串联质谱
MS^n	多级质谱
MSPD	基质固相分散萃取法
MV3	人黑色素瘤细胞系
nano-ESI	微量-电喷雾电离源
NCI	负化学电离源
NIT	硝苯砷酸
NMR	核磁共振波谱法
NOESY	二维 NOE 谱
NPD	氮磷检测器
NPLC	正相色谱
NPLC-GC	正相色谱-气相色谱联用
Off-line	离线
On-line	在线
PCA	主成分分析
PCR	聚合酶链式反应
PDMS/DVB	聚二甲基硅氧烷/二乙烯基苯
PLS	偏最小二乘法
PLS-DA	偏最小二乘法-判别分析
PMF	肽质量指纹图谱
PSD	离子源后衰变
PST	肽序列标签技术
PTV	程序升温气化接口
qMS	单四极杆质谱
QqQ MS	三重四极杆串联质谱
Q-TOF MS/MS	四极杆-飞行时间串联质谱
ROX	洛克沙胂
RPLC	反相色谱
RPLC-GC	反相色谱-气相色谱联用
SEC	体积排阻色谱
SFC	超临界流体色谱
SIM	选择离子扫描

sLC×LC	选择性"全二维液相色谱"
SNP	单核苷酸多态性
SVE	溶剂挥发出口
TCD	热导检测器
TEA	三乙胺
Texas red	一种红色荧光染料
TFAA	三氟乙酸酐
TGS	硫酸三甘肽
TIA	红外总吸收度重建色谱图
TIC	总离子流色谱图
TLC-GC	薄层色谱-气相色谱联用
TMA	三甲基砷酸
TMCS	三甲基氯硅烷
TMSIM	三甲基硅基咪唑
TOF-MS	飞行时间质谱
TOTAD	吸附-解吸接口
Triton X-100	聚乙二醇辛基苯基醚
μECD	微型电子捕获检测器
UPLC	超高压液相色谱
UV	紫外检测器
UV-Vis	紫外-可见光检测器
VUV	真空紫外

第1章

联用分析技术概论

1.1 概　　述

随着科学研究的深入，对复杂样品或未知样品进行全分析的需求日益迫切。鉴于此，综合运用色谱分离手段［如高效液相色谱（HPLC）、气相色谱（GC）、薄层色谱（TLC）及超临界流体色谱（SFC）等］和各类结构鉴定方法［如质谱（MS）、红外光谱（FTIR）、核磁共振波谱（NMR）、原子吸收光谱（AAS）及原子荧光光谱（AFS）等］已成为分析技术发展的必然趋势。

在联用分析技术发展初期，由于色谱与结构鉴定类仪器联用的"接口"（interface）问题，以及为了两种分析仪器联用的兼容性和操作灵活等原因，仪器间采用了离线联用模式。通常一种分离模式很难将复杂混合物中的所有组分进行分离检测，早期多是将几种难分离测定的组分收集起来，然后采用另一种分析技术进行测定。但是这种分析方法存在很大的问题，如操作繁琐、耗时长、分析速度慢以及样品极易污染和损失，从而严重影响分析结果。

随着科技的快速发展，以及人类对自然界探索的深入，采用单一分析技术已经越来越无法满足研究工作的需要。而且，随着蛋白质组学及代谢组学等组学研究的发展，分析样本量急剧增大，分析对象越来越复杂，对分析技术的速度、准确性及灵敏度都有越来越高的要求。联用分析技术的出现很好地解决了单一分析技术的不足，推动了科研工作的快速发展。并且随着计算机技术和互联网的快速发展，不同分析技术的在线联用、各种功能软件的开发以及谱库检索等技术在农业科学等领域发挥了巨大作用。

1.2 联用分析技术特点及发展概况

联用技术的起源最早可追溯到20世纪50年代。1957年，霍姆斯（J. C. Holmes）和莫雷尔（F. A. Morrell）首次实现了GC-MS（气相色谱-质谱）联用，50年代末有文献报道了色谱-红外光谱联用的可行性。随后于1967年Giddings[1]首先提出了二维气相色谱联用的可能性，并研究了采用二维气相色谱联用技术对色谱峰容量及分析速度的影响。但是联用分析技术在 20 世纪 70 年代才开始实际应用。如 1975 年 Chau 等[2]采用 GC（气相色谱）与 AAS（原子吸收光谱）联用技术检测微量有机硒类化合物，"切割式"二维气相色谱（GC-GC）联用技术在 70 年代开始应用于石化分析中，1978 年 Erni 等[3]设计了 GPC（凝胶渗透色谱）-RPLC（反相液相色谱）二维液相色谱联用技术用于萃取分离决明属苷类化合物（Senna-glycoside），同年 Watanabe 和 Niki 首次实现了 HPLC（高效液相色谱）-NMR（核磁共振波谱）的联用。然而限于当时的科技发展水平，联用技术并没有得到广泛应用。直到 20 世纪 80 年代后，随着生命科学研究领域的快速发展，以及人类对环境安全及食品安全的日益重视，涌现出不同的仪器联用技术，在很多研究领域发挥了重要作用。联用分析技术的发展概况见图 1-1。

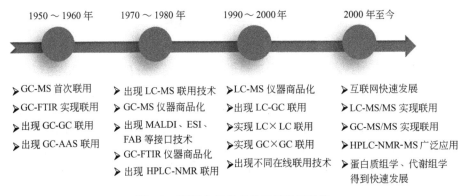

图 1-1　联用分析技术的不同发展阶段

　　联用分析技术是将两种或两种以上不同分析仪器通过"接口"技术进行联用，"接口"要协调不同分析仪器的输入和输出的矛盾，即不影响第一维仪器的分离性能，并满足第二维仪器对进样的要求和工作条件。如 GC-MS 联用技术，第一维是 GC，第二维是 MS，通过一个合适的"接口"将这两种不同的分析仪器有机结合。其中 GC 主要用于复杂样品分离，而 GC 分离后的不同物质按分离顺序依次通过"接口"进入 MS 进行检测。其中"接口"的作用是保证 GC 柱尾流出的样品组分能够有序进入 MS 的离子源进行离子化，另一方面，该接口技术的作用是实现 GC 柱尾流出的常压气体能与 MS 离子源的真空度相匹配。因而，不同的分析仪器进行联用，都要满足以下条件：不能损失二维分析仪器的原有分析效能；二维分析仪器必须能够匹配；分析速度、准确度及灵敏度等要有显著提高。

　　目前，分析仪器的联用主要有两种发展趋势，如图 1-2 所示，一种是相同或不同分离技术的联用，如 GC-GC、GC×GC、LC-LC、LC×LC、LC-GC 及 2D-TLC 等，该联用技术的优势是可以采用不同分离模式的色谱技术分离难分离的复杂混合物，也可以采用"中心切割"模式排除第一维中的非目标组分，降低分离难度，同时采用不同分离模式的联用还可以扩大分离空间，提高色谱峰容量，使更多组分能够获得很好的分离效率。

　　另一种联用方式是分离技术与检测技术相结合，如色谱-光谱联用、色谱-核磁共振波谱联用及色谱-质谱联用等。该联用模式是将 NMR、MS 或不同光谱仪器作为色谱仪器的检测器，而色谱起到将样品引入及分离纯化的作用。虽然色谱技术具有很强的分离效率，但是在目标组分定性及定量分析方面不具优势。因而，将色谱技术与 NMR、MS 或不同的光谱技术相结合，既保留了色谱法的分离优势，同时又可实现不同组分的测定，尤其在与 NMR 或 MS 联用时，可提供未知组分的结构鉴定信息。因此，HPLC-NMR、HPLC-NMR-MS、LC-MS/MS 等联用技术已在代谢组学等研究领域得到广泛应用。

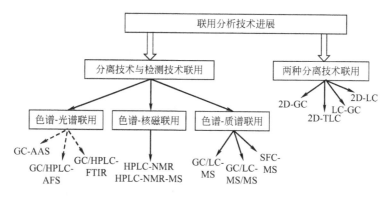

图 1-2　联用分析技术分类

1.3　联用分析技术在分析科学领域的优势

1.3.1　新技术的应用及其优势

随着分析仪器的不断更新，联用分析技术也得到了迅速发展。在 20 世纪初先后出现整体柱、超高压液相色谱（UPLC）及串联质谱等分析技术，其中整体柱可以降低柱压，提高色谱柱的渗透性，能够在高流速下进行液相色谱分析，尤其在全二维液相色谱中得到了很好的应用，提高了全二维液相色谱的分析速度。

20 世纪初 Waters 公司首先推出了超高压液相色谱仪，超高压液相色谱的出现成为液相色谱分离技术的一次重要革新。在超高压液相色谱分离中采用小粒度固定相（1.8μm），在高压情况下大大提高了色谱分析速度，可实现样品的高通量分析。尽管常规高效液相色谱在分离分析领域获得了广泛的应用，但是随着近十几年的发展，超高压液相色谱已经成为一种完善的色谱分离技术，无论是在科学研究还是在日常分析中，已成为很多分析实验室的常规仪器分离技术。与常规高效液相色谱相比，超高压液相色谱具有其独特的优势，例如流动相消耗量低、分析速度快及样品通量高等，尤其与串联质谱联用在农兽药残留分析中发挥了重要作用。超高压液相色谱在 LC×LC 联用领域也有很好的应用前景，作为第二维分离可以减少梯度洗脱时间，而且采用短柱的超高压液相色谱在提高分离效能及有效色谱峰容量方面具有显著优势。

串联质谱的出现解决了色谱与单级质谱联用中出现的背景噪声高、目标组分信号较弱、组分定性及定量误差较大等劣势，在环境污染物检测及确证方面具有明显优势，目前已成为国际上农药残留、兽药残留、环境污染物检测及农产品和食品安全方面的标准方法。如 GB 23200.14—2016 采用液相色谱-串联质谱法测定果蔬汁和果酒中 512 种农药及相关化学品残留、GB 23200.8—2016 采用气相色谱-质谱法测定水果和蔬菜中 500 种农药及相关化学品残留，这两个标准目前已成为我国强制性检测标准。

1.3.2　联用分析技术在代谢组学研究中的优势

代谢是生物体化学反应的总和，可以在很多方面进行研究，例如从单一的生化反应到代谢途径，再到细胞、多细胞、组织、生物体和种群规模的分析。作为功能基因组的一部分，代谢分析揭示了基因、转录组和蛋白质组向表型的翻译，以及环境对这一过程的影响。外部或内部因素都可能引起代谢体的变化，因此代谢组学研究对于理解生物体的生长发育、疾病、饮食、毒素、药物、压力、微生物群等因素是至关重要的。例如，代谢组学研究数据在发现新的药物靶点和诊断生物标志物、生产发酵食品和饮料以及开发新的生物合成途径和生物修复策略方面起着核心作用。

正如 Fiehn[4] 在 2002 年发表的有关代谢组学研究的开创性综述中所定义的那样，通常根据所鉴别的代谢物的数量和代谢物被识别的程度，将代谢组学研究归纳为以下几方面：①靶标物分析，测量酶或酶组的底物或产物；②代谢物分析，确定和/或量化一类代谢物，如脂肪酸甲酯（FAMEs）；③代谢指纹图谱分析，快速分类待测样品，不必识别单个代谢物；④代谢组学分析，综合分析代谢组，包括识别和定量单个代谢物。

研究代谢组学的目的是检测、表征和量化生物系统中的所有代谢物，但在所有的"组学方法"（即基因组学、转录组学、蛋白质组学）中，代谢组学研究是最具挑战性的分析。与蛋白质一样，代谢物可以在不同的浓度下存在。与核酸和蛋白质不同的是，它们分别由 4 个和 22 个化学基团组成，而代谢物含有数千到数十万种独特的化学物种，没有一个单一的分析技术能够分离和检测样本中的所有代谢物。而且到目前为止，即使在经过广泛研究的人类代谢物中，预计总代谢物将超过 114000 种，80% 以上的代谢物仍有待检测。推动代谢组学研究的关键是开发检测、识别和量化未知代谢产物的分析平台以及处理大量原始代谢组学数据的软件和从数据中提取信息的化学计量工具。

鉴于此，联用分析技术成为代谢组学研究的重要分析平台，从 20 世纪初出现的 GC-MS/MS 或 LC-MS/MS（如 Q-TOF MS/MS，傅里叶变换离子回旋共振质谱等）到 HPLC-NMR 及 HPLC-NMR-MS 等联用技术在代谢组学研究中提供了高灵敏度、高选择性及高通量的分析平台，为研究生物体代谢标志物、代谢指纹图谱及代谢机理等发挥了重要作用，这是单一分析技术无法实现的。

在分析仪器的联用技术发展过程中，先后出现了不同分离技术的联用，以及分离技术与检测技术的联用。而随着科技的不断进步，制造技术的不断革新，联用分析技术已经向商品化、实用化、微型化及高通量等方面发展，这将大大拓宽其应用领域和范围。联用分析技术已经在当前越来越繁杂的分析任务中发挥着不可替代的作用，这势必进一步推动新的联用分析技术的出现与发展。

参 考 文 献

［1］ Giddings J C. Maximum number of components resolvable by gel filtration and other elution chromato-graphic methods ［J］. Anal Chem，1967，39：1027-1028.

［2］ Chau Y K，Wong P T S，Goulden P D. Gas chromatography-atomic absorption method for the determination of dimethyl selenide and dimethyl diselenide ［J］. Anal Chem，1975，47：2279-2281.

［3］ Erni F，Frei R W. Two-dimensional column liquid chromatographic technique for resolution of complex mixture ［J］. J Chromatogr A，1978，149：561-569.

［4］ Fiehn O. Metabolomics-the link between genotypes and phenotypes ［J］. Plant Mol Biol，2002，48：155-171.

第 2 章

色谱-质谱联用技术

色谱法作为一种优越的分离手段，可以根据组分的极性、分子量大小、沸点等性质的不同将混合物中的各组分分离开来。但由于色谱法本身不具备鉴别组分的功能，单独的色谱仪无法进行定性和定量分析。现代色谱仪常会以光谱仪、电化学仪器等充当检测器，完成定性或定量分析。但是这些检测器或者是通用性不高，只能检测到一些具有特定特征的组分；或者是检测灵敏度不够，对于一些痕量组分无法准确定量。而质谱仪作为一种通用的、灵敏度高的仪器，与色谱仪联用既能实现对复杂混合物的分离，又能对其进行鉴别和定量分析。

随着色谱-质谱联用仪接口技术的发展以及数据采集问题的解决，色谱-质谱联用法在农业科学的研究中发挥了重要的作用，特别是生物质谱技术的发展为核苷酸测序、蛋白质组以及代谢组的研究提供了可靠的数据支撑。

2.1 质谱法的基本原理与质谱仪

质谱方法的建立开始于带电粒子在电场和磁场的作用下其运动轨迹会发生偏转这一简单的物理现象，在这个过程中带电粒子的偏转程度与该粒子的质荷比（m/z）有关。通过电子测量技术来对离子的 m/z 值及其丰度进行测量的技术称为现代质谱学（mass spectrometry）。质谱技术在发展之初就测量了电子的质量、验证了元素周期表、揭示了原子核中核子的结构。

随着质量分析器技术的革新，接口技术、色谱技术、计算机技术的快速发展，质谱法特别是有机质谱法越来越多地应用于环境分析、医学分析、食品分析、生物大分子研究等领域。

2.1.1 质谱法的原理

经电子轰击或其他特定方式使分子离子化后，这些离子按照其质量（m）和电荷（z）比值的大小依次排列成谱被记录下来，称为质谱。用以进行质谱分析的仪器称为质谱仪。

质谱仪是一种测量带电粒子质荷比，利用带电粒子在电场和磁场中的运动（偏转、漂移、振荡）行为进行分离与测量的仪器。其测定的一般过程为：进样器使微量的试样气化，进入离子源。在离子源内气态样品分子失去电子形成分子离子，或发生化学键断裂形成碎片，在加速电压作用下冲入质量分析器（图 2-1）。设试样离子电荷为 z、质量为 m，在加速电压 U 的加速后运动速度变为 v。若忽略电子在电离室内获得的初始能量，则该离子到达狭缝时的动能应为

$$\frac{1}{2}mv^2 = zU \tag{2-1}$$

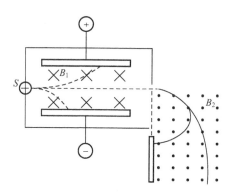

图 2-1　带电离子在质谱仪中的运动

S—加速后粒子源；B_1—速度选择器中磁场强度；B_2—偏转磁场中磁场强度

加速后的离子通过狭缝进入真空态的质量分析器，由于扇形外磁场的作用，离子运动方向将发生偏转，即由直线运动改作圆周运动。离子所受磁场力，即

$$Bzv = \frac{mv^2}{R} \tag{2-2}$$

式中，R 为离子运动的轨道半径；B 为磁场强度。

最后，经过整理得到：

$$R = \frac{1}{B}\sqrt{\frac{2Um}{z}} \tag{2-3}$$

离子的运动半径 R 取决于磁场强度 B、加速电压 U 以及离子的质荷比 m/z。如果 B 和 U 固定不变，则离子的 m/z 越大，其 R 越大，即在质量分析器里各种离子将按质荷比 m/z 的大小顺序被分开。分别利用离子检测器测定试样中各种 m/z 的离子数，即可构成质谱图，进而对试样进行质谱分析。

2.1.1.1　质谱图

离子进入磁场和（或）电场中时，在真空环境下不同质荷比的离子会发生分离，这些经分离后的离子信号被检测器检测并将测量信号记录下来，就获得了质谱图。质谱图中包含了离子的质量信息，包括同位素的精细特征、质谱的干扰因子、仪器噪声特性、离子信号线性等，这些信息能够帮助研究者进行未知物的结构解析、评价仪器性能、验证样品纯度等。因此，在质谱法中，质谱图的认识是开展研究工作的第一步。

在质谱仪中，离子流信号经过放大进行实时平滑处理后得到一条连续的曲线，即为质谱图。质谱图将离子按质荷比的大小排列，这些离子峰即为质谱峰。谱图的横坐标为其质荷比、纵坐标为其相对丰度。质谱图有棒图（bar graph）（见图 2-2）、轮廓

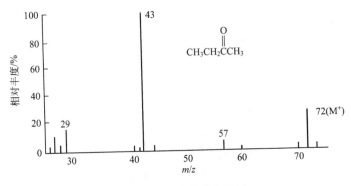

图 2-2　丁酮的棒状质谱图

图（profile graph）等。

（1）质谱峰（peak）　质谱图中的峰代表的是质谱仪中形成的离子，其强度（intensity）与离子的丰度（abundance）呈正相关，质谱图中强度最高的峰称为基峰（base peak）。绘制质谱图的方法有两种：以绝对峰强度为纵坐标或以相对峰强度为纵坐标，大部分质谱仪显示的质谱图为后者。由于经过归一化将基峰定为100%，导致信号强度信息消失，为弥补这一缺失，质谱仪制造商通常将基峰绝对强度标注在质谱图的纵坐标上。

（2）同位素离子峰簇（isotopic cluster peak）　由一组元素组成相同但其同位素组合不同的离子簇形成的峰。

（3）单一同位素峰（monoisotopic peak）　即质谱图中由化合物元素的单一同位素组成的同位素离子形成的峰。在同位素离子簇中是质量最低的，通常因其相对丰度最大而在峰簇中形成基峰。

（4）分子离子（molecular ion）　分子离子是通过在带偶数电荷的中性分子加上或移除电荷而形成的带单电荷的分子。前者形成的是负离子（$M^-\cdot$），而后者则为正离子（$M^+\cdot$）。由于分子结构未被破坏，分子离子的质量为构成这个分子所有元素的最大丰度同位素质量之和再加上（负离子）或减去（正离子）电子的质量。

（5）加合离子（adduct ion）　在分子上加上一个具有明显质量的带电微粒如质子（H^+）、钠离子（Na^+）、氯离子（Cl^-）等形成的离子。质子化的分子（$M+H^+$）也是一种特殊的加合离子。

（6）前体离子（precursor ion）及产物离子（product ion）　质谱法中被裂解的离子及其产物离子。

（7）碎片离子（fragment ion）　由分子的加合离子（$M+H^+$、$M-H^+$、$M+Na^+$等）分解（decomposition）所产生的离子，是由化学键断裂后形成。这种离子还可进一步分解。碎片离子可以是正离子，也可以是负离子，还可以是奇电子或偶电子离子。其质量总是低于前体离子。

（8）多电荷离子（multiple-charge ion）　带有两个或两个以上电荷的离子，常由电喷雾电离源（electron spray ionization，ESI）产生，多见于多肽、蛋白质等分子。多电荷离子使得在较低质量范围内操作的仪器上对大分子进行质量分析成为可能。

（9）单一同位素离子（monoisotopic ion）　以化合物元素的单一同位素组成的质量为其最大丰度稳定同位素的离子（即化合物中每个元素皆为其具有最大丰度的同位素所组成的离子，在有机质谱中单一同位素离子峰一定是一组峰里面质荷比最低的）。

2.1.1.2　分辨率

分辨率（resolution）是指能区别相邻两个质谱峰的能力。一般认为对两个相等强度的相邻峰，当两峰间的峰谷不大于其峰高 10％时，这两个峰就已经被分开，如图 2-3 所示。此时仪器的分辨率可以表示为：

$$R = \frac{m_1}{m_2 - m_1} \tag{2-4}$$

式中，R 为质谱仪的分辨率；m_1、m_2 为刚好分开的两峰所对应的质量数，且 $m_2 > m_1$。一般将 $R < 10000$ 的质谱仪称为低分辨质谱仪；$R > 10000$ 的称为高分辨质谱仪。低分辨质谱仪只能给出整数的 m/z 数值，高分辨质谱仪可以给出精确到小数点以后更多位数字的 m/z 值，便于确定化合物的分子式。

另外，对于单峰：

$$R = \frac{m}{\Delta m} \tag{2-5}$$

式中，m 为待测峰的质荷比，Δm 为半峰宽 [峰高 50％处的峰宽，即 FWHM（full width at half maximum）]。

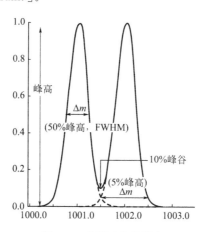

图 2-3　质谱图的分辨率

2.1.2　质谱仪

质谱仪由进样系统、离子源、质量分析器、检测器与真空系统、记录及数据处理系统组成，如图 2-4 所示。

2.1.2.1　进样系统

进样系统的作用是在尽量减少真空度损失的前提下，高效重复地将试样送进离子

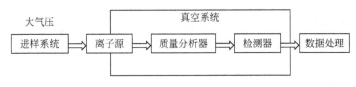

图 2-4 质谱仪的基本结构

源。目前的进样装置有：

（1）直接探针进样系统　对于不易气化或热敏性的试样，通常使用直接探针进样方式。

（2）色谱进样系统　质谱仪常与 GC、HPLC 或毛细管电泳（CE）联用，使其兼有色谱的优异分离能力和质谱的强定性能力。此时 GC、HPLC 或 CE 即为其进样系统，该内容将在联用技术中介绍。

2.1.2.2　离子源

质谱仪检测是基于带电粒子在电磁场中运动，根据质荷比的不同进行分离，因此在质谱仪中有响应的粒子必须带有电荷；另外，现有的质谱仪引入的样品状态多为气态，而在一些质谱联用仪中前级仪器的出口流出的样品可能是液态，因此在质谱仪中离子源的作用就是使样品电离，同时使其气化。

在离子源中，样品分子被电离成带电离子，形成的离子束在仪器传输时会发生一定程度的色散，经过几次的聚焦处理后进入质量分析器。离子源的性能直接关系到质谱仪的灵敏度和分辨率，而样品分子电离的难易程度则与分子结构有关。因此获得分析分子的离子峰是进行质谱分析、研究样品分子组成和结构的基础。下面对各种主要的离子源做简要介绍。

（1）电子电离源（electron ionization，EI）　电子电离源的原理是使用高能离子束与中性气态分子相互作用并使之电离的方法。该方法是早期对挥发性有机物进行离子化的主要方法，因此 EI 源是气相色谱-质谱联用仪中应用最多的离子源。电子电离源的结构如图 2-5 所示。

在高真空的离子源中，放电灯丝被电流加热，发射出热电子，这些热电子被加速到 70eV 后形成离子束而后被聚焦于电子接受板（G）上，气化后的中性待测物被从与电子束垂直的方向引入。其结果是电子将携带的能量传递给中性待测物分子，导致分子丢失一个电子形成正离子：

$$M + e^- \longrightarrow M^+ \cdot + 2e^-$$

产生的次级离子常具有特征性，从而成为判断分子结构的依据。由于高能量的电子电离源能大量形成次级离子，因此又被称为硬电离源（hard ionization source）。

待测物在不同的 EI 源电子束能量下产生的离子流强度不相同，实际应用中电子束能量的调节是获得最佳结果的重要因素。另外，待测物在 EI 源中的裂解方式在不同电子束能量下一致，因此，根据待测物的裂解规律可以进行有机物的谱图解析及检索。

（2）化学电离源（chemical ionization，CI）　化学电离源的结构（图 2-6）基本上与 EI 源相同，只不过 CI 源的电离盒有较好的密封性。

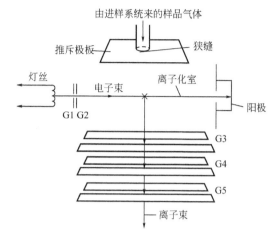

图 2-5　电子电离源的结构

G1, G2—电子狭缝；G3～G5—静电透镜

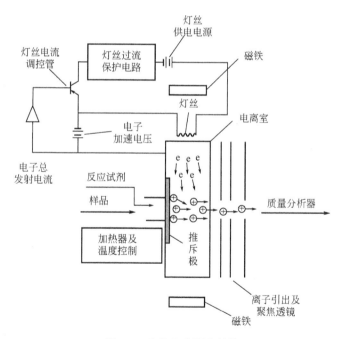

图 2-6　化学电离源的结构

化学电离源利用分子离子反应，形成待测物的质子化加合离子（MH^+）。

$$M+RH^+ \longrightarrow MH^+ +R$$

用于化学电离的反应剂多为小分子气态化合物，如甲烷、氨、异丁烷等。超过量的反应气体在离子源中首先被高能电子离子化并与其他反应气体分子碰撞形成等离子体。待测有机分子在等离子体中经多次离子裂解、质子转移、质子化等次级反应过程，形成不同的加合离子和少数碎片离子。在 CI 质谱图中准分子离子 $[M+H]^+$ 往往是最强峰（基峰）。化学电离源也是一种软电离方法，较容易得到被测样品分子的分子量。

（3）快原子轰击电离源（fast atom bombardment，FAB） 快原子轰击电离源是20世纪80年代发展起来的一种适用于难于气化、极性强的大分子的软电离技术。这种技术使用高速定向运动的中性原子束轰击溶于液态基质中的有机化合物样品，使样品分子电离，得到准分子离子（准分子离子的 m/z 值与化合物的分子量不相等）。图 2-7 是快原子轰击电离源的结构示意图。

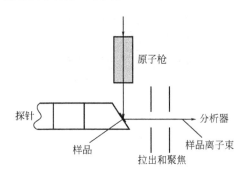

图 2-7　快原子轰击电离源的结构

在原子枪中，用电子轰击惰性气体（氙或氩），得到氙或氩的离子，后经电子透镜聚焦并加速，高速运动的离子经过中和器，中和掉离子束所携带的电荷，成为高速定向的中性原子束，再轰击置于靶标上的与基质混合的待测物，使待测物分子电离并从基质上溅射出来，溅射出的离子进入质量分析器。

由于 FAB 技术需要将样品与基质混合后涂布在靶标上进行分析，所以液体基质的选择对于待测样品的离子化和谱图的解析十分重要。基质应对待测物有良好的溶解性，能够保证持续提供待测物，基质应具好的热稳定性和化学稳定性。常用的基质主要有甘油、3-硝基苄醇、硫代甘油、三乙醇胺等。

FAB 适用于多肽、核苷酸、有机金属络合物以及磺酸及磺酸盐类等难挥发、热不稳定、极性强、分子量大的有机化合物的分析。其在生命科学研究中有着巨大的应用潜力。

（4）电喷雾电离源（electron spray ionizaton，ESI） 电喷雾电离源、大气压化学电离源（APCI）等离子化技术被人们称为液质联用技术的革命性突破。这类离子化技术改变了经典离子源只能依赖样品气化进行离子化的局限。

电喷雾电离源的结构如图 2-8 所示。

ESI 离子源分为常压区（喷针和离子化室）和真空区（离子传输通道）两个部分，这两个区域形成真空梯度并保证稳定的离子传输。电喷雾电离源由喷针及离子传输通道两部分组成。喷针与前级仪器的出口相连。喷针多为 2 层或 3 层的同心套管（图 2-9）。

样品从第 1 层套管喷出，第 2 层或第 3 层套管中通以氮气作为辅助气以及加热气与液体样品一同在喷针口喷出。

在喷针和离子传输通道之间的空间为离子化室，待测物的离子化发生在这一区

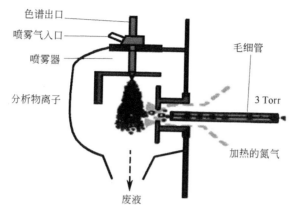

图 2-8　电喷雾电离源的结构

（注：3Torr 为真空区气压，1Torr＝133.322Pa）

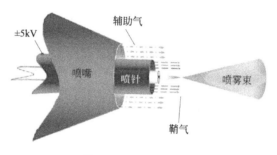

图 2-9　ESI 喷嘴结构

域。离子传输通道由毛细管和聚焦单元组成。在毛细管入口处与对应电极间施加 2～6kV 的高电压，当含有待测物的溶液通过加有高电压的毛细管时，可以通过改变电压的极性而有选择地使正离子或负离子通过毛细管。聚焦单元通常由两个锥形分离器（skimmer）、离子导向器（ion guide，六极杆或八极杆）和静电透镜（electrostatic lens）组成。

ESI 工作时（见图 2-10），由喷针口引入一定流速的样品溶液及液相色谱的流动相，在辅助气的作用下喷雾，产生直径为 1～3μm 的细小液滴。在喷口和毛细管入口之间设置的几千伏的高压作用下，液滴由于表面电荷的不均匀分布和静电引力而被破碎成更小的液滴。在加热的干燥氮气的作用下，液滴中的溶剂被快速蒸发，直至表面电荷增大到库仑排斥力大于表面张力而爆裂，此过程重复循环直至液滴表面形成更强的电场而将离子由液滴表面排入气相，完成离子化。进入气相的离子在高电场和真空梯度的作用下进入玻璃毛细管及离子聚焦单元，而后进入质量分析器。

电喷雾电离源经常要选择合适的溶剂，除考虑对样品的溶解能力外，溶剂的极性也需要考虑。一般来说，极性溶剂更适合电喷雾电离源，不主张使用 100％的水或有机溶剂作为溶剂，常用的溶剂有各种比例的水与甲醇、水与乙腈的混合液。在需要添加离子化试剂时，甲酸、乙酸、甲酸铵、乙酸铵、三乙胺常被使用。另外，适当调节样品溶液的 pH 值，可以使某些不易在溶液中形成离子的分子的离子化效率提高，

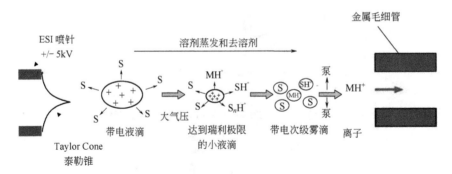

图 2-10　电喷雾电离过程

通常在 LC-MS 方法中采用正离子模式分析时在流动相中加入 0.1%～1% 的甲酸、在负离子模式下则加入 50mmol/L 的甲酸铵或乙酸铵以调节流动相 pH 值。

电喷雾电离源适用于易在流动相中形成离子的化合物或极性较高的化合物。其最大特点是容易形成多电荷离子，所以既可以用于小分子分析，又可用于多肽、蛋白质和核酸等较大分子的分析。电喷雾电离源是一种软电离方式，即使是分子量大、稳定性差的化合物，也不会在电离过程中发生分解，该方式一般不适于非极性化合物的分析。ESI 源易于与液相色谱串联，同时适于与四极杆质量分析器、离子阱质量分析器联用做结构分析。

ESI 源也有一定的缺点，比如耐盐能力低，在流动相和样品中不应含有非挥发性酸盐，否则在离子源中极易析出堵塞离子通道；对某些化合物特别敏感，污染难以清洗；在分析混合物样品时各组分产生的多电荷离子，容易产生混乱；定量时需要进行内校准。

（5）大气压化学电离源（atmospheric pressure chemical ionization，APCI）　大气压化学电离源作为一种大气压电离源，常用在液相色谱-质谱联用仪中。其结构与 ESI 源大致相同，如图 2-11 所示。

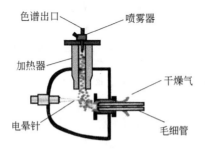

图 2-11　大气压化学电离源（APCI）结构

在 APCI 源中增加了针状的电晕针，通过电晕放电进行气相电离。在大气压条件下电晕针高压放电，使空气中某些中性分子和溶剂分子电离，形成反应离子，反应离子与试样分子进行离子分子反应，使试样分子离子化。

APCI 源是将 CI 源的原理引申到大气压下进行的电离技术。与 CI 源相比，APCI

效率更高，无需加热样品使之气化，因而有更宽的应用范围。APCI 主要用于分析分子量较小的非极性或弱极性、不易电离的化合物。有些试样由于结构和极性方面的原因，用 ESI 不能产生足够强的离子，可以采用 APCI 方式增加离子产率，可以认为 APCI 是 ESI 的补充。APCI 主要产生的是单电荷离子，所以试样分子量一般小于 1000u。用这种电离源得到的质谱很少有碎片离子，主要为准分子离子。

大气压化学电离源与电喷雾电离源都是在大气压条件下发生电离过程的离子源。二者相比，在电离机理上电喷雾采用离子蒸发，而 APCI 电离是高压放电发生了质子转移而生成 [M＋H]$^+$ 或 [M－H]$^-$ 离子。当与液相色谱仪联用时，APCI 源可以耐受的流速从 0.2mL/min 到 2mL/min；而电喷雾源允许流量相对较小，一般为 0.2～1mL/min。ESI 源属于软电离源，电离后产生准分子离子，而由于 APCI 源的探头处于高温，对热不稳定的化合物在源内就足以分解。通常认为 ESI 有利于分析极性大的小分子和生物大分子及其他分子量大的化合物，而 APCI 更适合于分析极性较小的化合物；另外 ESI 源中待测物能够产生多电荷离子，而 APCI 源不能生成一系列多电荷离子而是产生单电荷离子。

（6）基质辅助激光解吸电离源（matrix-assisted laser desorption/ionization, MALDI）　基质辅助激光解吸电离源与快原子轰击技术类似，也是在次级离子质谱（secondary ion mass spectrometry，SIMS）基础上发展出来的软电离技术，不同的是，其基质由液体换成了固体，而轰击能量源从高能离子流换成了激光束。

MALDI 利用一定波长的激光脉冲照射样品使样品电离。将样品置于涂有适当基质的样品靶上，激光照射到样品靶上使基质分子吸收激光能量后与样品分子一起蒸发到气相并使样品分子电离。图 2-12 为 MALDI 工作示意图。

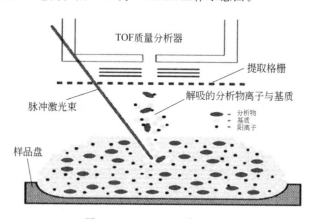

图 2-12　MALDI 工作示意图

MALDI 需要有合适的基质才能得到较好的离子产率，基质的要求是能吸收 337nm 紫外光并气化，能量由基质传给样品使样品一起气化并离子化。因此，MALDI 基质必须能与样品互溶（液态基质）或共结晶（固态基质）；基质能使能量进入而不作用于待测分子；基质本身对于待测物不能有化学活性，能与待测物形成共价键的物质不能作为基质使用，但基质可以是质子或电子的受（授）体。另外，基质的蒸气压应足够低以保持离子源的真空度；一旦被激光辐射，基质应该促进并与待测物共同解吸。MALDI源常用的基质有烟酸（尼克酸）、2,5-二羟基苯甲酸（DHB）、芥子酸、a-氰基-4-羟基肉桂酸（CHCA）、3-羟基吡啶甲酸等。

MALDI属于软电离技术，适合于分析生物大分子，例如多肽、蛋白质、核酸等，得到的质谱主要是分子离子和准分子离子，碎片离子和多电荷离子较少。MALDI特别适合与飞行时间质谱仪（TOF）联用。

2.1.2.3 质量分析器

在离子源获得相应的离子流后，样品离子就来到了质量分析器。质量分析器是质谱仪的另一关键部件，其作用是将离子源产生的离子按质量和电荷比（m/z）的不同，以空间的位置、时间的先后或轨道的稳定与否进行分离，从而获得按质荷比大小顺序排列而成的质谱图。

（1）磁质量分析器（magnetic sector mass analyzer） 磁质量分析器是质谱仪中最早使用的质量分析器，其原理是离子源中形成的离子束被加速后通过一个与其运动方向垂直的磁场，在该磁场中其运动的曲率半径（r_e）与离子的质荷比和加速电压有关（见图2-13）。当离子的加速电压固定后，不同质荷比的离子的曲率半径不同，于是不同质荷比的离子在空间有不同的位置，得到了空间位置上的分离。由于总离子束在磁场中会被分解为具有不同运动半径的离子束，各离子束的运动半径与其质荷比直接关联，为了使这些具有不同运动半径的离子束都通过狭缝进入检测器，就需要改变磁场强度或加速电压。

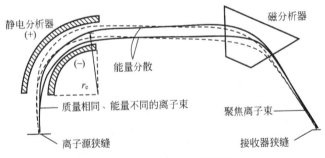

图 2-13 双聚焦质量分析器

（2）四极杆质量分析器（quadrupole mass analyzer） 四极杆质量分析器是一种无磁质谱，其原理为使用快速交变的电场，将离子压缩在狭窄的空间，离子源产生的离子中只有特定的稳定离子能通过四极杆到达检测器。因此严格来说，四极杆并不是一个质量分析器，而是一个质量过滤器（图2-14）。

构成四极杆这个无磁过滤器的是快速交变的射频（radio-frequency，RF）交流电场和直流（direct current，DC）电场，承载交变电场的是四根经过精密加工的平行的电极杆，杆的理想表面为双曲面。四极杆磁场由直流电压分量U和交流电压V分量叠加组成，直流电压大约为数百伏特，施加于四极杆的两端，交流电压则随时间变化，频率通常为500kHz～15MHz。分别施加于成对的水平和竖直的两对电极杆上的极性相反的高压高频电流使四个电极杆之间的空间形成一个对称于Z轴的高速旋转的电场。带电离子在进入通道后在交变电场的作用下产生旋转振荡，在直流电场的引

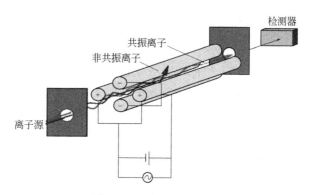

图 2-14　四极杆及其电路

导下通过四极杆。在一定的电场强度和频率下，只有自身运动频率与外加电场频率相符的离子才能安全地通过四极杆质量分析器，其他离子则由于运动轨迹不稳定而撞到电极杆上湮灭。通过改变外加电场的频率，就可以选择性地得到某个离子。如果保持直流电压分量 U 和交流电压 V 分量的比值不变，顺次改变外加电场的频率，获得的就是离子的分布即质谱图。

　　四极杆质量分析器（图 2-15）可以将 $m/z=1000$ 与 $m/z=999$ 和 $m/z=1001$ 分离，它是一个单一分辨率的质量分析器。单纯的四极杆质量分析器不能用于高精度质量的测定。另外，四极杆质量分析器对真空度的要求也较低，其压力上限可达 10^{-2} Pa，这是因为它从离子源到检测器间的飞行空间相对较大，路径更长，且不需要在离子飞行途中进行复杂的聚焦，因而其在使用选择离子检测（selected ion monitoring，SIM）时，有更大的优越性。

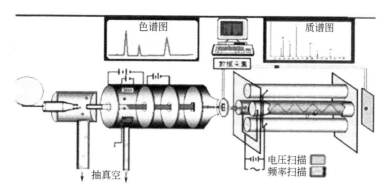

图 2-15　四极杆质量分析器

　　（3）离子阱质量分析器（ion trap mass analyzer）　离子阱质量分析器也是一种无磁质量分析器，这种质量分析器的灵敏度更高。与四极杆质量分析器一样，离子阱质量分析器利用离子在射频电场中的运动特性来达到离子的分离。二者的不同之处是，四极杆质量分析器是选择性地使某一离子通过交直流射频电场，而离子阱却是使用一个封闭的三维交直流射频电场，在这个三维电场中将离子囚禁后，再将某一离子选择性地激发释放出来。

　　离子阱质量分析器的结构如图 2-16 所示，可以将其理解为将四极杆质量分析器的两端加上适当的电场并将其封上，得到三维电场。使用一个环状电极取代四极杆（环电极的横切面也是双曲面结构），再在环电极两端加上 $\pm(U+V\cos2\pi ft)$ 的高频电压（U 为直流电压，V 为高频电压幅值，f 为高频电压频率，t 为时间）。当高频电压的 V 和 f 固定时，只能使某一质荷比的离子成为阱内的稳定离子，轨道振幅保持一定大小，可长时间留在阱内；这时其他质荷比的离子为阱内的不稳定离子，轨道振幅会很快增加，直到撞击电极而消失。当在引出电极上加负电压脉冲时，就可将在阱中的稳定离子引出，再由检测器检测。离子阱的扫描方式与四极杆相似，在恒定的直交比下，扫描高频电压 V，即可获得质谱图（图 2-17）。

图 2-16　离子阱

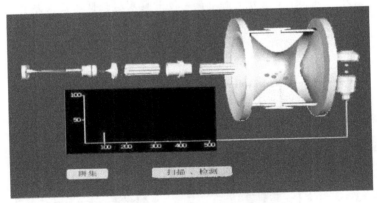

图 2-17　离子阱质量分析器获得质谱图

　　离子阱内通常要注入约 1mTorr 的氦气，其作用是通过与离子碰撞来吸收离子的动能，使其能最大限度地聚焦于离子阱中心，以利于增加仪器的解吸能力，另外它还能降低离子阱内分子-离子反应的概率，从而降低离子损失。

　　目前市面上的离子阱质量分析器主要有三维四极杆离子阱和线性离子阱两类。

　　（4）飞行时间质量分析器（time of flight mass analyzer，TOF）　飞行时间质量分析器的原理是测量一个离子自离开离子源后，在通常为 1~2m 长的真空飞行管中飞行，到达检测器所需的时间，如图 2-18 所示。

　　离子源中形成的离子从加速电压获得初始动能后在一个无场空间飞行。由于飞行路径中没有电场、磁场的影响，尽管所有的离子在离开离子源时具有同样的动能，但

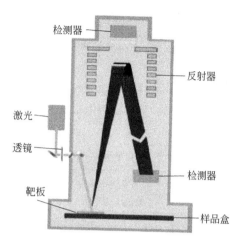

图 2-18　飞行时间质量分析器原理示意

由于不同的离子具有不同的质荷比（m/z），其飞行速度会根据质荷比不同而发生变化，到达检测器的时间也就有先后，质荷比小的离子先到，质荷比大的离子后到。如果允许飞行时间足够长（即漂移管的长度足够长），则飞行时间质量分析器的质量测量是没有上限的。

　　飞行时间质谱仪较其他质谱仪具有灵敏度好、分辨率高、分析速度快、质量检测上限值不受离子检测器限制等优点，已被应用于生物大分子分析、药物代谢研究以及病毒、细菌检测等，是基因及基因组学、蛋白质及蛋白质组学等领域中不可替代的工具。

2.1.2.4　检测器与真空系统

　　质谱仪检测器的作用是检测质谱仪产生的离子信号，将微弱的离子信号放大到能够分辨的水平并将背景干扰排除是质谱检测器的目标。在质谱仪中使用的检测器类型主要有电子倍增器、电-光离子检测器等。

　　(1) 电子倍增器（electron multiplier）　电子倍增器是目前使用最多的质谱检测器。其基本原理是将带电离子产生的次级离子进行放大。从质量分析器出来的离子轰击电子倍增管的阴极表面，使其发射出二次电子，再用二次电子依次轰击一系列电极，使二次电子获得不断倍增，最后由阳极接受电子流，使离子信号放大，系列电极数目可多到十几级。

　　(2) 电-光离子检测器（electron-optical ion detector）　电-光离子检测器能将次级电子在微通道板中转换为光子，再进行技术检测。在这种检测器中，正离子被加速撞击电-光转换器产生次级电子，电子被电-光转换器上的 $-20kV$ 电压加速，撞击荧光屏，转换为更多的光子，最后被光电倍增管或光电二极管阵列收集。尽管这个系统要经过复杂的电-光-电转换，但由于除电-光转换器外，电-光离子检测器的大部分检测器件在真空系统之外，因此这种检测器的维护不会对真空系统产生干扰。另外，施于电-光转换器的高电压起到了对离子加速的作用，实际上提高了对高质量离子的检测能力。

(3) 真空系统（vacuum system） 真空系统是质谱分析的一个必要条件。离子需要在真空中产生，生成后的离子需要在运动中分离并按预定路径到达检测器。如果没有真空环境，离子在飞行过程中与任何东西碰撞都会导致飞行路径改变或碰撞活化后碎裂，从而无法获得质谱信息。

现代质谱技术需要的高真空一般需要两步才能达到，首先用旋转真空泵以 $4\sim16m^3/h$ 的速度将压力降至毫巴范围；然后用扩散泵或涡轮分子泵将压力进一步降低。常用的真空泵及其工作范围见表 2-1。

表 2-1　常见的真空泵种类

压力范围/Pa	泵	真空度
$10^5\sim10^2$	旋转真空泵 涡旋真空泵	低
$10^2\sim10^{-1}$	罗茨真空泵	中等
$10^{-1}\sim10^{-5}$	油扩散泵 涡旋分子泵	高
$<10^{-5}$	油扩散泵 涡轮分子泵	超高

2.1.2.5　串联质谱

由两个或两个以上的质量分析器串接在一起就构成了串联质谱。由于离子阱可以先选择性地储存某一质荷比的离子，再直接观察其反应而不需与其他质量分析器串联，自身即可进行质谱/质谱操作。由于选择离子和观察其反应这两个过程先后发生，因此这两种质量分析器的串联质谱被称为时间串联质谱。另一类串联质谱为空间串联质谱，这类串联质谱中第一级质谱选定前体离子（precursor ion，第一个质量分析器中的任何可用于碰撞活化的离子）。它可以是分子离子、加合离子、去质子离子、多电荷离子或任何一个碎片离子），再用质谱/质谱将这个离子逐步拆分得到产物离子（product ion，任何前体离子在碰撞活化室内经碰撞活化后产生的碎片离子）。获得前体离子和产物离子处于不同的空间。

(1) 空间串联质谱（tandem-in-space mass spectrometry） 空间串联是由两个以上的质量分析器联合使用，两个分析器间有一个碰撞活化室（collision cell），该碰撞活化室是串联质谱两个质量分析器间的一个小空间，用于使前体离子与惰性气体的分子或原子发生碰撞活化，进一步碎裂。碰撞活化室内充入 $10^{-2}\sim10^{-1}$ Pa 的氦气（He）或氮气（N_2）作为碰撞气体，其压力决定碰撞活化的能量。当前体离子与惰性气体的分子或原子发生碰撞时，碰撞气体所携带的能量转移至前体离子，使其裂解并活化成为产物离子。碰撞活化的能量也可以用电场调节。另一个决定碰撞活化能量的因素是离子与碰撞气体的质量比，碰撞活化室通常置于两个质量分析器间的无场区域，用单独的真空控制以使碰撞气体不致影响质谱仪的正常操作。设置碰撞活化室的目的是将前级质谱仪选定的前体离子打碎，由后一级质谱仪分析。空间串联质谱的主要形式有磁扇形串联方式、四极杆串联方式、混合串联方式［例如四极杆-飞行时间串联质谱（Q-TOF）] 等。

以三级四极杆串联质谱仪说明空间串联质谱。三级四极杆串联质谱 QqQ 表示为三组四极杆组成，第一级四极杆（Q_1）是过滤单元，选择母离子，被选择的离子在第二级（q_2，碰撞单元）中通过碰撞诱导解离（CID）等方式裂解，然后进入第三级四极杆（Q_3，分析单元）中选择一产物离子进行质量分析。三级四极杆串联质谱实际上进行了二次离子破碎（第一次由离子源完成，第二次由碰撞池 q_2 完成）和两次质量分析（分别由第一级和第三级四极杆完成）。三级四极杆串联质谱有以下几种不同的扫描模式：

① 产物离子扫描（product ion scan）　包括选择前体离子和测定由 CID 产生的所有的产物离子。分析时，Q_1 选定一个离子，扫描 Q_3 得到的产物离子谱。产物离子扫描方式可被用于研究复杂有机混合物如生物样品，多肽测序，代谢物扫描，或对特定的目标化合物进行定量分析。

② 前体离子扫描（precursor ion scan）　包括选择某一产物离子和测定所有能经 CID 产生这一产物离子的前体离子。分析时 Q_3 选定一个离子，而扫描 Q_1。得到的结果是能产生选定产物离子的那些前体离子谱。前体离子扫描方式可用于分子结构和断裂研究以及混合物的分析研究，可用来鉴定和确认类型已知的化合物。

③ 中性丢失扫描（neutral loss scan）　包括选定中性碎片，检测所有能丢失这一中性碎片的裂解反应。这种方式是 Q_1 和 q_2 同时扫描，只是 Q_1 和 q_2 中的离子保持一固定的质量差（即中性丢失质量），只有满足相差固定质量的离子才得到检测。中性丢失谱可有效确定产物离子和前体离子的关系，能反映化合物的特征官能团，有利于定性和断裂机理分析，可用来鉴定和确认类型已知的化合物，也可以进行未知物结构判断。

④ 多反应离子监测（multiple reaction ion monitoring，MRM）　由 Q_1 选择一个特定的前体离子，经碰撞碎裂后生成产物离子，q_2 在产物离子中选出一个特定离子，最后对选定的前体离子和产物离子进行同时扫描，只有同时满足 Q_1 和 q_2 选定的一对离子时，才能被仪器采集。这种扫描方式的优点是提高选择性和信噪比，即便是两个质量相同的离子同时通过 Q_1，仍可以通过产物离子的不同而与其他离子区别开。MRM 可以对一个样品中的若干化合物进行筛选分析，也可以进行多个组分的同时定量分析。

图 2-19 为三级四极杆质谱仪的四种工作方式。

（2）时间串联质谱（tandem-in-time mass spectrometry）　时间串联质谱仪是在同一个质量分析器的不同时间段对离子进行分离和裂解。使用的是一个兼具质量分析器和碰撞活化室功能的离子阱。首先将捕集在阱中的离子按需要进行分离，然后在离子阱内引入活化气体与选定的前体离子碰撞，使其碎裂后，再进一步进行分离分析。这一过程可以不断进行，对离子进行多级质谱（MS^n）分析，如图 2-20 所示。这种技术也应用于具有离子回旋共振功能的质谱仪。在某些仪器中碰撞碎裂的次数可达 15次，即对一个离子可以进行 15 次活化碎裂。这种人为控制的碎裂大大提高了使用质谱测定待测物结构的准确性。

（3）串联质谱的离子化活化方法　串联质谱检测的主要目的之一是通过碎片离子

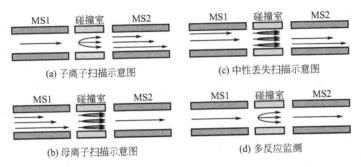

图 2-19　三级四极杆质谱仪四种工作方式

(a) 子离子扫描示意图　(c) 中性丢失扫描示意图　(b) 母离子扫描示意图　(d) 多反应监测

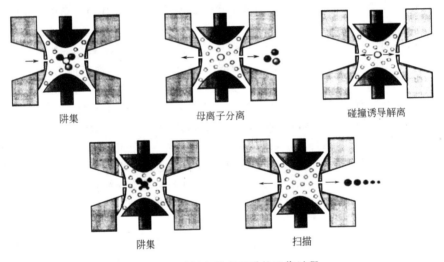

阱集　母离子分离　碰撞诱导解离　阱集　扫描

图 2-20　时间串联离子阱的工作过程

的形成途径来鉴别待测物结构，那么将待测物打碎形成碎片的方法主要有离子源后衰变、碰撞诱导解离、高能碰撞分解、电子转移裂解等。

① 离子源后衰变（post source decay，PSD）　如图 2-21 所示，离子源后衰变是第一个启发人们使用质谱-质谱方法来对待测物结构进行研究的方法，该方法仅被用于 MALDI-TOF 质谱仪。激光激发出来的离子往往携带过剩的能量，PSD 能够选择性地使某些离子携带过量内能，并使其转化为亚稳离子，然后其会在 TOF 飞行管的飞行过程中裂解。从裂解后形成的产物碎片离子质谱图提供的信息可以推断前体离子的结构。

② 碰撞诱导解离（collision induced dissociation，CID）　又称为碰撞活化断裂（collision activated dissociation，CAD）。碰撞诱导解离是使用具有较高能量的碰撞气体使离子活化碎裂，是最常用的使离子碎裂的方法（图 2-22）。它产生的碎片离子可以提供前体离子的结构信息。需要裂解的离子在被选定为前体离子后被引入碰撞活化室与碰撞气体碰撞，后者将携带的部分能量通过碰撞转化为前体离子的内能，进一步引起前体离子分解破裂形成产物离子。在 CID 中，碰撞气体的能量可以决定前体离子分解

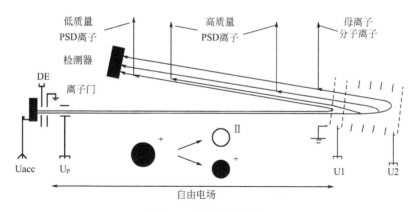

图 2-21　离子源后衰变

MS/MS子离子扫描(最常用的MS/MS模式)

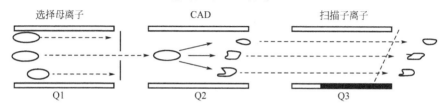

- 母离子被送入碰撞室并被打碎
- Q1固定,Q3扫描一定的质量范围
- 用于获取结构信息,如肽序列

图 2-22　碰撞诱导解离

破裂的程度。

　　碰撞能量可以分为两类:低能 CID 和高能 CID。低能 CID 的能量为 $1\sim100\text{eV}$,用于四极杆、离子阱或静电场轨道阱(orbitrap)。离子加速电压超过千电子伏特(keV)的是高能 CID,用于磁质谱和 TOF。由于能量不同,二者得到的产物离子图谱是有差别的。一般来说,高能 CID 图谱更简单,其离子离解方式更清晰。而低能 CID 则常由于离子内重排反应太多而导致解离途径增加,最终获得的谱图较为复杂。除碰撞能量外,前体离子的分解效率还与其携带的电荷有关,携带的电荷越多,它从仪器电场获得的能量越高,碰撞后越容易碎裂。同样,携带多电荷的离子也更容易离解,因此,以 ESI 为离子源的 MS/MS 更容易获得产物离子。

　　③ 高能碰撞分解(higher-energy collisional dissociation,HCD)　高能碰撞分解是应用在线性离子阱质谱仪中的一种新的 MS/MS 离子裂解方法,它是在线性离子阱中设置一个高能碰撞室,使需要裂解的离子在这里与碰撞气体碰撞离解。其过程为:选定的离子通过电压差进入离子阱,离子被加速推入八极杆离子阱与氮气碰撞,碰撞时间为 $10\sim20\text{ms}$,然后通过提高八极离子阱的电压将产物离子送回 C-型离子阱,时间为 $10\sim100\text{ms}$。提高电压后通常有一个短暂(约为 30ms)的延迟以保证所有的离子都被传输。最后从 C-型离子阱注入 Orbitrap 进行质量分析。

与传统的 CID 方法相比，HCD 产生的所有离子都被通过 C-型离子阱送入 Orbitrap 进行质量分析，因而没有质量歧视效应且具有更高的峰解析能力。由于八极杆离子阱 HCD 碰撞池的端电压可调，前体离子可以携带不同的能量与氮气碰撞，因此它有更多的离子解离方式，从而提供了更多的分子结构信息。

④ 电子转移裂解（electron-transfer dissociation，ETD） 电子转移裂解技术通过离子-离子反应，在多质子化的多肽或蛋白质离子上加上一个低能热电子，使其从单电子离子变成一个自由基，从而形成产物自由基离子。

$$[M+nH]^{n+} + A^{-} \cdot \longrightarrow [M+(n-1)H]^{(n-1)+} \cdot + AH \cdot$$

这个过程是离子-离子间的电子传递反应，其中的多质子化的多肽或蛋白质离子用 ESI 产生，而反应中的负离子自由基 A^{-} · 则用另一个离子源产生。在这个离子源中，类似于 CI 源的灯丝发射的高能电子（70eV）与氮气碰撞后卸去大部分能量成为热离子（$\leqslant$1eV），被具有强电子捕获能力的气态蒽或荧蒽分子捕获，形成荧蒽负离子。

捕获电子后形成的负荧蒽离子随即被导入碰撞室与多质子化的多肽或蛋白质离子反应，由于这两种离子携带的电荷相反，反应很容易进行。因为负离子大大过量，反应呈一级反应，其反应速率常数与负离子浓度和多电荷离子电荷数目的平方成正比。因此，在同样条件下，携带 10 个电荷的离子反应速率比携带一个电荷的离子反应速率要快 100 倍。因此，ETD 可以很容易地应用于飞摩尔级别的多肽、蛋白质检测。

2.2　色谱-质谱联用技术概述

色谱-质谱联用技术是当代重要的分离和鉴定分析方法之一。在色谱仪中将样品中的各组分分离，被分开的组分通过接口进入质谱仪，质谱仪再对进入的组分依次分析。可以在一定程度上将质谱仪看作是色谱仪的检测器。色谱-质谱联用仪的结构如图 2-23 所示。

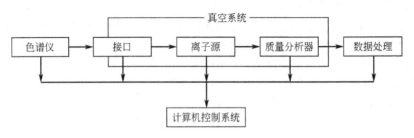

图 2-23　色谱-质谱联用仪的结构

色谱-质谱联用仪中色谱仪的特点在于将混合样品中的各组分分离。色谱法的定量分析依靠的是组分与标样保留时间的对比，如果没有相对应的标准品，则色谱法既无法进行定性分析也无法进行定量分析。而质谱仪有较高的灵敏度，对于痕量组分可以提供较为丰富的结构信息，但是质谱分析时需要样品有一定的纯度，所以在分析前样品需要进行纯化。因此，将色谱仪与质谱仪结合起来使用可以扬长避短，充分发挥两种仪器的优势，使分离和鉴定同时进行。目前在有机质谱仪中，除基质辅助激光解吸电离-飞行时间质谱仪和傅里叶共振变换质谱仪外，所有质谱仪都可以与气相色谱和液相色谱组成联用仪器。同时，为了增加未知物分析的结构信息和增加分析的选择性，可采用串联质谱法（MS/MS）。

　　虽然色谱-质谱联用仪有着多种优势，但在该技术的发展之初却有一些问题需要解决：

　　第一个问题是色谱仪与质谱仪间的接口问题。无论是气相色谱还是液相色谱，色谱柱的出口端通常都是大气压环境，而在质谱仪中要求样品分子在具有一定真空度的离子源中转化为离子。在液相色谱-质谱联用中还要求将溶解在流动相中的组分转化成气态分子。因此，接口技术中要解决的问题是色谱仪的大气压工作条件和质谱仪的真空工作条件的匹配以及液相色谱液态流动相的去除。接口要把色谱柱流出的流动相尽可能去除，保留或浓缩待测物，使接口区域的气压从接近大气压降低到约 10^3 Pa，以达到适合离子化装置工作的压力范围，并协调色谱仪和质谱仪的工作流量。

　　另一个要解决的问题是色谱峰流出时间与质谱扫描速度的匹配。在质谱仪上待测离子流对信号收集是连续且单一的，而一旦与色谱仪联用后，离子流会随时间而变化，其组分也不再单一。这就要求质谱仪的质量分析器和检测器有更高的扫描速度。

2.2.1　色谱-质谱联用仪的质谱数据采集

　　色谱和质谱联用以后，对质谱的数据采集提出了新的要求。与质谱中连续稳定的离子流不同，色谱峰中待测物的浓度是随时间变化的，这要求质谱有很快的扫描速度来适应这种变化。由于色谱峰很窄，这就要求质谱仪有较高的扫描速度，才能在很短的时间内完成多次全质量范围的扫描。另外，要求质谱仪能很快地在不同的质量数之间来回切换，以满足选择离子检测的需要。

　　质谱采集数据的基本方式有全扫描（full scan）、选择离子监测（selected-ion monitor）和选择反应监测（selected-reaction monitor）。全扫描指的是在特定离子质量范围内重复测量。例如，在色谱峰宽度为 10s 时，要求在质量数 100~1000 范围内进行全扫描，如果扫描速度为每秒 100 个质量单位，则 10s 只能进行一次扫描。在这 10s 内质谱仪只能对这个色谱峰获得一张完整的质谱图。由于在这段时间中待测物已经流出，要再进行二次扫描就不可能，其准确性和灵敏度也就不能保证。因此，在早期的质谱扫描速度无法提高时，解决这个问题只有两条途径：缩小质谱质量扫描范围或增大色谱峰宽度。增大色谱峰宽度显然不符合色谱分离的要求，因此只能选择缩小质谱质量扫描范围，这也就导致了选择离子监测的出现。仍以前面的例子为例，如果已知待测物的质量为 500，若将质谱扫描范围降至 10，即在 $m/z = 495~505$ 之间进行扫描，则在 10s 内，可以对色谱峰进行 100 次扫描，获得 100 个扫描结果。这样就可以大大提高数据的质量和检测灵敏度。如果根据色谱峰不同的保留时间，改变质谱的扫描范围，就可以得到一张完整的色谱图。

需要提高扫描速度的另一个原因是色谱峰中待测物的浓度是随着时间变化的,这种变化导致色谱峰前沿获得的质谱图低质量质谱峰相对丰度会降低,而在色谱峰后沿高质量质谱峰相对丰度会降低。这种变化会影响对同位素相对丰度的判定,在使用数据库检索时它更会直接影响对检索结果的判定。这个问题可以通过对色谱峰进行多次扫描后将所有结果平均来解决。现在的普遍认识是,对色谱峰完成一次扫描的时间应该不大于色谱峰基线宽度的1/5,即对一个完整的色谱峰通常需要扫描至少5次。

扫描速度的提高和计算机技术的发展使得现代 SIM 技术含义变为从总离子流色谱图(total ion chromatogram,TIC)中提取所需质量的色谱图,从而排除杂质和基质对分析的干扰。

但是,扫描速度也不是越快越好,过高的扫描速度会导致色谱峰峰形歧变,导致定量分析产生较大误差。

选择性反应监测则是应用于 MS/MS 的技术,用于选择性地检测特定的离子碎裂反应。在第一级质谱中测量前体离子,在第二级质谱中测量特定的碎片离子,由于测量的离子特异,可以去除其他离子的干扰,从而提高分析灵敏度。这种方法在面对复杂基质的情况下,如在蛋白质组学的定量分析中尤其有用。

2.2.2 气相色谱-质谱联用

如前所述,在气相色谱-质谱(GC-MS)联用法中一个必须要解决的问题是色谱仪的大气压工作条件与质谱仪的真空工作条件的匹配,即接口技术。在气相色谱-质谱(GC-MS)联用仪中采用以下几种接口技术。

2.2.2.1 开口分流型接口(open coupling interface)

将色谱柱洗脱物的一部分送入质谱仪的接口称为分流型接口。在多种分流型接口中该接口较为常用,其结构示意如图 2-24 所示。

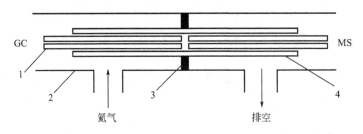

图 2-24　开口分流型接口示意

1—限流毛细管;2—外套管;3—中隔机构;4—内套管

气相色谱柱的一段插入接口,其出口正对一个限流毛细管,这根限流毛细管把色谱柱洗脱过的一部分洗脱物定量引入质谱仪的离子源,内套管固定色谱柱的末端和限流毛细管,使这两根毛细管的出口和入口对准。限流毛细管承受将近 0.1MPa 的压力,与质谱仪的真空泵匹配。内套管置于外套管中,外套管充满氦气。当色谱柱的流量大于质谱仪的工作流量时,过多的色谱柱流出物和载气随氦气流出接口;当色谱柱的流量小于质谱仪的工作流量时，外套管中的氦气提供补充。因此，更换色谱柱时不影响质谱仪工作，质谱仪也不影响色谱仪的分离性能。这种接口的限流毛细管限制了进入质谱仪的样品数量，降低了仪器的分析灵敏度，同时对高分子量和高沸点的组分具有歧视效应。

2.2.2.2　直接导入型接口（direct coupling interface）

这种接口方式也是常用的一种接口技术，仅应用于小孔径毛细管柱气质联用仪中。毛细管柱通过一根金属毛细管直接引入质谱仪的离子源，毛细管柱插入金属毛细管直至露出 2mm。载气和待测物一起从气相色谱柱流出立即进入离子源。由于载气是惰性气体很难发生电离，而待测物却容易形成带电粒子，待测物离子在电场力作用下加速向质量分析器运动，而载气被真空泵抽走。另外在该接口处还应保持一定温度以使色谱柱流出物不致冷凝。

2.2.2.3　喷射式分子分离接口（molecular jet interface）

喷射式分子分离接口适用于各种流量的气相色谱柱，包括填充柱和大孔径毛细管柱。其工作原理是基于气体的扩散。携带待测组分的载气在柱后通过一个喷嘴进入一个低压室中，气体在喷射过程中不同质量的分子都以同样的速度运动。由于不同质量的分子具有不同的动量，动量大的分子易保持沿喷射方向进入限流毛细管；而动量小的载气分子则更容易扩散，或经碰撞偏离喷射方向，被真空泵抽走。因此这种接口对于分子质量较大的待测物有富集作用。

喷射式分子分离器（图 2-25）具有体积小、热解和记忆效应小、待测物在分离器中停留时间短等优点。然而其富集效应随待测物挥发性增加而减小，主要的缺点是对易挥发的化合物传输率不高。另外，限流毛细管有可能被色谱柱填物或凝集的有机物堵塞。同时 20mL/min 的流量是这种接口稳定工作的保证，因此在使用毛细管柱时必须在柱头增加辅助气体，但这也使得待测物被稀释。

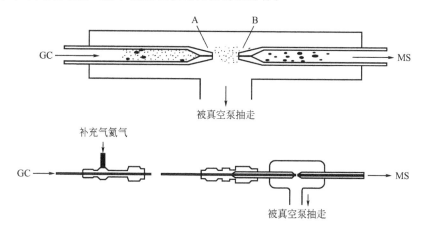

图 2-25　喷射式分子分离器
A—喷嘴；B—限流毛细管入口

常见气质联用仪的接口性能及适用性见表 2-2。

表 2-2　常见气质联用仪接口性能及适用性

接口方式	分离原理	适用性
开口分流型	无分离	毛细管柱
直接导入型	无分离	小孔径毛细管柱
喷射式分子分离器	喷射分离	填充柱/毛细管柱

2.2.2.4　气相色谱-质谱联用谱库

人们在复杂样品分析工作中经常要对未知组分进行鉴别，这对仪器设备和技术人员的素质提出了很高的要求。随着气质联用技术和计算机技术的不断发展，人们建立了基于标准电离条件下的已知纯化合物的标准质谱谱库。标准电离条件就是使用电子电离源（EI），用 70eV 电子束轰击已知的纯有机化合物，将得到的这些标准质谱图和有关质谱数据存储起来就得到了质谱谱库。利用这些谱库可以较为轻松地对待测物进行检索，以帮助鉴别。

目前最常使用的质谱谱库有：

（1）NIST 库　由美国国家科学技术研究所出版，收录 6.4 万张标准质谱图。

（2）NIST/EPA/NIH 库　由美国国家科学技术研究所（NIST）、美国环保局（EPA）、美国国立卫生研究院（NIH）共同出版，收录有 12.9 万张标准质谱图，约有 10.7 万个化合物和 10.7 万个化合物的结构式。另外还有 Wiley 库、农药库、药物库、挥发油库等专用质谱谱库。

在使用谱库检索时，为了使检索结果正确，应注意：①质谱库中的标准质谱图都是在电子轰击电离源中用 70eV 电子束轰击得到的，所以被检索的质谱图也必须是在电子电离源中用 70eV 电子束轰击得到的，否则检索结果是不可靠的。②质谱库中的标准质谱图是由纯化合物得到的，所以被检索的质谱图也应该是纯化合物的。本底的干扰会使质谱图发生歧变，所以扣除本底的干扰对检索的正确与否十分重要。③在总离子流图中选择哪次扫描的质谱图进行检索，对检索结果的影响也很重要。当总离子流的峰很强时，选择峰顶的扫描进行检索，可能由于峰顶时进入离子源的样品量太大，在离子源内发生分子-离子反应，使质谱图发生歧变，得不到正确的检索结果。④检索后的匹配度最高的化合物并不一定就是要检索的化合物，还要根据被检索质谱图中的基峰、分子离子峰及其已知的某些信息，从检索后给出的一系列化合物中确定被检索的化合物。

2.2.3　液相色谱-质谱联用

在大气压电离技术取得突破性进展后，液相色谱-质谱联用（LC-MS）技术也发展了起来。与气相色谱法相比，液相色谱法的分离谱更广，占已知化合物 80% 的中高极性、沸点高的化合物在适合的条件下都可以实现分离，所以液相色谱-质谱联用方法有着更广的应用前景。在液相色谱与质谱联用中，接口仍然是要解决的重要问题。在液相色谱-质谱联用法的接口中，质谱检测的是气态的离子，在与液相色谱联用时需要将液态的流出物气化，而液体一旦气化，体积与压力都会大大增加，因此，如何去除大量流动相气化对质谱仪的影响是需要解决的第一个问题。另外，使中高极性以及非挥发性的待测物分子电离也是液相色谱-质谱联用法接口需要解决的另一个问题。大气压电离（atmospheric pressure ionization，API）方法的出现较好地解决了这一问题。大气压电离法中的 ESI、APCI 等方法前文已经述及，在此不再赘述。液相色谱-质谱联用接口中第三个要解决的问题是去除杂质可能造成的污染，与 GC-MS 相比，LC-MS 由于流动相和样品基质的影响会产生较强的噪声，甚至会淹没信号。

2.2.3.1　样品导入接口

（1）注入式接口　以注射器泵推动一支钢化玻璃注射器将样品溶液连续注入离子化室。这种方式在仪器调机时被广泛使用，也可在测定化合物纯品时使用。由于其采用连续进样方式，可以得到稳定的多电荷离子，所以在蛋白质和多肽的分析中经常采用。注入方式进样可得到在正常情况下大小恒定的信号输出，总离子流图（TIC）表现为一条直线，样品纯度低时，由于无法扣除流动相背景，待测物峰不明显。

（2）流动注射分析接口　用注射器泵串接一个六通阀或以 HPLC 泵配合进样器来进行。流动注射分析可以快速地获得样品的质谱信息。由于没有柱分离损失可获得较高的样品利用率，同样由于没有柱分离，该方式对杂质本底仍无法去除。

（3）与 HPLC 联机使用方式　联机采用"泵-分离柱-ESI"的串接方式，有时也在分离柱的出口处接入一个 T 形三通，将一端接液相色谱检测器，或将液相检测器与质谱串接，同时获得液相色谱图。当 HPLC 的流动相组成不适合 ESI 的离子化条件时，也可在此三通处接入另一台泵，加入某些溶剂或一定量的助剂做柱后补偿或修饰。

在 HPLC-ESI 联机接口方式中，根据喷口与质谱入口毛细管通道的角度以及流速可以分为以下几种：

① nano-ESI　早期的 ESI 接口与此类似，适合于蛋白质、肽类的多电荷离子测定，进样速度可以为 10～100nL/min，并因此而得名为 nano-ESI。Nano-ESI 接口可用于毛细管电泳和微径柱 HPLC 与质谱联用，原因是它具有很低的工作流速。

② Z-喷雾（Z-spray）　这是一种带有加热干燥气体的接口，干燥气体以逆流方向或垂直方向设置。喷雾为双正交 Z 形喷雾方式。其他方面与 ESI 接口相同。

③ 涡流离子喷雾（turbo ion spray）　进样喷口与毛细管入口处在不同轴的位置上（一般为 30°～45°）。由于在喷口周围有保护气体，可以有效地减低对毛细管入口的污染。

④ 正交电喷雾（orthogonal spray）　这种接口喷口与质谱入口毛细管相互垂直。其干燥气体多是以帘状挡在毛细管入口前，以避免大量的中性分子进入毛细管并防止非挥发物质污染毛细管入口。

2.2.3.2　LC-MS 实验技术

（1）正负离子模式的选择　不同化合物结构不同，在电离时带不同电荷，在质谱仪中会有不同的响应程度。从提高灵敏度的角度考虑，应选择响应高的离子模式。不同化合物的电离模式选择原则为：

① 正离子模式 适合于碱性样品，如含有赖氨酸、精氨酸和组氨酸的肽类，可用乙酸（pH 3～4）或甲酸（pH 2～3）对样品加以酸化。如果样品的 pK 值已知，则 pH 值至少要低于 pK 值 2 个单位。

② 负离子模式 适合于酸性样品，如含有谷氨酸和天冬氨酸的肽类可用氨水或三乙胺对样品进行碱化。pH 值至少要高于 pK 值 2 个单位。

样品中含有仲氨基或叔氨基时可优先考虑使用正离子模式，如果样品中含有较多的强电负性基团，如含氯、含溴和多个羟基时可尝试使用负离子模式。有些酸碱性并不明确的化合物则要进行预实验，也可优先选用 APCI（＋）进行测定。

（2）流动相和流速的选择 ESI 和 APCI 分析常用的流动相为甲醇、乙腈、水和其不同比例的混合物以及一些易挥发盐的缓冲液，如甲酸铵、乙酸铵等。HPLC 分析中常用的磷酸盐缓冲液及一些离子对试剂，如三氟乙酸等，要尽量避免使用。

流量的大小对 LC-MS 的分析十分重要。要从所用柱子的内径、柱分离效果、流动相的组成等不同角度加以考虑。即使是有气体辅助设置的 ESI 和 APCI 接口也仍是在较小的流量下可获得较高的离子化效率，所以在条件选择时最好采用小内径的柱子。从最佳流速角度考虑，0.3mm 内径的柱子在 10μL/min 左右的流量下方可保证其分离度；1.0mm 内径的柱子要求 30～60μL/min 的流量；2.1mm 内径的柱子要求 200～500μL/min 流量，而 4.6mm 内径的柱子则在＞700μL/min 的流量下方可保证其分离度。采用 2.1mm 内径的柱子，用 300～400μL/min 流量，在流动相中的有机溶剂比例较高时，可以保证良好的分离及纳克级样品的检出。这在一般的样品分析中是一个比较实用的选择。

（3）温度的选择 ESI 和 APCI 操作中温度的选择和优化主要是指接口的干燥气体而言。一般情况下，选择干燥气体温度高于分析物的沸点 20℃左右。对热不稳定性化合物，要选用更低的温度以避免显著分解，选择干燥气体温度时需要考虑流动相的组成，对有机溶剂比例高的，可采用适当低些的温度。此外，干燥气体加热设定温度比干燥气体在毛细管入口周围的实际温度往往要低一些，这在温度设定时也要考虑到。

（4）系统背景的消除 LC-MS 分析中噪声的消除比较复杂，可以从以下几方面入手：

① 有机溶剂和水 市售的色谱纯溶剂中有一些在 ESI 条件下具有很强响应的杂质，例如增塑剂邻苯二甲酸酯，对应的质荷比 m/z 为 149、315、391 等，在实验时应加以注意。

② 样品的纯化 生物类样品中有大量待测物的共存基质，对于这些杂质的去除需要加强样品前处理。液-液萃取和固相萃取是前处理方法中可有效去除杂质的方法。

③ 系统的维护 样品对于管路、喷口、毛细管入口等部位的污染是很严重的，控制进样量和经常清洗这些部件十分重要。色谱柱的冲洗要比 HPLC 分析中更频繁、更认真。输液管路最好用聚四氟乙烯管或无色聚醚醚酮（PEEK）管。不锈钢毛细管会吸附样品并造成碱金属离子污染。

④ 氮气纯度 市售的钢瓶装普通氮气（99.9%）及制氮机生产的氮气都要通过分子筛和活性炭净化罐再进入接口。

2.3　色谱-质谱联用技术的应用

色谱-质谱联用法是一种集混合物分离与分子质量测量的定性定量分析方法。在解决了色谱技术与质谱技术的接口问题与数据采集问题以后，色质联用技术迅速应用于多个领域。其在农业研究中的功能性有效成分分析、农兽药残留分析、环境污染物分析、食品添加剂分析等多个领域都有应用，特别是在电喷雾电离和基质辅助激光解吸电离技术出现以后，色质分析法即应用于生物大分子的研究中，检测的物质从小分子化合物到分子量高达几万的生物大分子。又因为其特有的高灵敏度、高选择性和易于自动化操作等特点，使其能够快速对复杂混合物进行高通量分析。近年来生物信息学迎来大发展，各种组学研究层出不穷，特别是各种组学间的联合分析，使得对于细胞、组织、生命体及其相互关系、代谢途径等方面的研究快速发展，这些研究方法都是基于对色质联用法获得的海量数据进行研究计算得出的。因此，对于生物大分子的研究以及农业环境污染物、食品功能性成分、添加剂的检测和安全性评估等研究，色质联用法都有着广阔的应用前景。

2.3.1　核酸的质谱分析

DNA 序列分析在生物基因学以及遗传病和病毒性疾病的诊断和治疗上具有重要的作用。用质谱化学方法进行 DNA 序列分析是一种新兴的技术。Sanger 双脱氧链终止序列测定方法是常规的 DNA 序列分析方法，Sanger 产物需要通过凝胶分离和显色来得到 DNA 的序列信息。而当采用质谱法时，Sanger 产物可不需分离而直接测定，因而质谱方法具有快速性的优点。20 世纪 80 年代中后期相继出现的质谱离子化新技术电喷雾（ESI）和基质辅助激光解吸电离（MALDI）使得用质谱进行 DNA 序列测定成为可能。但是由于技术尚不成熟，目前使用质谱方法仅能测定含几十个碱基的寡聚核苷酸。要使质谱在人类基因工程（HGP）和临床分析中得到广泛应用，质谱技术和质谱方法必须得到显著改善。

核苷酸类化合物是极性较大的生物聚合物，一般的离子源很难使它离子化。虽然使用 ESI 或 MALDI 能很容易地测定飞摩尔级的样品，但在测定核苷酸类化合物时难度要大于多肽和蛋白质。其中的原因之一是分子中的磷酸二酯极易和碱金属离子（主要是 Na^+、K^+）结合形成程度不同的加合物而使谱图复杂化。聚核苷酸可以用正离子或负离子模式进行分析，但最佳的分析方法是负离子模式，在这种条件下形成的离子具有通式 $[M-(n+m)H+mNa/K]^{n-}$。由于碱金属加合离子的形成会降低待测物的信噪比，从而降低检测的灵敏度。另外加合物峰通常相互叠加而形成一个峰，因此测量时需要使用具有高解吸能力的仪器。消除碱金属离子影响的方法是离子置换，即在样品溶液中加入铵盐，铵离子在溶液中会取代碱金属离子与磷酸二酯反应，在样品气化后挥发，从而获得无碱金属离子加合的质谱图。

聚核苷酸难以测量的另外一个原因就是此类物质在离子化后容易裂解，聚核苷酸获得一个电荷后容易失去碱基，进一步引发链从磷酸酯处断裂。但是在 RNA 中，核糖 2′-位上的羟基可以阻止这种反应，因此 RNA 比 DNA 具有更高的稳定性。与 MALDI 相比，ESI 产生的质子化或去质子化离子就较为稳定。

2.3.1.1　寡核苷酸测序

（1）MALDI 测定　Spengler[1]等在进行 4～6 个碱基的寡核苷酸的 MALDI 测定后发现，利用 MALDI 分析寡核苷酸的难度远远大于分析多肽和蛋白质的。

随着近几年来基质材料的新进展、样品制备方法的改进以及对离子化机制的深入研究，寡核苷酸 MALDI 分析的质量范围有了大幅提高。早期的重要进展是用铵离子交换碱金属离子，能显著减少离子加合物的形成。再有就是引入新基质，高敏感的基质化合物几乎对所有分析物的 MALDI 信号都有放大作用，最成功的基质化合物之一是 3-羟基吡啶甲酸（3-HPA）。

目前 MALDI 质谱能检测到的最大的 DNA 是一个有 500 个碱基的双链 DNA 分子[2]，但其分辨率仅为 20～30，这与 Sanger 产物分析所需要的分辨率 300 相去甚远。在寡核苷酸的序列分析中，分辨率与寡核苷酸的碱基组成密切相关，而碱基组成又与寡核苷酸的稳定性相关，因此，寡核苷酸的稳定性是提高分辨率的重要影响因素。化学改性能够增强寡核苷酸的稳定性，从而在 MALDI 分析中有所应用。在飞行时间质谱（TOF-MS）中，由于时间延迟、离子采样技术（DE）等技术的采用能减小解吸离子的质量分散和能量分散，所以能够显著提高分辨率。Wei[3]等使用 DE 技术和线性飞行时间质谱对一个 50 个碱基的寡核苷酸进行分析，得到了 1000 的分辨率；使用 1.3m 反射式质谱和延迟采样技术分析一个 12 个碱基的寡核苷酸得到了 7500 的分辨率。与 TOF-MS 相比，傅里叶变换质谱（FT-MS）在质荷比小于 15000 时有出色的分辨率，但很难分析质荷比大于 50000 的离子，因此无论是使用 DE-TOF-MS 还是 FT-MS，目前在 DNA 测序工作中无法得到高质量范围的高分辨率，这对质谱仪器和质谱方法提出了新的挑战。

（2）寡核苷酸的 ESI 测定　寡核苷酸的电喷雾测定最早是在一个含有 14 个碱基的低聚物中实现的[4]。与 MALDI 分析一样，寡核苷酸的 ESI 分析也是落后于多肽和蛋白质分析的。在 ESI 中分析效果差主要的原因是碱金属离子的加合物和碎片化。在 ESI 中用铵离子来取代钠离子能有效地减少加合物。与电喷雾配合应用的质谱仪通常是 FT-MS。Little[5]等利用 FT-MS 对一个 50nt 的寡核苷酸分析获得了优于 $10\mu g/g$ 的质量测定准确度，一个 100nt 的寡核苷酸的质量准确度优于 $30\mu g/g$。FT-MS 中，电喷雾离子的高电荷态是一个障碍，空间电荷效应限制了离子回旋共振（ICR）池中所能捕获的离子数目，而且电荷分布限制了每一个质谱峰的信号水平。为了改善这些限制，Cheng[6]等采取了通过改变溶液 pH 和在 ESI 溶液中加入有机碱来减少离子电荷态的方法。有机碱的加入对于消除电荷态很有效，但是无机碱则会抑制寡核苷酸离子的信号。另外，咪唑和乙酸的乙醇-水（80∶20）溶液可以有效抑制碱的加合物，也能显著减少寡聚物的电荷态。

2.3.1.2　几种寡核苷酸的序列测定策略

目前，质谱 DNA 测定通常采用梯度测序、Sanger 产物质谱分析、气相裂解测序三种策略。

（1）梯度测序　是用 DNA 外切酶来连续地断裂核苷酸链，根据相应质量变化来确定碱基组成。梯度测序所需的质量分辨率和准确度要远比 Sanger 测序严格。在梯度测序中，为区分 A 和 T，必须测出 9Da 的质量差异。然而在 Sanger 测序中只要测定出 300Da 的质量差异就已足以确定顺序。酶消解的费时以及对仪器的高要求使得该方法面临诸多困难。

（2）Sanger 产物质谱分析　Sanger 产物质谱分析是寡核苷酸序列测定的最直接的办法，只是用质谱替代凝胶电泳。与凝胶电泳比较，质谱具有潜在的时间和费用优势：传统的凝胶分离可能需要几小时，而质谱测定常常可以在 1min 内完成。人类基因工程（HGP）要求测定人类基因的一级结构。对于 HGP 那样大规模的测序工程，高效、高准确度和易于自动化是至关重要的。在前面提到的三种质谱测序方法中，梯度测序很费时，而气相裂解方法到目前为止还未在未知序列的寡核苷酸测定上显示出速度和准确度的优势。因此，普遍认为应当将质谱应用在 Sanger 方法中来测定序列。Sanger 产物质谱分析的一个重要方面是质量分辨率，Sanger 产物有 4 个系列，因而可得到 4 张质谱图。这 4 张谱图的结果必须综合起来以得到完全的顺序信息。谱图上可能出现的最近的两个峰是仅相差一个 C 残基的两个离子（质量相差 289Da）。这样要分辨 100 链的寡核苷酸分辨率要达到 100，这是 TOF-MS 能达到的，但是由于亚稳态衰变和加合物峰的存在，实际上必须达到更高的分辨率。Fitzgerald[7] 等最早进行了 Sanger 产物的质谱测序。此后，Shaler[8] 等使用一个 12 链的前体，能读出一个寡聚物的前 19 个碱基的顺序；而使用一个 21 个链的前体读出了该寡聚物的前 24 个碱基的顺序。Roskey[9] 等对于一个 50 个碱基的模板，使用含 13 个碱基的前体和高分辨的 DE-MALDI-TOF-MS 获得了前 32 个碱基的序列。尽管前面的研究表明，使用 MALDI 可分析 Sanger 反应所产生的前体延伸产物，但是该方法还面临着许多问题，如大链长时的离子丰度太低，在每一个测序反应中都产生了错误的离子信号（这会妨碍对 DNA 未知区域的辨认），而且该方法仅能给出相对短的寡核苷酸链的完整的序列信息。要使质谱取代凝胶电泳在 Sanger 方法中的位置，MALDI 技术需要取得长足进步。

（3）气相裂解序列测定　气相裂解法是通过亚稳态或碰撞诱导解离的碎片离子的质量分析来完成测序。气相裂解测序的优点是比那些依赖于溶剂相化学的方法快得多。但是它的缺点也很明显：碎片谱很复杂，难以解释；对质量分辨率和质量测定准确度的要求要等于或高于梯度测序。由前面的讨论，可以知道成功的 DNA 序列测定必须尽量避免产生碎片离子。但是，在某些场合，碎片是很有用的，因为它携带了结构信息。气相裂解序列分析就是利用碎片来进行序列分析。气相裂解方法通常有三种策略，分别为解吸/离子诱导裂解、串联质谱和结合光解的采样板和分离锥的 CID 技术。在串联质谱的寡核苷酸的序列测定研究上，McLuckey[10～12] 等做了许多创新性的工作。他们使用离子阱质谱分析 ESI 所产生的寡核苷酸离子，得到碰撞诱导电离谱。他们在多电荷寡核苷酸的裂解机理上也做了许多工作，McLuckey 还提出了标示寡核苷酸裂解产物的系统的命名方法。现在，这种命名方法被该领域的研究者广泛使用。1996 年，Ni[13] 等首次使用串联质谱测定了未知寡核苷酸序列。串联质谱研究工作的最大成果可能是他们发展的通常模式下寡核苷酸的顺序建构算法，该算法的产生可能大大地加快了用串联质谱进行 DNA 序列测定的进程。

2.3.1.3 基因检测

虽然质谱方法可以应用于核苷酸的测序工作，但由于存在复杂加合物和断裂的问题，使其在大规模的基因测序上的应用有所限制，并且现存的其他测序方法比如链终止法、化学降解法、基因芯片法等能够比较好地解决测序问题，所以目前对于质谱法的核酸分析主要集中在基因检测[14]和药物筛选上。

（1）单核苷酸多态性检测 单核苷酸多态性（SNP）是指在基因组水平上由单个核苷酸的变异所引起的 DNA 序列多态性，且这些变异在人群中所占比例大于 1%。单核苷酸多态性在遗传疾病的诊断和筛查以及用药种类及剂量指导等方面有着极其重要的作用。随着研究的深入，对 SNP 检测的需求从单基因的有限位点研究变成对多基因多位点的检测。以往的 Sanger 测序、荧光定量 PCR、低密度基因芯片和焦磷酸测序等基因检测方法不能完全适合于多基因多位点的检测需求。MALDI-TOF-MS 利用多重 PCR 技术在一个反应管中可同时检测多个 SNP 位点（最多可同时检测 52 个位点），极大地提高了多基因多位点的检测效率并降低了样品用量。质谱 SNP 检测主要基于 PCR 和单碱基延伸技术，其原理是首先通过 PCR 引物对含待检 SNP 的目标片段进行扩增，PCR 结束后加入虾碱性磷酸酶（SAP）去除反应液中的 dNTP。然后在反应液中加入 SNP 延伸引物及 ddNTP 等相关组分并进行单碱基延伸反应，反应过程中 SNP 延伸引物可与待测 SNP 的 5′端序列结合并延伸一个碱基，根据不同的 SNP 模板可得到不同的延伸产物。例如，SNP 位点模板为胞嘧啶（C），则延伸鸟嘌呤（G）；SNP 模板为腺嘌呤（A），则延伸胸腺嘧啶（T）。该步骤完成后，反应液与树脂混合进行离子交换用于去除液体中吸附于 DNA 片段上的 K^+、Na^+、Mg^{2+} 等离子，防止其干扰质谱检测结果。最后，反应液与基质在靶板上结晶，进行质谱检测并得到图谱。由于各延伸产物分子量不同，因此可以在各自的分子量位置查看是否出现检测峰，然后判断该样品的 SNP 分型。例如，若在检测结果的图谱中可分别看到 G 和 T 的检测峰，则该样品为 G/T 杂合型，若在结果中只有 G 检测峰或 T 检测峰，则相对应的 SNP 结果为 GG 纯合型或 TT 纯合型。质谱平台特异性良好，使用国际通用标准品能达到 $30\mu g/g$，最低检测限为 5ng 基因组 DNA，对比试验选择的金标准验证技术为 Sanger 测序技术和同类型获批的检测产品，符合性均为 100%。

（2）基因突变检测 基因突变最大特点是突变碱基所占比例不一，以肿瘤 EGFR 突变为例，其突变比例范围可从<1% 至>50%，因此该类检测对于灵敏度、重复性等指标要求高。以往临床所使用的电泳、PCR、测序等方法需要通过染色显色或发光基团激发后显色等方式，进行多次化学、物理及电信号处理后才可获得检测结果，因此出错率较高。相比之下，质谱学方法无需对样品进行标记，可直接根据 A、G、C、T 这 4 种碱基分子量的不同，直观地了解待测样本的组成。另外，质谱谱图检测峰显示清晰，数据准确且易于判别。

基因突变检测原理与 SNP 检测相同，均通过 PCR、单碱基延伸的方式对样本进行处理并通过质谱分析得到样品谱图。与 SNP 检测不同的是，数据分析时，基因突变检测不存在纯合型及杂合型的称谓，而是突变型和野生型。另外，质谱谱图中检测峰的峰面积与样品中该分子量所代表的核酸片段的含量呈正相关，因此可通过突变型和野生型峰面积之间的比值获得该突变位点的比例，而目前质谱法可检测的最低基因突变比例为 0.5%。质谱平台特异性良好，使用国际通用标准品能达到 3×10^{-5}，最低检测限为 5ng 基因组 DNA，可检测到 0.5% 以上的突变样本，对比试验选择的金标准验证技术为突变扩增阻滞系统荧光定量技术（ARMS-PCR）和同类型获批的检测产品，符合性大于 95%。

（3）DNA 甲基化检测　在人类基因组中，3%～6% 的胞嘧啶都会在 DNA 甲基化转移酶的作用下与甲基基团结合并在 CpG 二苷酸的 5 位碳上形成共价键。CpG 二苷酸在人类基因组中常以大小为 300～3000bp 的密集形式存在（CpG 岛），而这些 CpG 岛通常位于基因的转录起始位置附近，具有调控基因表达的功能。CpG 岛的异常甲基化水平升高会抑制相关基因的表达，造成该基因所代表的蛋白质水平急剧下降。近年来，DNA 甲基化在肿瘤研究领域受到了极大关注，特别是 CpG 岛高甲基化所导致的抑癌基因转录失活及异常低甲基化所致原癌基因的激活已成为肿瘤研究中的热点问题，除此之外 DNA 甲基化还与印记缺陷、精神分裂症、抑郁狂躁型忧郁症等复杂疾病有一定相关性。

目前常见的甲基化检测方法主要有测序、甲基化特异性 PCR、荧光定量 PCR 等。相比之下，质谱 DNA 甲基化检测，在引物设计、检测成本及数据分析等方面更加便捷、快速和准确。其主要检测步骤可分为 4 个部分：第一步是通过亚硫酸氢盐反应对基因组 DNA 进行处理，目的是将序列中未甲基化的 C 转化为 U，而甲基化的 C 保持不变。第二步是利用 5′末端带有 T7 启动子序列的引物对目标 CpG 岛区域进行 PCR 扩增，并在扩增后加入虾碱性磷酸酶处理残余 dNTP。随后，利用 RNA 转录酶对扩增产物进行转录并在第四步对转录产物进行尿嘧啶特异性酶切处理。上述步骤完成后，样品中未甲基化的 C 最终变为 A，而甲基化的 C 最终变为 G，然后质谱可根据 G 和 A 之间 16Da 的分子量差异检测出甲基化和未甲基化的 C 并通过各自的峰面积计算该 CpG 位点甲基化比例，并估算整个检测片段内的平均甲基化水平。质谱平台灵敏度高，可检测低至 5% 的甲基化水平，特异性良好。

（4）基因拷贝数鉴定　人类基因组中很多时候会出现由于一段基因序列缺失或拷贝数增加而导致基因表达产物减少或增加的情况，这种表型上的差异就是拷贝数变异（CNV）。CNV 所涉及的 DNA 片段大小通常介于 1kbp～3Mbp，并在基因组中分布广泛。CNV 在临床上除了与罕见病和单基因病相关外，还与肿瘤等复杂疾病相关，因此对 CNV 变异的研究可促进对多种疾病发病机制的认知，从而指导疾病的分子诊断和新治疗方法的开发。

MALDI-TOF-MS 可通过单核苷酸多态性等位基因比例（SAR）检测技术对待测样本中目标基因的拷贝数进行定量分析，其原理是检测待测拷贝片段中存在的 SNP，计算峰面积，得出该位点两种基因型的比值，然后推测含不同 SNP 基因型拷贝的相对比值。

（5）高通量检测结果验证　高通量测序随着时间的推移已经逐步在临床开展检测服务，但何种技术最适合用于其结果的验证工作至今尚未达成共识。由于高通量测序的检测灵敏度可达 1%～5%，因此对验证平台的检测灵敏度也提出了很高的要求。虽然此前曾有研究小组将一代测序用于 NGS（下一代测序）的验证工作，但其灵敏度对于低于 15% 的突变无法进行有效检测，因此当二者结果不一致时，质谱多用于检测结果的进一步验证。

2.3.2 多肽和蛋白质的分析

肽与蛋白质是生物功能实现的物质基础，在中心法则中，遗传信息在 DNA、RNA 之间传递，最终合成具有一定功能的肽和蛋白质。肽广泛存在于动植物组织中，其中有许多肽在生物体内有特殊的功能；而蛋白质是由一条或多条肽链以特殊方式组合的生物大分子，其复杂结构主要包括以肽链为基础的肽链线性序列及由肽链卷曲折叠而形成的三维结构，同时具有相应的功能。

2.3.2.1 多肽及蛋白质分子量的测定

待测物在进行质谱分析时所带电荷的种类与其所处溶液的 pH 值有关，在多肽及蛋白质分析中，溶液 pH 值高于 5 时，C-端的部分才会离子化，pH 值低于 7 时，N-端及组氨酸的氮才会游离；赖氨酸和精氨酸的 N-端通常要低于 pH 8.5 才会离子化。这表示在酸性溶液（如 pH 3.5 或更低）中会使蛋白质带正电，在碱性环境中则让蛋白质带负电，ESI 一般都在酸性环境下分析带正电的肽离子。天然蛋白质和肽类中平均每 10 个氨基酸中就含有 1 个碱性氨基酸，平均每 1000u 可加成 1 个质子。当样品的分子量 MW 小于 1200Da 时，ESI 法会产生单电荷离子，质谱测定的分子量等于样品质量加氢。大分子样品（如多肽和蛋白质）会生成带多种电荷的样品离子，带多个电荷的样品离子会产生高斯分布的质谱峰。

图 2-26 是鸡蛋溶菌酶的 ESI 质谱图，呈现出多电荷系列峰簇的形态，A10、A9、A8 分别代表带有 10 个、9 个、8 个电荷的离子。选取任意两个相差一个电荷的峰，则有以下关系：

$$m/z_1 = \frac{MW + n\,H^+}{n} \qquad m/z_2 = \frac{MW + (n+1)\,H^+}{n+1}$$

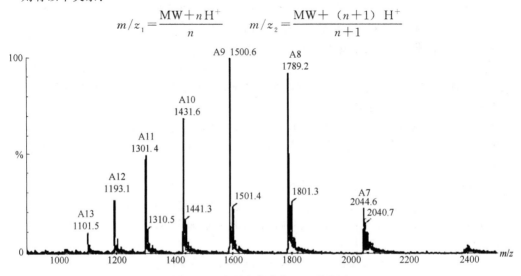

图 2-26　鸡蛋溶菌酶的 ESI 质谱图

式中，m/z_1 和 m/z_2 分别代表相邻两峰的质荷比；n 为质荷比较小的离子所带电荷数；MW 为该溶菌酶分子的平均分子量。解上述方程组，得

$$n=(m/z_2-1)/(m/z_1-m/z_2)$$
$$MW=(m/z_1-1)\times n$$

可得出溶菌酶的平均分子量为 14305.14。

在一些质谱仪的工作站软件中具有"解卷积"的功能，能够对谱图进行处理，得到相应的带单电荷的质谱图，并自动计算样品的平均分子量（图 2-27）。

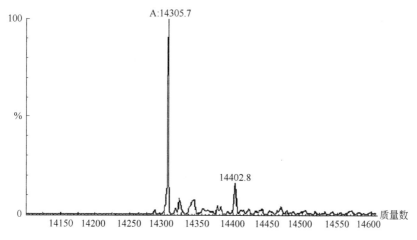

图 2-27　鸡蛋溶菌酶解卷积后的质谱图

需要注意的是，大分子的解卷积计算需要至少 4 个以上的多电荷离子方能保证其准确性，同时要注意其他加合离子（如钠离子）对计算的影响。

2.3.2.2　多肽和蛋白质的序列分析及鉴定

生物质谱仪可以进行多级质谱分析，产生肽段的碎片离子，利用碎片离子之间的质量差进行氨基酸序列的推测。如前所述，生物质谱产生碎片离子的模式常采用 CID（碰撞诱导解离）、CAD（碰撞活化解离）以及 PSD（离子源后衰变）等。

由于肽与蛋白质是由多种氨基酸残基通过肽键连接在一起的，沿肽链断裂是主要的碎裂峰组。对于单电荷离子，碎裂后产生一个带电荷离子和一个中性丢失物，而质谱检测的是带电荷离子。根据 Roepstorff 和 Fohlman 提出的命名系统，N 端碎片离子用前几个英文字母 a、b、c 等表示，C 端离子则用后几个英文字母 x、y、z 等表示，如图 2-28 所示。由于这几组碎裂峰的峰强相对较高，它们是确定氨基酸序列的主要依据。经典的测序方法为在碎裂谱图中观察这些离子，通过计算质量差来反推多肽序列。

碎片图谱的解析方法有许多种，所采用的原理及方法不同。一些方法是根据 CID 谱图所推得的氨基酸序列，在数据库中搜索相关的蛋白质，然后产生理论 CID 图，通过比较与实测谱图的相似性来确定蛋白质的结构。而另外一些方法则结合其他一些化学、生物学方法来鉴定蛋白质的氨基酸序列，如采用蛋白酶降解蛋白质从而产生阶梯状的肽段，即肽段之间两两相差一个氨基酸，通过 MALDI 的方法测定混合肽段的精确分子量，根据分子量的差异来分析蛋白质的氨基酸序列。目前较为常用的解谱方

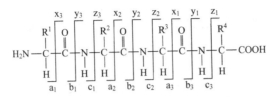

图 2-28   肽链断裂的 3 种不同类型

法有以下两种：

（1）质谱法结合数据库检索对蛋白质进行鉴定   这类方法也可以叫做肽质量指纹图谱（peptide mass fingerprinting，PMF）法。每个蛋白质经过酶解成为长短不一的肽段后，同一时间获得所有肽段分子质量，而形成一个肽段分子质量图谱，这个图谱对蛋白质应该是专一的、特异的，因此称为肽质量指纹图谱（PMF）。PMF 法只需将实验获得的 PMF 与蛋白质数据库中蛋白质的理论 PMF 比对就可以鉴定该蛋白质，它比传统方法速度快、通量高，是最早用于大规模蛋白质鉴定的质谱方法，也是目前最简便的蛋白质鉴定方法之一。PMF 鉴定蛋白质是依赖数据库的。对 PMF 的实验结果和理论图谱进行比较和评价，是将实验数据转换成具有生物学意义的结果的关键。目前已发展了不少算法和工具，这些软件都可以在互联网上免费使用，部分可供使用的数据库见表 2-3。

表 2-3   串联质谱数据鉴定蛋白质检索程序网址

程序名称	服务网站
MS-Tag	UCSF Mass Spectrometry Facility
PepFrag	ProteoMetrics and Rockefeller University
MOWSE	The UK Human Genome Mapping Project Resource Centre
Mascot	Matrix Xcience Ltd. ,London
Peptide-Search	EMBL Protein & Peptide Group

图 2-29 的例子是利用肽质量指纹图谱的方法从马心肌红蛋白的胰酶酶切肽谱中选取母离子进行串联质谱分析及蛋白质鉴定。

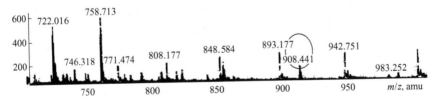

图 2-29   马心肌红蛋白的胰酶酶切产物的 ESI-Q-TOF 肽指纹图

在马心肌红蛋白的胰酶酶切产物的 ESI-Q-TOF 肽指纹图中选取双电荷离子峰 m/z 908.4 为母离子，然后进行此母离子的串联质谱分析（图 2-30）。根据质谱数据解析出肽序列标签（图 2-31），通过数据库检索鉴定蛋白质时，可用读出的部分氨基

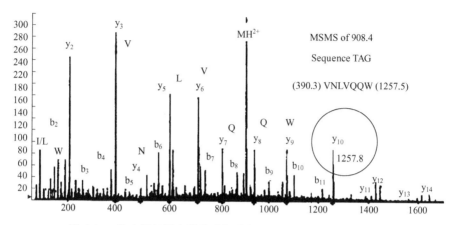

图 2-30　马心肌红蛋白胰酶酶切肽段 *m/z* 908.4 的串联质谱图

酸序列结合此段序列前后的离子质量和肽谱母离子质量，在数据库中查询，这一鉴定方法称为肽序列标签技术（peptide sequence tag，PST），肽序列（390.3）VNLVQQW（1257.8）用于数据库检索查询。检索结果见图 2-31。

Search result

6 matches were found. Showing matches 1 through 6.

Peptide Sequence matched/ Peptide found	Mass [kDa]	Database accession	Protein Name
▨	▨	▨	▨
GLSDGEWQQVLNVWGK	16.95	swissnew:P02188	P02188│MYG_HORSE MYOGLOBIN.//:p
GLSDGEWQQVLNVWGK	16.92	pdb:1BJE (not known by SRS)	1BJE H64T VARIANT OF MYOGLOBI
GLSDGEWQQVLNVWGK	16.98	pdb:1HRM (not known by SRS)	1HRM MYOGLOBIN MUTANT WITH HI
GLSDGEWQQVLNVWGK	16.98	pdb:1RSE (not known by SRS)	1RSE MYOGLOBIN (HORSE HEART)
GLSDGEWQQVLNVWGK	16.95	pdb:1XCH (not known by SRS)	1XCH MYOGLOBIN (HORSE HEART)
GLSDGEWQQVLNVWGK	16.98	pdb:1YMA (not known by SRS)	1YMA MYOGLOBIN (HORSE HEART)

图 2-31　PST(390.3)VNLVQQW(1257.8) 的检索参数及结果

检索程序正确地查询出可产生这一肽序列标签的肽谱序列，结果显示这一序列只出现在肌红蛋白的序列中，如下方框部分：

1257.8　　　　　　　　390.3
y_{10}　　　　　　　　y_3

N端　G—L—S—D—G—E—W—Q—Q—V—L—N—V—W—G—K　C端

（2）*de novo* 方法　　*de novo* 方法的含义是"从头开始计算"。其原理为选择某一碎片离子峰，从该离子开始，向高和低的 m/z 的方向寻找对应的相差氨基酸残基的碎片峰，然后从被选择的碎片离子峰又开始寻找相应的下一个碎片离子峰。如此循环下去可以得到一系列的氨基酸序列。在该种鉴定方法中，对于信噪比小的谱图的工作量是很大的，因此采用该方法对谱图的质量有一定的要求。有的 *de novo* 方法从最强的分子离子峰开始寻找，有的从最强的碎片峰开始寻找。采用 *de novo* 方法可以给出 CID 谱图中所有的氨基酸序列组成的可能，如何从众多的氨基酸组成中鉴定出是哪一种确定的氨基酸片段是 *de novo* 方法的关键。因此，在 *de novo* 方法中，可以综合利用各种碎片信息给出一个详尽而科学的计算公式，以充分利用谱图上的各种碎片信息（表 2-4）。

表 2-4　20 种氨基酸残基（NH—HCR—C〓O）的分子量

氨基酸名称	单同位素分子量	平均分子量
甘氨酸（glycine，G）	57.02146	57.0519
丙氨酸（alanine，A）	71.03711	71.0788
丝氨酸（serine，S）	87.03203	87.0782
脯氨酸（proline，P）	97.05276	97.1167
缬氨酸（valine，V）	99.06841	99.1326
苏氨酸（threonine，T）	101.04768	101.1051
半胱氨酸（cysteine，C）	103.00919	103.1388
异亮氨酸（isoleucine，I）	113.08406	113.1594
亮氨酸（leucine，L）	113.08406	113.1594
天冬酰胺（asparagine，N）	114.04293	114.1038
天冬氨酸（aspartic acid，D）	115.02694	115.0886
谷氨酰胺（glutamic acid，E）	128.05858	128.1307
赖氨酸（lysine，K）	128.09496	128.1741
谷氨酸（glutamine，Q）	129.04259	129.1155
甲硫氨酸（methionine，M）	131.04049	131.1926
组氨酸（histidine，H）	137.05891	137.1411
苯丙氨酸（phenylalanine，F）	147.06841	147.1766
精氨酸（arginine，R）	156.10111	156.1875
酪氨酸（tyrosine，Y）	163.06333	163.1760
色氨酸（tryptophan，W）	186.07931	186.2132

　　使用从头测序已经成为蛋白质组学研究的一个重要工具，在蛋白质测定的两种主要方法：由下而上（bottom-up）和从上至下（top-down）中均扮演了重要角色。前者是将蛋白质大片段混合物酶解消化成小片段的肽，再进行分析，将结果汇总获得蛋白质的氨基酸序列，而后者则是直接对完整的蛋白质进行检测。

　　bottom-up 需要对未知蛋白质进行酶切后鉴定各个肽段单元，继而推导未知样品蛋白质的一级结构。待测蛋白质通常以不同的肽链内切酶来消化，使肽链在特定位点断裂形成需要的不同类型的离子，以利于下一步的谱图解析。目前用于断裂的蛋白酶已有十多种，最常用的蛋白酶有胰蛋白酶、糜蛋白酶、胃蛋白酶、嗜热菌蛋白酶等（参见表2-5）。胰蛋白酶是最常用的蛋白酶，专一性强，只能水解赖氨酸或精氨酸等碱性氨基酸的羧基所形成的肽键，用它断裂多肽经常可以得到适合进一步分析的肽段。同时人们还使用另一种酶如蛋白内切酶V8来水解同一种蛋白质，由于这种酶能够专门针对谷氨酸和天冬氨酸，产生不同的肽段以MS/MS分析。这样做的好处是得到的两组蛋白质氨基酸序列可以相互验证。但由于蛋白质消化产生的多肽并非能够百分之百地回收测定，由此建立的蛋白质一级结构并不完全。这也是人们要使用其他方法来测定未知蛋白质的原因之一。

表 2-5　常用的切断肽键的化学试剂及酶

试剂	肽键断裂点
化学剪切	
溴化氢	Met-Y
甲酸	Asp-Pro
羟胺	Asn-Gly
2-硝基-5-硫氰基苯酸甲酯	X-Cys
异硫氰酸苯酯	肽链氨基端
酶剪切	
胰蛋白酶	Arg-Y,Lys-Y
糜蛋白酶	Tyr-Y,Phe-Y,Trp-Y
蛋白内切酶 V8	Glu-Y(Asp-Y)
蛋白内切酶	Asp-N,X-Asp(X-Cys)

top-down则是随近年来质谱仪解析能力大幅提高，以及新的MS/MS离子裂解技术如电子捕获离解、电子转移离解的出现而发展起来的直接对蛋白质样品进行质谱分析的方法。使用这种方法，样品只需在蛋白质水平上进行分离纯化而不经过蛋白质酶解。top-down的优点是鉴定蛋白质的序列覆盖率高，而且可以对蛋白质的翻译后修饰位点进行分析。但是该方法要求分离后的蛋白质具有较高纯度，其仪器也要求具有较高的解析能力。

2.3.2.3　应用质谱技术研究蛋白质翻译后修饰

（1）蛋白质磷酸化的研究　蛋白质的磷酸化是蛋白质翻译后修饰最常见、最重要的一种共价修饰方式[15]。蛋白质的磷酸化和去磷酸化在生命活动的调控过程中占有十分重要的地位[16]。在真核生物细胞中，蛋白质的磷酸化位点主要是酪氨酸、丝氨酸、苏氨酸。传统确定磷酸化的方法为用放射性同位素^{32}P标记蛋白质，再用二维凝胶电泳（2-DE）和高效液相色谱分离并检测。首先，完全水解蛋白质，确定磷酸化的含量，再用蛋白水解酶消化同位素标记的蛋白质来确定磷酸化位点。这种方法使用放射性材料且操作复杂，没有得到广泛应用。荧光染料染色（Pro-Q Diamond）是一种能与磷酸化蛋白发生特异性结合的染料，它对聚丙烯酰胺凝胶电泳分离产生的磷酸化蛋白质片段具有敏感性，其结果用荧光扫描仪进行检测。Schulenberg[17] 等用 2-DE-Pro-Q Diamond 染料法结合 MALDI-TOF 对线粒体中磷酸化蛋白质组进行了分析，虽然取得了一定的进展，但在质谱分析时发现非磷酸化肽对磷酸化肽有明显抑制，因此磷酸化蛋白质或肽段的富集就显得极为重要。

① 磷酸化蛋白质/肽段的富集　磷酸化蛋白质/肽段富集的常用方法之一是免疫共沉淀。具体方法是使用磷酸化蛋白抗体与目标蛋白进行免疫沉淀，出现沉淀的蛋白质即有磷酸化。磷酸化抗体有抗磷酸化酪氨酸、苏氨酸、丝氨酸抗体等几种[18]。由于磷酸化的丝氨酸抗原决定簇较小，结合位点空间有限，而结合能力差，所以应用不如抗磷酸化酪氨酸抗体广泛。有研究利用抗磷酸化酪氨酸抗体免疫沉淀表皮生长因子（EGF）未刺激和刺激后的 Hela 细胞总蛋白质，成功鉴定出磷酸化蛋白质[19]。Gronborg[20] 等在研究磷酸酶抑制剂 calyculin A 诱导后的 Hela 细胞磷酸化蛋白质时选择两种磷酸化抗体，鉴定出 7 个丝氨酸和苏氨酸发生磷酸化的蛋白质。

另外一种目前应用最多最成熟的富集方法是利用金属氧化物，其中 TiO_2 最为常用，但其特异性较低。Larsen[21] 等采用加入 2,5-二羟基苯甲酸（DHB）后再用 TiO_2 富集的方法，提高了磷酸化蛋白质富集的效率。在用液质联用法分析时，缓冲液中加入谷氨酸[22] 或天冬氨酸[23] 能提高特异性吸附现象并减少离子源的污染。另有研究发现，调整 TiO_2 与肽段比例[24]、调节 pH 和离子强度以及加入有机试剂[25] 等对金属氧化物的富集能力有一定影响。

固定化金属亲和色谱技术（immobilized metal affinity chromatography，IMAC）是广泛使用的选择性分离和富集磷酸化肽的方法。金属离子在 IMAC 中富集磷酸化蛋白质时显示出高选择性[26,27]，而利用甲酯化修饰减少非特异性吸附能够增加 IMAC 的富集特异性[28]。传统的 IMAC 由于在多孔微球中存在微米级的小孔而导致的小孔内的磷酸化肽段在激光解吸附过程中无法被有效释放，从而影响质谱的离子化效率。为了解决这些问题，科学家们做出了一定的尝试。Barnouin[29] 采用 1,1,1,3,3,3-六氟异丙醇作上样和洗脱缓冲剂，增强了磷酸化肽段的解吸程度，使得 MALDI-MS 的信号增加。Zhang[30] 采用铁离子螯合固定技术在纳米沸石粒子上富集磷酸化肽段，提高了富集效率并增强了 MALDI 的离子化效率。

通过磷酸化位点的特殊反应取代磷酸基，再通过取代基的某些特性分离和富集磷酸化蛋白质也是一种策略。磷酸化的丝氨酸和苏氨酸位点能够在碱性条件下发生 β-消除反应，形成双键成为 Michael 加成反应的受体，再与二巯基乙烷（EDT）反应[31]，使巯基标签取代磷酸基团，再经过巯基反应带入生物素基团，通过生物素与亲和素的作用分离富集肽或蛋白质。这种方法虽然简单，但不能富集酪氨酸磷酸化的蛋白质和肽段。

② 质谱分析磷酸化蛋白质的位点　磷酸化蛋白质的质谱分析一般使用磷酸酯酶处理和肽指纹图谱（PMF）鉴定相结合的方法进行。磷酸酯酶处理磷酸化肽以后，在 MALDI-TOF-MS 阳离子模式下，磷酸化丝氨酸或苏氨酸的肽段质荷比会有一个 98Da（H_3PO_4）的变化，而酪氨酸肽段质荷比的变化为 80Da[32]。另外，多级质谱（MS^n）被广泛应用于磷酸化蛋白质的测定中。在一般质谱分析中，丝氨酸、苏氨酸

位点的磷酸基团不稳定，在低能量 CID 时丢失 H_3PO_4（98Da）或 HPO_3（80Da）[33]，酪氨酸位点的磷酸基团也会去磷酸化，丢失 HPO_3（80Da），但其稳定性更高。发生上述解离后得到的产物离子会抑制碎裂的进一步发生，从而影响磷酸化蛋白质的鉴定和磷酸化定位的位点。采用多级质谱方式测定则是先筛选出中性丢失 H_3PO_4（98Da）或 HPO_3（80Da）后的产物离子，再进行 CID 碰撞，分析得到的三级碎片离子中的特异性的 y-、b-系列离子，再进行磷酸化蛋白质的鉴定。Gruhler[34] 等使用 MS_2 和 MS_3 相结合的方法鉴定了 724 个磷酸化肽段，比仅采用 MS_2 多鉴定 307 个。除了 MALDI-TOF-MS 方法外，由于 LC-MS/MS 良好的分离效果，可以有效降低离子效应，因此 LC-MS/MS 也越来越多地应用于磷酸化蛋白位点的鉴定[35,36]。在多级质谱中，ETD/ECD 技术采用低能量的自由电子与质子化的多电荷蛋白质或肽离子在相互作用中由于放热而瞬间碎裂，产生 c 型和 z 型离子。与 CID 相比，ETD/ECD 的电子转移只发生在肽链主链上，所以保持了不稳定的翻译后修饰状态，非常有利于翻译后修饰位点的鉴定[37]。

（2）蛋白质糖基化的研究　一般的策略是通过蛋白酶与糖苷内切酶联合水解的办法，根据质谱图上的峰位移，分析可能的糖基化位点，再结合 ESI-MS 或 MALDI-TOF-MS、HPLC 以及检索数据库，能够大大提高糖基化位点鉴定的准确性。Yang[38] 用胰蛋白酶结合糖苷内切酶，确定了胎球蛋白上的 4 个 N-连接糖基化位点及 3 个 O-连接糖基化位点。

2.3.2.4　基于质谱的定量蛋白质组学

蛋白质组学（Proteomics）是一门在器官、组织和亚细胞水平上研究完整蛋白质组表达、翻译后修饰以及蛋白质间相互作用的新型学科[39]。蛋白质组学分为定性分析和定量分析两大类，现有的蛋白质组定量分析主要集中于质谱学研究方面。

近年来，基于质谱技术的蛋白质组学的定量方法分为标记定量和非标记定量两大类。稳定同位素标记和金属元素标记法等定量的方法为标记定量。由于在鸟枪法（shotgun）的定量分析中，多肽离子化效率和信号响应强度受多重因素影响，无法直接用质谱峰强度或者面积进行精确定量。而分别用"轻"质和"重"质同位素（如 $^{13}C, ^{15}N, ^{18}O$）标记的多肽，具有相同色谱保留时间和离子化效率，可以准确反映原样品中多肽或蛋白质的比例，因此被用来精确定量。常用的稳定同位素标记方法有：酶促的 ^{18}O 标记、细胞培养稳定同位素标记（stable isotope labeling by amino acids in cell culture，SILAC）、同位素编码亲和标签（isotope coded affinity tag，ICAT）标记和同位素标记相对和绝对蛋白质定量（iTRAQ）。SILAC 标记分别采用轻、中或重同位素氨基酸培养细胞，新合成的蛋白质嵌合了同位素氨基酸，蛋白质等量混合后进行分离和质谱鉴定，根据一级质谱图中 2 个同位素型肽段的面积比较进行相对定量。这种标记技术标记效率和灵敏度较高，且不影响细胞的功能。

Larance[40] 使用一种重型赖氨酸和重型精氨酸标记的大肠杆菌培养线虫，结果表明，这种方法抑制了精氨酸-脯氨酸的转化。酶促的 ^{18}O 标记是一项重要的标记定量技术，使用时应避免 ^{18}O 和 ^{16}O 的回交现象。Shiio[41] 使用 ICAT 标记完成蛋白质序列鉴定和精确定量，并被应用到蛋白质表达谱和亚细胞器的蛋白质变化分析中。iTRAQ

技术通过对样品的 LC-MS/MS 分析数据进行基于色谱和保留时间或者基于质谱的归一化来对蛋白质或者多肽精确定量。Zhu 等[42] 使用 iTRAQ 鉴定了经脱落酸处理后芸薹属植物保卫细胞中相对变化的蛋白质和定量信息。近年来液质联用的定量分析技术发展迅速,基于色谱和保留时间的归一化方法依赖 LC-MS/MS 色谱分离的重现性和质谱的精确性[43]。稳定同位素标记与生物质谱技术的结合是目前定量蛋白质组学中相对成熟的定量技术。但是,在所有定量技术中没有一种技术能够解决所有问题。

2.3.3 色谱-质谱联用技术在代谢组学研究中的应用

代谢组学(Metabolomics)是生命科学研究中各种组学的一种,它是通过考察生物体系(细胞、组织或生命体)受到刺激或扰动后,其代谢产物的变化或其随时间的变化来研究生物体系的一门科学。所谓的代谢组(metabolome)是基因组下游产物也是最终产物,是一些参与生物体新陈代谢、维持生物体正常功能和生长发育的小分子化合物的集合,主要是分子量小于 1000 的内源性小分子。

代谢组学分析方法要求具有高灵敏度、高通量和无偏向性的特点,与其他的组学分析方法只分析特定类型的化合物不同,代谢组学所分析对象的大小、数量、官能团、挥发性、带电性、电迁移率、极性以及其他物理化学参数的差异很大。由于代谢产物和生物体系的复杂性,至今为止,尚没有一个能满足所有要求的分析技术,现有的分析技术都有各自的优势和适用范围,最好采用联用技术和多个方法的综合分析。色谱、质谱、核磁共振(NMR)、毛细管电泳、红外光谱、电化学检测等分离分析方法及其组合都出现在代谢组学的研究中。其中色谱-质谱联用方法兼备色谱的高分离度、高通量以及质谱的普适性、高灵敏度和特异性而成为代谢组学最主要的分析工具之一。

2.3.3.1 代谢组学的研究方法

代谢组学研究一般包括样品采集和制备、代谢组数据的采集、数据预处理、多变量数据分析、标志物识别和途径分析等。生物样品可以是尿液、血液、组织、细胞和培养液等,采集后首先进行生物反应灭活、预处理,然后运用 NMR、质谱或色谱检测其中代谢物的种类、含量、状态及其变化,得到代谢轮廓或代谢指纹。而后使用多变量数据分析方法对获得的多维复杂数据进行降维和信息挖掘,识别出有显著变化的代谢标志物,并研究所涉及的代谢途径和变化规律,以阐述生物体对相应刺激的响应机制,达到分型和发现生物标志物的目的。

根据研究对象和目的的不同,代谢物分析可以分为四个层次:

① 代谢物靶标分析 对某个或某几个特定组分的分析。在这个层次中,需要采取一定的预处理技术,除掉干扰物,以提高检测的灵敏度。

② 代谢轮廓分析 对少数预设的一类代谢物的定量分析。如某一类结构、性质相关的化合物以及某一代谢途径的所有中间产物或多条代谢途径的标志物组分。进行代谢轮廓分析时,可以充分利用这一类化合物的特有的理化性质,在样品的预处理和检测过程中采用特定的技术来完成。

③ 代谢组学 限定条件下特定生物样品中所有内源性代谢组分的定性和定量系统研究。进行代谢组学研究时,样品的预处理和检测技术必须满足所有的代谢组分具

有高灵敏度、高选择性、高通量的要求,而集体干扰要小。代谢组学涉及的数据量非常大,因此需要有能对其数据进行解析的化学计量学技术。

④ 代谢指纹分析　不具体鉴定单一组分,而是通过比较代谢指纹图谱的差异对样品进行快速分类。

(1) 样品的采集与制备　样品的采集与制备是代谢组学研究最重要的步骤之一,代谢组学研究要求严格的实验设计。首先需要采集足够数量的代表性样品,减少生物样品个体差异对分析结果的影响。实验设计中对样品收集的时间、部位、样本群体等应给予充分考虑。

根据研究对象、目的和采用的分析技术不同,所需的样品提取和预处理方法各异。采用 MS 进行"全"成分分析时,样品处理方法相对简单,但不存在一种普适性的标准化方法,依据的还是"相似相溶"原则,脱蛋白后代谢产物通常用水或有机溶剂分别提取,获得水提取物和有机溶剂提取物,从而把非极性相和极性相分开。对于代谢轮廓分析或靶标分析,还需要较为复杂的预处理,如固相微萃取、固相萃取、亲和色谱等预处理方法。由于特定的提取条件往往仅适合某类化合物,目前没有一种能够适合所有代谢产物的提取方法。应根据不同的化合物选择不同的提取方法,并对提取条件进行优化。

(2) 代谢组数据的采集　随着质谱及其联用技术的发展,越来越多的研究者将色谱-质谱联用技术用于代谢组学的研究。GC-MS 方法的主要优点包括较高的分辨率和检测灵敏度,并且有可供参考和比较的标准数据库,可以用于代谢产物定性。但是GC 不能直接得到体系中难挥发的大多数代谢组分的信息,对于挥发性较低的代谢产物需要进行衍生化处理。LC-MS 避免了 GC-MS 中繁杂的样品前处理,由于其较高的灵敏度和较宽的动态范围,已被越来越多地用于代谢组学研究。它非常适合于生物样本中复杂代谢产物的检测和潜在标志物的鉴定。LC-MS 的代谢组学研究通常采用反相填料、梯度洗脱程序。但对于含有大量的亲水性代谢产物的样品在反相色谱上不保留或保留很弱,最近发展出了亲水作用色谱(HILIC)以解决亲水性物质的弱保留问题。为解决通常液相色谱只能分离疏水性代谢物或亲水性代谢物的问题,科学家们发展出了柱切换二维液相色谱系统,采用 1 根反相色谱柱和 1 根亲水作用色谱柱,通过阀切换实现了一次进样同时检测亲水和疏水代谢产物,解决了复杂生物样品中亲水性和疏水性代谢产物的同时检测问题。

(3) 数据分析平台　代谢组学得到的是大量、多维的信息,为了充分挖掘所获得数据中的潜在信息,对数据的分析需要应用一系列的化学计量学方法。在代谢组学研究中,大多数是从检测到的代谢物信息中进行两类或多类的判别分类,以及生物标志物的发现。数据分析过程中应用的主要手段为模式识别技术,包括非监督(unsupervised)和有监督(supervised)的学习方法。

非监督学习方法用于从原始谱图信息或预处理后的信息中对样本进行归类,并采用相应的可视化技术直观地表达出来,不需要有相关样品分类的任何背景信息。该方法将得到的分类信息和这些样本的原始信息进行比较,建立代谢产物与这些原始信息的联系,筛选与原始信息相关的标志物,进而考察其中的代谢途径。用于这个目的的方法没有可供学习利用的训练样本,所以称为非监督学习方法,主要有主成分分析

(principal components analysis，PCA)、非线性映射、簇类分析等。有监督学习方法用于建立类别间的数学模型，使各类样品间达到最大的分离，并利用建立的多参数模型对未知的样本进行预测。在这类方法中，由于建立模型时有可供学习利用的训练样本，所以称为有监督学习。这种方法经常需要建立用于确认样品归类（防止过拟合）的确认集（validation set）和用来测试模型性能的测试集（test set）。应用于该领域的主要是基于 PCA、偏最小二乘法（partial least squares，PLS）、神经网络的改进方法，常用的有类模拟软独立建模和偏最小二乘法-判别分析（PLS-discriminant analysis，PLS-DA）、正交偏最小二乘法-判别分析（orthogonal OPLS-DA）等。作为非线性的模式识别方法，人工神经元网络（artificial neutral network，ANN）技术也得到广泛应用。PCA 和 PLS-DA 是代谢组学研究中最常用的模式识别方法。这两种方法通常以得分图（score plot）获得对样品分类的信息，载荷图（loading plot）获得对分类有贡献的变量及其贡献大小，从而用于发现可作为生物标志物的变量。此外，在数据处理和分析的各阶段，对数据的质量控制和模型的有效性验证也需引起足够重视。

应该强调，由分析仪器导出的元数据（metadata）不能直接用于模式识别分析，还需对数据进行预处理，将元数据转变为适合于多变量分析（主要是模式识别）的数据形式，使相同的代谢产物在生成的数据矩阵中由同一个变量表示，所有的样品具有相同的变量数。最后用于模式识别的数据为二维矩阵数据形式，行代表样品或实验数目，列表示相应的单个测定指标（通常为代谢物的信号强度等）。

色谱-质谱方法中流动相组成、柱温的微小变化、梯度的重现性及其柱表面的状态变化常导致保留时间的变异。在模式识别前，需对谱图进行峰匹配（或称峰对齐），使各样本的数据得到正确的比较。

2.3.3.2　GC-MS 在代谢组学研究中的应用

全二维气相色谱是 20 世纪 90 年代发展起来的具有高分辨率、高灵敏度、高峰容量等优势的多维色谱分离技术。它是迄今为止分辨率最高的分离技术之一。全二维气相色谱是把分离机制不同且相互独立的两根色谱柱以串联方式结合成二维气相色谱，两根色谱柱由调制器连接，调制器起捕集、聚焦、再传送的作用。经第一根色谱柱分离后的每一个色谱峰都经调制器调制后再以脉冲方式送到第二根色谱柱进一步分离。

全二维气相色谱可以提供更高的峰容量，峰容量近似等于二维峰容量的乘积。由于调制器的聚焦作用，组分分离和检测灵敏度都得到提高；采用适当的色谱操作条件，可以得到包含结构信息的二维结构图谱。

（1）在微生物中的应用　代谢物是生命活动的终产物，生命体通过基因转录、蛋白质翻译表达等过程最终影响代谢物的种类和数量，代谢物出现变化必然与基因和蛋白质的差异表达有所关联，在微生物中这个规律同样适用。目前，在微生物代谢组研究中 GC-MS 是非常重要的研究手段。科学家们针对模式生物谷氨酸棒杆菌进行了广泛的研究，并取得了一定的成果。Strelkov 首次建立了一种可以快速鉴定谷氨酸棒杆菌中 1000 多种化合物的 GC-MS 方法，其测量重现性在 6％ 以内[44]。Börner [45]等通过样品前处理的平行化和部分自动化建立了基于 GC-MS 的高通量谷氨酸棒杆菌检测方法，在 18min 内定量分析了 650 种代谢物。采用 GC-MS 法的代谢组学分析，可以鉴定不同菌株之间、不同生长环境下代谢的变化。结合统计学方法分析获得生物标记物可以进一步为基因转录、翻译等过程的修饰、调控等方面的研究提供基础。

（2）在植物中的应用　植物中的代谢物种类众多，分子间的性质差异大，有些化合物不能使用 GC 法直接分离，因此在 GC、GC-MS 方法分析过程中，需要结合不同的提取方法和离子化方式以及衍生化以便获得更完整的代谢物信息。Jin[46]等在对红景天挥发性组分的初步研究中，分别通过水蒸馏和顶空液相的方法提取并检测出 75 种和 68 种代谢物，在比较两相中的组分及含量后发现红景天中主要含有的芳香油类物质均为单萜醇。Nappo 等在采用 GC-MS 考察底栖硅藻（*Cocconeis scutellum*）的代谢轮廓时，分别在电子电离源与化学电离源下，检测了不同有机溶剂——乙醚和丁醇提取出的代谢物，初步阐明了底栖硅藻的代谢型及其在海洋底栖生物中的生态作用[47]。Tianniam 等利用热分解-GC-MS 检测手段和 PLS-DA 数据分析，有效鉴别了多种白芷并建立了可用于精确可靠预测白芷质量的模型[48]。

GC-MS 最主要的缺点是分析物必须为具挥发性的物质。由于大部分代谢产物是不能挥发的，因此，繁复的衍生化步骤是必需的。而在样品的预处理、衍生化过程中，极易产生分析结果的多变性，并使样品的色谱图复杂化，其中多重峰、多底物现象最为常见。多重峰现象是一种化合物由于自身分解、副产物的形成或杂质的引入而产生多个产物[49]，多重底物现象是 GC-MS 色谱图中的单个峰对应多种底物[50]。此外，提取、衍生化及 GC-MS 分析过程中会使部分热不稳定的物质发生分解反应，这也会导致多重峰、多重底物的发生[51]。这些现象直接影响分析结果的重现性，在数据收集中会导致代谢途径中结构相似的代谢物之间的信号重复，从而影响代谢途径的进一步研究。

与代谢组学的其他分析手段，如 LC-MS、CE（毛细管电泳）-MS 相比，GC-MS 虽然较为成熟，但由于 GC-MS 分析样本中代谢物普遍需要衍生化预处理，造成多重峰、多重底物等现象，需要对其做进一步深入研究：①开发新型的衍生化试剂，使其与多个官能团发生衍生化反应，可获得重复性好的方法。②研发在线的衍生化方法，保证代谢物的硅烷化反应程度的完全，还可利用与代谢物结构/生理相似的标准品，模拟出相关代谢物潜在的影响，以提高分析的准确性。③如何获得可参照的内标物，实现所有代谢物的绝对定量分析，也将成为 GC-MS 应用于代谢组学中的研究重点。

2.3.3.3　LC-MS 在代谢组学研究中的应用

随着分析方法的发展和完善，LC-MS 在植物代谢组学方面显示出巨大的应用潜力。靶标 LC-MS 方法已用来单独检测植物中的核苷酸[52]、类黄酮[53]、生物碱[54]、氨基酸[55]等代谢物，非靶标 LC-MS 法由于代谢物涵盖范围广已被应用于拟南芥、水稻、番茄、玉米、马铃薯等多种植物的代谢组学研究中。LC-MS 植物代谢组学已应用于代谢表型差异研究[56~59]、转基因植物安全性评价[60,61]、生物及非生物胁迫研究[62~65]、植物基因功能鉴定[66~68]和辅助育种[69,70]等各个方面。

（1）代谢表型差异研究　利用 LC-MS 代谢组学技术研究不同生长阶段、不同组织、不同种植环境、不同品种的代谢表型差异，对植物品质评价、品种判别、组织特异性研究等方面有重要意义。Mie 等[56]将 LC-MS 非靶标代谢组学方法应用于 2 年内种植于传统农场和有机农场的卷心菜。该研究共获得 1600 个化合物的代谢轮廓谱，利用正交偏最小二乘法-判别分析方法建模发现，生产系统对卷心菜的代谢组产生了显著影响，并且这种差异在不同年份种植的卷心菜中得到保持。Baniasadi 等[57] 将种植于 6 个地点的 50 个非转基因玉米品种利用 LC-MS 非靶标代谢组学方法对玉米饲料和谷粒进行分析以考察种植环境和遗传背景的影响，在玉米谷粒和饲料中分别检测到 286 个及 857 个代谢物，利用主成分分析及层次聚类分析方法对不同样品中的代谢物进行建模及聚类。研究发现，种植环境对玉米代谢组的影响比遗传背景的作用更强；而与玉米谷粒中代谢物相比，遗传环境对玉米饲料中代谢物的影响更加显著。

（2）转基因植物安全性评价　代谢组学的研究方法在转基因植物的安全性评价中具有重大应用价值。植物转基因技术将目的基因导入到受体植物的基因组中，对其遗传性状进行改变以获得抗虫、抗病、高产、高营养价值的新品种。转基因技术突破了传统育种不能跨越的物种壁垒，提高了育种效率。但是转基因生物构建过程中的基因插入位点的随机性以及组织培养过程易发生变异等原因都可能导致植物的一些性状和代谢过程被改变，即非预期效应的产生，因此，转基因植物的安全性评价备受关注。Chang 等[58] 以不同种植时间、不同种植环境的非转基因水稻和转双价抗虫基因水稻种子为研究对象，利用 LC-MS 非靶向代谢组学分析方法研究了种植环境和转基因引起的水稻代谢变化以评估转基因水稻的非预期效应。研究结果表明，阿魏酰基-1,4-丁二胺、亚麻酸、单油酸甘油酯、β-谷甾醇等同时受环境和转基因的影响，但环境因素引起的含量变化更显著；植物鞘氨醇、棕榈酸等只由转基因引起的代谢物含量变化幅度较小；甘油磷酸胆碱、谷氨酸、葫芦巴碱、亚麻酰溶血磷脂酰胆碱等只由种植环境引起的代谢物含量变化倍数大于只由转基因引起的变化。该研究表明，转基因水稻和其严格对照的代谢差异较小，环境的影响比转基因对水稻代谢表型的影响更大，即在代谢水平上转基因引起的变异小于野生型水稻的自然变异。

（3）生物及非生物胁迫研究　植物所处的环境因素（温度、水分、空气、营养等非生物因素及病虫害等生物因素）发生变化时，植物代谢平衡也随之被打破，植物自身启动一系列保护机制达到新的平衡状态以适应环境的变化。利用 LC-MS 代谢组学技术可以监测植物面临外界胁迫后产生的代谢变化，可进一步揭示植物抗逆的分子机制。Huang 等[59] 将 GC-MS 和 LC-MS 平台相结合，对缺磷条件下培养的大麦芽和根进行代谢轮廓分析，发现磷严重缺乏会导致葡萄糖-6-磷酸、果糖-6-磷酸、肌醇-1-磷酸和甘油-3-磷酸等磷酸化中间体和 2-酮戊二酸、琥珀酸、富马酸、苹果酸等有机酸的含量显著降低，而二糖、三糖含量显著上调。研究结果揭示了磷缺乏的植物一方面通过调节糖代谢来降低磷的消耗，另一方面从含磷的小分子代谢物中回收磷以应对这种营养胁迫。低温胁迫会影响植物叶片和根的细胞膜流动性、代谢速度、蛋白质转换，抑制植物种子萌发及花粉活力。Vaclavik 等[60] 利用 LC-MS 非靶标代谢组学方法对不同温度条件（室温、4℃、-4℃）处理的拟南芥（高耐低温、中耐低温、低温敏感）进行了研究，发现 4℃ 及 -4℃ 处理时 3 个拟南芥品种在主成分分析得分图上能够得到明显分离。利用 UHPLC-Q-TOF 对标记代谢物进行了鉴定，发现低温敏感拟南芥的标记物为葡萄糖芜菁芥素，而高耐低温拟南芥的标记物为山柰酚-3,7-二鼠李糖苷。

由于病虫害的侵袭也会造成植物代谢平衡的破坏，植物通过自身的调节机制重新建立代谢平衡，针对各种调节机制的研究对于农业生产、植物品种抗逆性的提高非常有益。

Kumaraswamy 等[61]将 LC-ESI-LTQ-Orbitrap 代谢组学非靶标方法应用于对赤霉病有抗性的 5 个小麦品种和对赤霉病敏感的 1 个小麦品种，获得了禾谷镰刀菌侵染（处理组）及未侵染（对照组）的小麦小穗状花序的代谢谱，并利用多变量数据分析方法筛选出与赤霉病抗性相关的标记物，包括苯丙氨酸、p-香豆酸、茉莉酸、亚麻酸、脱氧雪腐镰刀菌烯醇等，这些标记物在赤霉素抗性的小麦中含量均为在赤霉素敏感小麦中的 2 倍以上。Chang 等[62]利用基于 LC-MS 的代谢组学和脂质组学分析方法研究了农药胁迫后不同时间点（0h、12h、24h、48h、96h、168h）转基因及非转基因水稻叶片的代谢应答。研究发现，农药胁迫后类黄酮、脂质、维生素、水杨酸、烟酰胺腺嘌呤二核苷酸等具有重要生理功能的代谢物含量发生显著性变化，具体表现为转基因植物喷施农药后导致更多的类黄酮参与应答，并且呈现多种应答模式；信号分子水杨酸及烟酰胺腺嘌呤二核苷酸只在转基因样品中上调；而脂质仅在非转基因样品中农药胁迫后 24h 显著升高。该研究表明，转基因影响了农药胁迫下水稻的代谢应答。

笔者应用 UPLC-Q-TOF 平台对冷害胁迫下青椒细胞膜脂质开展代谢组学分析（图 2-32），得出其冷害胁迫相关生物标志物，主要是糖脂和磷脂，提示冷害可能通过提高糖脂的合成来降低对细胞膜的损伤。

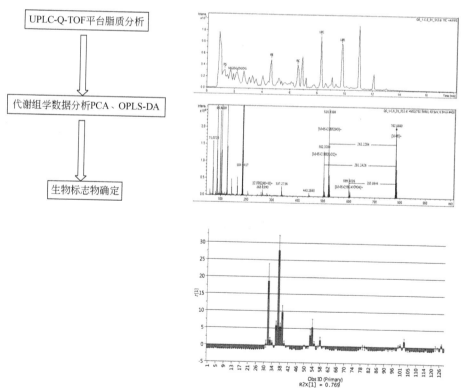

图 2-32　UPLC-Q-TOF 平台青椒脂质代谢组分析流程

（4）植物基因功能鉴定　拟南芥基因组小、生长周期短，其作为模式植物被广泛研究，迄今为止已积累了包括各种突变体、cDNA 全长序列及大量微阵列（Microarray）数据信息等丰富的资源。另外，拟南芥的全基因组测序工作已在 2000 年完成，为拟南芥基因功能鉴定开展创造了条件。对转录组、代谢组、基因表达模式和代谢物积累模式进行系统的相关性分析是基因功能鉴定的有效手段。Tohge 等[63] 将 LC-MS 类黄酮靶标代谢组学分析、FT-MS 非靶标代谢组学分析及转录组学相结合，研究过表达 PAP1（production of anthocyanin pigment 1，编码一个 MYB 转录因子）基因的拟南芥。代谢组学研究发现，花青素及槲皮素衍生物在过表达 PAP1 基因的拟南芥中显著上调，转录组学研究中利用 DNA 微阵列对 2.2810 万个基因进行分析，其中 38 个基因由 PAP1 过表达上调。通过蛋白质体外酶活实验和各自的 T-DNA 插入突变体中花青素的分析推断，由 PAP1 过表达诱发的两个基因（At5g17050 和 At4g14090）分别编码类黄酮-3-O -葡萄糖转移酶和花青素-5-O -葡萄糖转移酶。Okazaki 等[64] 利用转录组共表达分析发现，尿苷二磷酸葡萄糖焦磷酸化酶 3（UDP-glucose pyrophosphorylase 3，UGP3）与参与硫脂合成的基因高度相关，将 LC-MS 代谢组学脂质轮廓分析方法应用于敲除 UGP3 基因的拟南芥突变体，发现突变体中无硫脂生成，说明 UGP3 基因参与硫脂合成。通过推导其氨基酸序列推断 UGP3 为尿苷二磷酸葡萄糖焦磷酸化酶，UGP3 通过参与合成硫脂极性头前体物质尿苷二磷酸葡萄糖从而在硫脂合成中起重要作用。除了上述通过代谢组学和转录组学数据的关联分析确定候选基因，利用代谢组学和基因组重测序数据进行全基因组关联分析（genome-wide association analysis，GWAS）对代谢网络在全基因组水平上进行解析最近也有报道。Chen 等[65] 利用 LC-MS/MS 对含有 529 个品系的水稻群体进行大规模的代谢组学分析：在叶组织中共检测到 840 个代谢物信号，其中 277 个给出了初步的结构信息。PCA 分析表明，在籼稻（indica）群体中特异的含有 C-糖基化和丙二酰化的黄酮类化合物，而在粳稻（japonica）中则含有大量的酚胺类（phenolamides）和拟南芥吡喃酮类（arabidopyl alcohol derivatives）化合物。通过与大约 640 万的 SNPs（single nucleotide polymorphisms）关联分析确定了 36 个参与水稻次生代谢网络的候选基因，并对其中的 5 个转移酶类基因进行了功能验证，包括之前未被鉴定的甲基转移酶和糖基转移酶等。

（5）辅助育种　代谢物的类别和含量与营养及香味等品质性状密切相关。利用代谢组学方法研究品质和代谢物的相关性，并对控制特定代谢物的数量性状基因进行定位和鉴定，对植物育种工作的发展具有促进作用。Matsuda 等[66] 将代谢组学数量性状位点分析（metabolome quantitative trait loci，mQTL）应用于 85 个水稻品种，利用 LC-IT-TOF-MS、LC-Q-TOF-MS、GC-TOF-MS 及 CE-TOF-MS 对水稻种子进行非靶标代谢组学分析。该研究发现水稻种子中 759 个代谢特征的 mQTL 呈不均匀分布状态。代谢物按影响其含量的因素可划分为 3 类：主要受环境因素影响的有机酸、糖等初级代谢物，主要受 mQTL 影响的代谢物（例如角鲨烯、3-氰丙氨酸、天冬酰胺等），以及受常见的遗传因素协同影响的代谢物。mQTL 分析发现，三酰甘油酯和氨基酸的含量受到染色体 3 上 mQTL 区域的协同控制，此区域可作为水稻种子代谢系统的突破点；类黄酮主要受改变糖基化的遗传因素的影响，该研究初步揭示了水稻代谢的基因调控机理，为水稻新品种的培育提供了理论依据。

Matsuda[67] 等将 LC-MS 非靶标代谢组学方法应用于过表达 OASA1D（α-subunit of anthranilate synthase，不受反馈调控的邻氨基苯甲酸合成酶 α 亚单位基因）的转基因水稻幼苗，研究表明，转基因后水稻幼苗中色氨酸大量积累并且在新叶中含量最高，低含量的吲哚类代谢物在色氨酸积累的组织中显著上调；另外，转基因没有引起其他主要代谢物含量的显著变化。该研究表明，转基因水稻可以通过其他代谢途径积累色氨酸，色氨酸的降解活性低且在组织间存在单向传输作用，显示了利用代谢工程生产色氨酸的优势。

LC-MS 联用技术强大的分离能力和高灵敏度的检测能力为植物代谢组学分析提供了强有力的技术保障。在未来更快速的液相色谱技术及高端的质谱技术（其他离子化技术、高采集速率或低驻留时间的新的三重四极杆质谱等）的出现会为植物代谢组学的发展注入新的动力。目前 LC-MS 植物代谢组学方法的瓶颈为代谢物的结构鉴定。利用 LC-MS 的代谢物鉴定最直接有效的办法是将代谢物的保留时间、精确质量数、多级质谱碎片同标准品进行比对，但是植物中大部分代谢产物的标准品没有实现商业化；另一方面，代谢组学数据库（HMDB、Metlin、MassBank 等）中收录的植物代谢物数量有限，而目前公开的植物代谢组学数据库较少且主要涉及代谢途径而缺乏代谢物二级质谱信息。近几年报道了利用质谱技术的几种代谢物鉴定策略，包括精确质量数、相对同位素丰度精度、同位素丰度等，结合多种鉴定策略可以大大缩小目标代谢物的范围[67,68]。相信未来高质量、高精度质谱的开发以及大量植物标准品的生产和植物代谢物多级质谱数据库的完善可从根本上解决代谢物鉴定这一难题。随着 LC-MS 分析方法的发展和代谢组学策略的完善，LC-MS 植物代谢组学将在基因功能鉴定、辅助育种等领域发挥越来越重要的作用。

2.3.4　色谱-质谱联用法在农产品农兽药残留检测中的应用

近年来，色谱-质谱联用技术的进展十分迅速，该方法具有灵敏度高、样品用量少、分析速度快、分离和鉴定同时进行的优点，逐渐成为复杂混合物分析的主要手段，特别是在农兽药残留检测领域成为不可或缺的检测手段，农兽药残留检测技术研究发展在保障农产品质量安全中具有重要意义。

对农产品中农兽药残留的检测是一个复杂的问题，其主要特点有：

（1）检测基质多样　农兽药残留检测的样品基质种类繁多，包括种植的各种农作物、养殖的各种畜禽、水产品和以其为来源的各种食材和加工食品，危害农业生产的有害生物（病原微生物、害虫、杂草、鼠、蛞蝓等）、环境样品（大气、地下水及地表水、土壤）、生物样品（环境中一切非靶标生物以及随饲料摄入残留农药的动物组织）、农产品食用者体液（如人尿液、血液或其他样品）等。

（2）检测对象复杂　目前，我国允许使用的农兽药种类达上千种。这些药物及其部分有生物活性的代谢物的分子结构不同、理化性质各异。无论是农作物还是环境样品（除了在人为控制条件下进行科研实验的样品），其种类往往不止一种，分析时常需要在复杂基质中同时检测多种性质不同、类别各异的残留。

（3）待测物质含量低　现代农药及兽药活性较强，施药浓度常常低于 0.1%，而且农业用药有间歇性，经过降解转化后，样品中待测药剂的含量很低，仅为 ng/kg 至

mg/kg 级。从复杂基质中同时检测痕量或超痕量的多种理化性质各异、分子结构不同的组分，是农兽药残留检测的难点。几十年来，农兽药残留分析技术不断进步，从单一种类农药残留的分析到多类多种农药残留的分析，从目标化合物的检测到未知物的检测，每一步进展都伴随着分析技术的进步，特别是色谱-质谱联用分析技术的进步。从多类多农药残留分析技术的发展中可以看到，色谱-质谱联用技术在其中发挥了重大作用。

2.3.4.1 农药残留分析

（1）气质联用法 由于气相色谱法对于低分子量、低沸点化合物的良好分离能力以及高灵敏度，其在农药残留的检测方面一直有着广泛的应用。在气相色谱与质谱仪联用后，结合质谱法选择离子模式的功能，使得气相色谱共流出物也可以实现独立的定性定量分析，弥补了气相色谱法分离能力的不足。另外，由于气质联用法多采用硬电离的方式，各农药在离子化过程中的断裂规律相对固定，利用农药质谱库进行未知农药的检索与鉴定成为可能。对于一些难以用质谱法区分的异构体（如构象异构体、几何异构体、取代基位置异构体及手性异构体等），也可以根据质谱库中的保留指数进行指认；通过设置各种不同的扫描参数可以使农药在裂解途径上有所变化，提供各种结构鉴定信息，为复杂基质中痕量农药残留的鉴别和定量提供可能。

由于色谱柱分离能力和质谱扫描速度的限制，一次质谱进样分析的农药数目限制在百余种，为了增加检测通量，提取样品的多次进样往往应用于多农药残留的检测。例如 Fillion[69] 建立的分两次进样分析水果蔬菜中 251 种农药及其代谢物的残留检测方法。这些农药包括杀虫剂、杀菌剂以及除草剂，这类方法已经应用于各种水果和蔬菜的多残留分析，如苹果、梨、菠萝、柑橘、甘蓝、胡萝卜、黄瓜、莴苣等中，方法的检出限在 0.02～1.00mg/kg 之间，80% 以上的化合物其检出限低于 0.04mg/kg。

负化学电离源（NCI）与电子电离源相比具有选择性，农药化合物在 NCI 源中往往比基质干扰物有更好的离子化效率，科学家们利用这一特点分析复杂基质中的多类痕量农药残留。Takaomi[70] 等研究了天然药物葛根、大黄、决明子中 56 种农药的 GC-NCI-MS 分析方法，其中包括有机氯、有机磷及拟除虫菊酯类农药，农药在药物中添加水平为 0.2mg/kg 及 0.4mg/kg 的回收率为 70%～111%，大多数农药测定的相对标准偏差（RSD）低于 10%。但由于 NCI 适用范围窄，其多用于农药单残留检测。

（2）液相色谱-质谱联用仪与极性农药多残留检测技术 随着农业现代化的发展，农用杀菌剂、除草剂的应用越来越广泛，其中大部分农药的极性强，一些农药的极性有毒代谢物和生物源杀虫剂（如多杀霉素、阿维菌素等）无法用气相色谱分析，使得液相色谱在农药残留分析中的作用逐渐加强。但是，液相色谱的紫外-可见光检测器（UV-Vis）的选择性较差，荧光检测器的适用性窄，这迫切需要广谱且选择性较好的质谱检测器。

笔者采用 LC-MS/MS 方法对果蔬中的赤霉素残留量进行了测定（图 2-33）。赤霉素作为被滥用的广谱植物生长调节剂，用 LC-UV 法和 GC 方法测定其灵敏度较低或特异性不好，对于痕量残留的赤霉素检测效果不佳。采用 LC-MS/MS 方法的检出限可达 0.01μg/mL，并可以对检出残留进行确证[71]。

最初 LC-MS 只用于分析一些极性强、不易挥发、热稳定性差、无法采用气相色

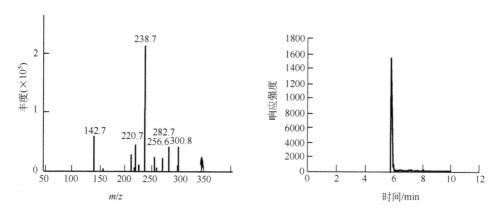

图 2-33　LC-MS/MS 测定赤霉素残留

谱进行分析的农药，如磺酰脲类、苯氧羧酸类等除草剂以及农药的极性代谢物。后来，由于大多数农药分子中含有杂原子，可以用 ESI 电离，一些原来用 GC-MS 分析的农药也开始采用 LC-MS 分析。Alder[72] 等选择了 500 种农药，分别用 LC-MS/MS、GC-MS 分析，比较检测结果。这 500 种农药包括 81 种有机磷类、43 种氨基甲酸酯类、40 种有机氯类、26 种磺酰脲类、24 种三唑类、23 种三嗪类、22 种其他脲类、19 种拟除虫菊酯类、12 种芳氧苯氧基丙酸盐类和 10 种芳氧羧酸类农药，其余 200 种化合物在《农药手册》中归属于 90 余种化学品类。实验对比结果表明，135 种农药在 GC 进样口中不挥发或者热不稳定，无法用 GC-MS 分析；但仅有 49 种农药在 LC-MS 上无响应，它们或是不宜用 ESI 电离，或是极性较弱无法用反相色谱分析。对于两种方法都可以分析的农药，检测灵敏度差别明显，其差别甚至可达到 3～4 个数量级。比较最低检测限的中位值可以清楚发现，LC-MS/MS 方法具有更高的灵敏度，许多农药标准溶液用 LC-MS/MS 的检测浓度可低至 $0.1～1\mu g/L$；而 GC-MS 最低检测限的中位值明显较高，为 $100\mu g/L$。只有两种分析物（氯丙菊酯和腐霉利）由 GC-MS 检测灵敏度更高，19 种农药在 GC-MS 与 LC-MS/MS 的检测中灵敏度相似。与 GC-MS 相比，LC-MS/MS 的优势有：一是进样体积大；二是软电离技术使农药分子碎片离子少，由此可以在高质量数范围内得到较强的母离子，便于进行二级质谱分析。LC-MS/MS 的不足之处在于共萃基质的干扰使电离效率下降。

（3）多残留农药检测　无论是 GC-MS 还是 LC-MS/MS，都不能单独检测全部的农药，于是产生了二者结合的多类多残留检测方法。Pang[73] 等研究了 839 种农药和化学污染物在动物源食品（牛肉、羊肉、猪肉、鸡肉和兔肉）中的残留分析方法。对脂肪含量较高的样品，提取后经凝胶色谱净化，用 GC-MS 和 LC-MS/MS 分析。在 839 种化合物中，478 种适合 GC-MS 分析，379 种适合 LC-MS/MS 分析。有些必须检测的农药，例如有机氯类、拟除虫菊酯类，因其极性弱，难以由 ESI 电离，无法用 LC-MS/MS 检测，大量检测工作仍用 GC 或 GC-MS 进行。然而，GC-MS 灵敏度并不高于 GC，对于 GC 检测的阳性样品需要用色谱-质谱联用法确证时，其灵敏度和选择性往往达不到要求。在检测复杂样品时，无法排除基质的干扰，如含大量硫醚的韭菜、葱、蒜等蔬菜，次生代谢产物丰富的茶叶、咖啡和中草药等，GC-MS无法解决该问题。因此，GC-MS/MS重新引起了人们的关注。GC-MS/MS的串联质谱检测器包括三重四极杆质谱仪和离子阱质谱仪。研究表明，串联质谱法比气相色谱选择性检测器和GC-MS具有更高的灵敏度。

Martínez[74]等用GC-ECD、GC-MS、GC-MS/MS三种方法检测水中12种残留农药。三者中，GC-MS/MS的检出限最低，除了克菌丹为26ng/L，其余化合物的检出限均在2~9ng/L之间；GC-ECD的选择性、适用范围及灵敏度均不如GC-MS/MS，有4种农药的最低检出浓度在18~27ng/L之间；GC-MS的检测效果最差。由此可见，对于气相色谱选择性检测器得到的阳性样品，GC-MS/MS法可满足对其进一步确认的要求。

除了三重四极杆质谱仪之外，离子阱质谱仪由于结构简单、价格便宜，在农药多残留检测中受到关注。美国纽约州农业署的食品实验室使用质谱仪的串联功能，对蔬菜、水果、牛奶中100种农残的分析结果的检出限可达μg/kg（L）水平。

目前，基于GC-MS/MS和LC-MS/MS的农药多残留检测技术日益完善，检测对象几乎涵盖了所有农药和各种样品基质，除了环境样品、食品和动植物来源的农产品，还包括基质复杂的中草药以及农药在人体中暴露量检测中用的血清样品、母乳样品等。串联质谱的选择性减小了样品基质对待测物的干扰，简化了样品前处理过程。

在实际样品的多类多残留农药检测中，必须考虑样品基质的影响。基质的影响主要表现为等量的待测物在溶剂中（标准溶液）和在溶剂相同、含基质的样品提取液中响应值有差别。对于GC-MS，基质主要影响分析物从GC进样口到色谱柱的传送过程，而对于LC-MS，基质会抑制电喷雾离子化，后者往往会严重影响灵敏度。在实际检测中，一般采用基质提取液配制标准溶液，用以抵消或减少其对分析结果的影响。但是被测样本种类繁多，其基质种类、含量均不相同，很难选用一种样品的基质提取液代表其他样品，而对每种样品均配制基质标准液是很繁琐的。对于GC-MS，可将极性保护剂加入到待测溶液中，使其作用于气相色谱进样口以减少基质效应，但是该方法无法用于LC-MS/MS。在样品浓度足够高，或者仪器检出限足够灵敏时，最简单的方法是稀释萃取物，有些实验甚至需要稀释约100倍。一些研究者尝试使用多柱多阀设备，在分析柱前加净化柱和富集柱排除干扰，但该方法在实际工作中的应用还不普遍。

2.3.4.2 兽药残留分析

兽药是用于预防、治疗以及诊断家畜、家禽、鱼类、蜜蜂和其他动物疾病，有目的地调节其生理机能，并规定其用途、用法和用量的物质。兽药因其在降低发病率与死亡率、促生长、提高饲料利用率和改善产品品质方面有显著效果，已成为现代畜牧业中不可缺少的物质基础。但是，兽药的不科学使用无疑会导致动物体内药物的滞留或蓄积，并以残留的方式进入人体和生态系统。兽药残留对人类及环境的危害是慢性、远期和累积性的，动物性食品中的兽药残留已经成为国际上公认的农业和环境问题[75]。目前我国兽药的使用尚不十分规范，动物源性食品中兽药残留的问题也日渐成为大众关注的焦点。为了保护人类自身的健康，禁止或严格监控各类兽药在食品动物饲养中的使用已成为总体趋势。

随着兽药种类和应用范围的急剧增加，兽药残留分析对象、样本数量以及测定难度都大大增加，这就迫切需要发展简单、快捷、灵敏，并能大批量测定样品的兽药残留分析技术。目前兽药残留筛选的方法，主要包括微生物法、免疫法、分子印迹技术、色谱法和质谱法等。微生物法是目前公认而又广泛应用的测定四环素类抗生素残留的经典方法。此法虽然操作简单，但所需反应时间长，易受其他抗生素干扰，灵敏度不高，缺乏专一性和精确度。免疫法虽然具较高的灵敏性和特异性，但兽药大多为小分子半抗原，需与大分子物质如牛血清蛋白、人血清白蛋白等连接来作为免疫原，局限了其发展。分子印迹技术虽具有高度专一性、预识别性，但仍存在模板泄露、柱效差以及制备分子印迹聚合物单体种类少等局限性。气相色谱或液相色谱法虽然能够通过与对照品保留时间比较进行筛选，相比上述检测方法在特异性、灵敏度上都有很大提高，但对于保留时间相近的化合物仍然无法分离检测[75,76]。

液相色谱-质谱联用法在多种农药、兽药筛选中有较多的应用。已有科学家在谷物[77]、蔬果饮料[78]中筛选了上百种的杀虫剂，还有文献报道在蛋、鱼、肉[79,80]、牛奶[81]中筛选出兽药，在饲料中检测出激素残留，在水样品中检测出雌激素，并且大部分化合物的检测限都达到 $\mu g/kg$ 级别。Thurman 等[82]建立了专门应用于液相色谱-高分辨质谱的杀虫剂数据库，数据库包括了 350 种在正离子模式下检测的杀虫剂，提供了精确质量数和保留时间等信息。他们还分别在苹果和橘子中筛选出抑霉唑、异菌脲和噻菌灵。Badoud[83]使用 UPLC-Q-TOF-MS 筛选了尿液中的 103 种物质，包括刺激剂、利尿剂、麻醉剂、抗雌激素剂等。使用 C_{18} 色谱柱，分析时间 9min，正离子、负离子两种全扫描模式进行检测，通过精确质量数和保留时间进行自动筛选，质量精度为 ± 0.05Da。Touber[84]使用 UPLC-Q-TOF-MS 分析了 22 种物质，其中包括 17 种糖皮质激素、THG（合成类固醇激素）、β_2-受体激动剂如福莫特罗等，分析时间为 5.5min。通过色谱分离，元素组成相同的地塞米松和倍他米松也能够进行同时分析。虽然三重四极杆质谱和离子阱类质谱在筛选分析中有一定局限性，但在定量方面有特异性强、杂质干扰小、灵敏度高的优势。通过加入内标物质能够弥补前处理过程中的损失，从而提高结果的准确度和精密度。通过三重四极杆质谱对化合物进行定量分析，仍是目前应用最广泛的定量方法之一。

参 考 文 献

[1] Spengler B，Pan Y，Cotter R J，et al. Molecular weight determination of underivatized oligodeoxyribonuleotides by positive ion matrix-assisted ultraviolet laser desorption mass spectrometry [J]. Rapid Commun Mass Spectrom，1990，4：99-102.

[2] Tang K，Taranenko N L，Allman S L，et al. Detection of 500-nucleotide DNA by laser desorption mass spectrometry [J]. Rapid Commun Mass Spectrom，1994，8：727-730.

[3] Wei T，Lin Z，Liogel M S. Controlling DNA fragmentation in MALDI-MS by chemical modification [J]. Anal Chem，1997，69：302-312.

[4] Covey T R，Bonner R F，Shushan B L，et al. LC/MS and LC/MS/MS screening for the sites of post-translational modifications in proteins [M] // In：Jörnvall H，Höög J O，Gustavsson A M. Methods in Protein Sequence Analysis. Advances in Life Sciences. Birkhäuser，Basel，1991.

[5] Little D P，Thannhauswr P W，McLafferty F W．Verification of 50- to 100-mer DNA and RNA sequences with high-resolution mass spectrometry [J]. Proc Natl Acad Sci USA，1995，92：2318-2322.

[6] Cheng X H，Gale D C，Udseth H R，et al．Charge state reduction of oligonucleotide negative ions from electrospray ionization [J]. Anal Chem，1995，67：586-593.

[7] Fitzgerald M C，Zhu L，Smith L N．The analysis of mock DNA sequencing reactions using matrix-assisted laser desorption/ionization mass spectrometry [J]. Rapid Commun Mass Spectrom，1993，7：895-899.

[8] Shaler T A，Tan Y，Wickham J N，et al．Analysis of enzymatic DNA sequencing reactions by matrix-assisted laser desorption ionization mass spectrometry [J]. Radpid Commun Mass Spectrom，1995，9：942-947.

[9] Roskey M T，Juhasz P，Smirnov I P，et al．DNA sequencing by delayed ex traction-matrix-assisted laser desorption /ionization time of flight mass spectrometry [J]. Proc Natl Acad Sci USA，1996，93：4724-4729.

[10] McLuckey S A，Habibi-Gousarzi S．Decompositions of multiply charged oligonucleotide anions [J]. J Am Chem Soc，1993，115 (25)：12085-12095.

[11] McLuckey S A，Van Berkel G J，Glish G L．Tandem mass spectrometry of small，multiply charged oligonucleotides [J]. J Am Soc Mass Spectrom，1992，3：60-70.

[12] McLuckey S A，Viadyuanathan G，Habibi-Gousarzi S．Charged vs. neutral nucleobase loss from multiply charged oligonucleotide anions [J]. J Am Soc Mass Spectrom，1995，30：1222-1229.

[13] Ni J S，Pimerantz S C，Rozenski J，et al．Interpretation of oligonucleotide mass spectra for determination of sequence using electrospray ionization and tandem mass spectrometry [J]. Anal Chem，1996，68：1989-1999.

[14] 中国核酸质谱应用专家共识协作组．中国核酸质谱应用专家共识 [J]. 中华医学杂志，2018，98 (12)：895-900.

[15] Witze E S，Old W M，Resing K A，et al．Mapping protein post translational modifications with mass spectrometry [J]. Nat Methods，2007，4 (10)：798-806.

[16] Zolnierowicz S，Bollen M．Protein phosphorylation and protein phosphatases [J]. The EMBO Journal，2000，19 (4)：483-488.

[17] Schulenberg B，Goodman T N，Aggeler R，et al．Characterization of dynamic and steady state protein phosphorylation using a fluorescent phosphoprotein gel stain and mass spectrometry [J]. Electrophoresis，2004，25 (15)：2526-2532.

[18] Rush J，Moritz A，Lee K A，et al．Immunoaffinity profiling of tyrosine phosphorylation in cancer cells [J]. Nat Biotechnol，2005，23 (1)：94-101.

[19] Pandey A，Podtelejnikov A V，Blagoev B，et al．Analysis of receptor signaling pathways by mass spectrometry：identification of vav-2 as a substrate of the epidermal and platelet-derived growth factor receptors [J]. Proc Natl Acad Sci，2000，97 (1)：179-184.

[20] Gronborg M，Kristiansen T Z，Stensballe A，et al．A mass spectrometry-based proteomic approach for identification of Serine/threonine-phosphorylated proteins by enrichment with phospho specific antibodies：identification of a novel protein，frigg，as a protein kinase a substrate [J]. Moll Cell Proteomics，2002，1 (7)：517-527.

[21] Larsen M R，Thingholm T E，Jensen O N，et al．Highly selective enrichment of phosphorylated peptides from peptide mixtures using titanium dioxide microcolumns [J]. Moll Cell Proteomics，2005，4 (7)：873-886.

[22] Wu J，Shakey Q，Liu W，et al．Global profiling of phosphopeptides by Titania affinity enrichment [J]. J Proteome Res，2007，6 (12)：4684-4689.

[23] 迟明，毕炜，卢庄，等. 天冬氨酸作为非特异性吸附抑制剂在二氧化钛选择性富集磷酸肽中的应用 [J]. 色谱，2010，28（2）：152-157.

[24] Li Q R，Ning Z B，Tang J S，et al. Effect of peptide-to-TiO_2 beads ratio on phosphopeptide enrichment selectivity [J]. J Proteome Res，2009，8（11）：5375-5381.

[25] Kweon H K，Hakansson K. Selective zirconium dioxide-based enrichment of phosphorylated peptides for mass spectrometric analysis [J]. Anal Chem，2006，78（6）：1743-1749.

[26] Posewitz M C，Tempst P. Immobilized gallium（Ⅲ）affinity chromatography of phosphopetides [J]. Anal Chem，1999，71（14）：2883-2892.

[27] Stensballe A，Andersen S，Jensen O N. Characterization of phosphpproteins from electrophoretic gels by nanoscale Fe（Ⅲ）affinity chromatography with off-line mass spectrometry analysis [J]. Proteomics，2001，1（2）：207-222.

[28] Ficarro S B，McCleland M L，Stukenberg P T，et al. Phosphoproteome analysis by mass spectrometry and its application to *Saccharomyces cerevisiae* [J]. Nat Biotechnol，2002，20（3）：301-305.

[29] Barnouin K N，Hart S R，Thompson A J，et al. Enhanced phosphopeptide isolation by Fe（Ⅲ）-IMAC using 1，1，1，3，3，3-hexafluoroisopropanol [J]. Proteomics，2005，5（17）：4376-4388.

[30] Zhang Y H，Yu X J，Wang X Y，et al. Zeolite nanoparticles with immobilized metal ions：isolation and MALDI-TOF-MS/MS identification of phosphopeptides [J]. Chem Commun，2004，44（24）：2882-2883.

[31] Oda Y，Nagasu T，Chait B T. Enrichment analysis of phosphorylated proteins as a tool for probing the phosphoproteome [J]. Nat Biotechnol，2001，19：379-382.

[32] Larsen M R，Sorensen G L，Fey S J，et al. Phosphoproteomics：evaluation of the use of enzymatic dephosphorylation and differential mass spectrometric peptide mass mapping for site specific phosphorylation assignment in proteins separated by gel electrophoresis [J]. Proteomics，2001，1（2）：223-238.

[33] Amankwa L N，Harder K，Jirik F，et al. High-sensitivity determination of tyrosine- phosphorylated peptides by on-line enzyme reactor and electrospray ionization mass spectrometry [J]. Protein Sci，1995，4（1）：113-125.

[34] Gruhler A，Olsen J V，Mohammed S，et al. Quantitative phosphoproteomics applied to the yeast pheromone signaling pathway [J]. Moll Cell Proteomics，2005，4（3）：310-327.

[35] Jacobs J M，Mottaz H M，Yu L R，et al. Multidimensional proteome analysis of human mammary epithelial cells [J]. J Proteome Res，2004，3（1）：68-75.

[36] Shen Y F，Jacobs J M，Camp D G，et al. Ultra-high-efficiency strong cation exchange LC/RPLC/MS/MS for high dynamic range characterization of the human plasma proteome [J]. Anal Chem，2004，76（4）：1134-1144.

[37] Stensballe A，Jensen O N，Olsen J V，et al. Electron capture dissociation of singly and multiply phosphorylated peptides [J]. Rapid Commun Mass Spectrom，2000，14（19）：1793-1800.

[38] Yang Y，Orlando R. Identifying the glycosylation sites and sitespecific carbohydrate heterogeneity of glycoproteins by matrix assisted laser desorption/ionization mass spectrometry [J]. Rapid Commun Mass Spectrom，1996，10（8）：932-936.

[39] Zhao Y，Jia W，Sun W，et al. Combination of improved [18]O incorporation and multiple reaction monitoring：a universal strategy for absolute quantitative verification of serum candidate biomarkers of liver cancer [J]. J Proteome Res，2010，9（6）：3319-3327.

[40] Larance M，Bailly A P，Pourkarimi E，et al. Stable-isotope labeling with amino acids in nematodes [J]. Nat Methods，2011，8（10）：849-851.

[41] Shiio Y，Aebersold R. Quantitative proteomic analysis using isotope coded affinity tags and mass spec-

trometry [J]. Nat Protocol, 2006, 1 (1): 139-145.

[42] Zhu M M, Dai S J, McClung S, et al. Functional differentiation of *Brassica napus* guard cells and mesophyll cells revealed by comparative proteomics [J]. Moll Cell Proteomics, 2009, 8 (4): 752-766.

[43] Wang W X, Zhou H H, Lin H, et al. Quantification of proteins and metabolites by mass spectrometry without isotopic labeling or spiked standards [J]. Anal Chem, 2003, 75 (18): 4818-4826.

[44] Strelkov S, Elstermann M, Schomburg D. Comprehensive analysis of metabolites in Corynebacterium glutamicum by gas chromatography/mass spectrometry [J]. Biol Chem, 2004, 385 (9): 853-861.

[45] Börner J, Buchinger S, Schomburg D. A high-throughput method for microbial metabolome analysis using gas chromatography/mass spectrometry [J]. Anal Biochem, 2007, 367 (2): 143-151.

[46] Jin Y Z, Park D W, Li X F, et al. Primary study of volatiles composition of *Rhodiola sachalinensis* by using gas chromatography and mass spectrometry (GC/MS) [J]. Korean J Chem Eng, 2010, 27 (4): 1262-1268.

[47] Nappo M, Berkov S, Codina C, et al. Metabolite profiling of the benthic diatom cocconeis scutellum by GC-MS [J]. J Appl Phycol, 2009, 21 (3): 295-306.

[48] Tianniam S, Bamba T, Fukusaki E. Pyrolysis GC-MS-based metabolite fingerprinting for quality evaluation of commercial *Angelica acutiloba* roots [J]. J Biosci Bioeng, 2010, 109 (1): 89-93.

[49] Dervilly-Pine G, Courant F, Chéreau S, et al. Metabolomics in food analysis: application to the control of forbidden substances [J]. Drug Test Anal, 2012, 4: 59-69.

[50] Michaud M R, Denlinger D L. Shifts in the carbohydrate, polyol, and amino acid pools during rapid cold-hardening and diapause-associated cold-hardening in Xesh Xies (*Sarcophaga crassipalpis*): a metabolomic comparison [J]. J Comp Physiol B, 2007, 177 (7): 753-763.

[51] Ralston-Hooper K, Hopf A, Oh C, et al. Development of GC × GC/TOF-MS metabolomics for use in Eco toxicological studies with invertebrates [J]. Aquat Toxicol, 2009, 88 (1): 48-52.

[52] Pabst M, Grass J, Fischl R, et al. Nucleotide and nucleotide sugar analysis by liquid chromatography electrospray ionization-mass spectrometry on surface conditioned porous graphitic carbon [J]. Anal Chem, 2010, 82 (23): 9782-9788.

[53] Cavaliere C, Cucci F, Foglia P, et al. Flavonoid profile in soybeans by high-performance liquid chromatography/tandem mass spectrometry [J]. Rapid Commun Mass Spectrom, 2007, 21 (14): 2177-2187.

[54] Xu X, Sun C R, Dai X J, et al. LC/MS guided isolation of alkaloids from lotus leaves by pH-zone-refining counter current chromatography [J]. Molecules, 2011, 16 (3): 2551-2560.

[55] Zhang J J, Zhao C X, Chang Y W, et al. Analysis of free amino acids in flue-cured tobacco leaves using ultra-high performance liquid chromatography with single quadrupole mass spectrometry [J]. J Sep Sci, 2013, 36 (17): 2868-2877.

[56] Mie A, Laursen K H, Aberg K M, et al. Discrimination of conventional and organic white cabbage from a long-term field trial study using untargeted LC-MS-based metabolomics [J]. Anal Bioanal Chem, 2014, 406 (12): 2885-2897.

[57] Baniasadi H, Vlahakis C, Hazebroek J, et al. Effect of environment and genotype on commercial maize hybrids using LC/MS-based metabolomics [J]. J Agric Food Chem, 2014, 62 (6): 1412-1422.

[58] Chang Y W, Zhao C X, Zhu Z, et al. Metabolic profiling based on LC/MS to evaluate unintended effects of transgenic rice with cry1Ac and sck genes [J]. Plant Mol Biol, 2012, 78 (4-5): 477-487.

[59] Huang C Y, Roessner U, Eickmeier I, et al. Metabolite profiling reveals distinct changes in carbon and nitrogen metabolism in phosphorus-deficient barley plants (*Hordeum vulgare* L.) [J]. Plant Cell

Physiol，2008，49（5）：691-703.

[60] Vaclavik L，Mishra A，Mishra K B，et al. Mass spectrometry based metabolomic fingerprinting for screening cold tolerance in *Arabidopsis thaliana* accessions [J]. Anal Bioanal Chem，2013，405（8）：2671-2683.

[61] Kumaraswamy K G，Kushalappa A C，Choo T M，et al. Mass spectrometry based metabolomics to identify potential biomarkers for resistance in barley against fusarium head blight（*Fusarium graminearum*）[J]. J Chem Ecol，2011，37（8）：846-856.

[62] Chang Y W，Zhang L，Lu X，et al. A simultaneous extraction method for metabolome and lipidome and its application in cry1Ac and sck-transgenic rice leaf treated with insecticide based on LC-MS analysis [J]. Metabolomics，2014，10（6）：1197-1209.

[63] Tohge T，Nishiyama Y，Hirai M Y，et al. Functional genomics by integrated analysis of metabolome and transcriptome of Arabidopsis plants over-expressing an MYB transcription factor [J]. Plant J，2005，42（2）：218-235.

[64] Okazaki Y，Shimojima M，Sawada Y，et al. A chloroplastic UDP-glucose pyrophosphorylase from Arabidopsis is the committed enzyme for the first step of sulfolipid biosynthesis [J]. Plant Cell，2009，21（3）：892-909.

[65] Chen W，Gao Y Q，Xie W B，et al. Genome-wide association analyses provide genetic and biochemical insights into natural variation in rice metabolism [J]. Nat Genet，2014，46（7）：714-721.

[66] Matsuda F，Okazaki Y，Oikawa A，et al. Dissection of genotype-phenotype associations in rice grains using metabolome quantitative trait loci analysis [J]. Plant J，2012，70（4）：624-636.

[67] Matsuda F，Ishihara A，Takanashi K，et al. Metabolic profiling analysis of genetically modified rice seedlings that overproduce tryptophan reveals the occurrence of its inter-tissue translocation [J]. Plant Biotechnol，2010，27（1）：17-27.

[68] Kind T，Fiehn O. Metabolomic database annotations via query of elemental compositions：mass accuracy is insufficient even at less than 1 ppm [J]. BMC Bioinformatics，2006，7：234.

[69] Fillion J，Hindler，Lacroixm，et al. Multiresidue determination of pesticides in fruit and vegetables by gas chromatography mass-selective detection and liquid chromatography with fluorescence detection [J]. J AOAC Int，1995，78（5）：1252-1265.

[70] Takaomi T，Keiji K，Yuka S，et al. Rapid analysis of 56 pesticide residues in natural medicines by GC/MS with negative chemical ionization [J]. J Nat Med，2008，62：126-129.

[71] 赵瑛博，周艳明，忻雪，等. 高效液相色谱-串联质谱法测定水果、蔬菜中赤霉素残留 [J]. 食品科学，2011，32（6）：209-211.

[72] Alder L，Greulich K，Kempe G，et al. Residue analysis of 500 high priority pesticides：better by GC-MS or LC-MS/MS? [J]. Mass Spectrom Rev，2006，25（6）：838-865.

[73] Pang G F，Cao Y Z，Zhang J J，et al. Validation study on 660 pesticides residues in animal tissues by gel permeation chromatography cleanup/gas chromatography-mass spectrometry and liquid chromatography-tandem mass spectrometry [J]. J Chromatogr A，2006，1125（1）：1-30.

[74] Martinez V J L，Espada M C，Frenich A G，et al. Pesticide trace analysis using solid-phase extraction and gas chromatography with electron-capture and tandem mass spectrometric detection in water samples [J]. J Chromatogr A，2000，867（1）：235-245.

[75] 叶克应，谭建华. 兽药残留分析中样品前处理技术研究进展 [J]. 食品科技，2007，32（4）：194-196.

[76] 张可煜，郑海红，张丽芳，等. 动物性食品兽药残留的快速筛选方法 [J]. 中国兽医生虫病，2008，16（4），23-30.

[77] Koesukwiwat U，Lehotay S J，Mastovska K，et al. Extension of the QuEChERS method for

pesticide residues in cereals to flax seeds, peanuts, and doughs [J]. J Agric Food Chem, 2010, 58 (10): 5950-5958.

[78] García-Reyes J F, Gilbert-López B, Molina-Díaz A, et al. Determination of pesticide residues in fruit-based soft drinks [J]. Anal Chem, 2008, 80 (23): 8966-8974.

[79] 赵瑛博, 关丽, 周艳明. QuEChERS 结合气质联用法测定猪肉中苯巴比妥残留量 [J]. 现代食品科技, 2015, 8: 329-331.

[80] Peters R J, Bolck Y J, Rutgers P, et al. Multi-residue screening of veterinary drugs in egg, fish and meat using high-resolution liquid chromatography accurate mass time-of-fight mass spectrometry [J]. J Chromatogr A, 2009, 1216 (46): 8206-8216.

[81] Ortelli D, Cognard E, Jan P, et al. Comprehensive fast multiresidue screening of 150 veterinary drugs in milk by ultra-performance liquid chromatography coupled to time of fight mass spectrometry [J]. J Chromatogr B, 2009, 877 (23): 2363-2374.

[82] Thurman E M, Ferrer I, Malato O, et al. Feasibility of LC/TOFMS and elemental data basesearching as a spectral library for pesticides in food [J]. Food Addit Contam, 2006, 23 (11): 1169-1178.

[83] Badoud F, Grata E, Perrenoud L, et al. Fast analysis of doping agents in urine by ultra-high-pressure liquid chromatography quadrupole-time-of-fight mass spectrometry Screening analysis [J]. J Chromatogr A, 2009, 1216 (20): 4423-4433.

[84] Touber M E, van Engelen M C, Georgakopoulus C, et al. Multi-detection of corticosteroids in sports doping and veterinary control using high-resolution liquid chromatography/time-of-fight mass spectrometry [J]. Anal Chim Acta, 2007, 586 (1-2): 137-146.

第3章

色谱-光谱联用技术

3.1 气相色谱-傅里叶变换红外光谱联用技术

气相色谱（gas chromatography，GC）分析法自20世纪50年代出现以来，作为一种以气体为流动相的色谱分离分析技术，在生物、食品、医药、环保等领域得到广泛应用。

1952年，色谱先驱者 A. T. James 和 A. J. P. Martin 在英国伦敦实验室进行气相色谱法的探索，提出气-液色谱法；同时，他们发明了第一个气相色谱检测器。1954年气相色谱仪配备热导检测器（TCD）使用，开创了现代气相色谱检测器的时代。1958年首次提出毛细管气相色谱柱，同年出现了氢火焰离子化检测器（FID）。之后又陆续推出了高灵敏度、高选择性的检测器，使检测灵敏度提高了2～3个数量级。例如，1960年出现的电子捕获检测器（ECD）、1966年发明的火焰光度检测器（FPD）、1974年提出的氮磷检测器（NPD）。进入20世纪90年代，由于电子技术、计算机和软件的飞速发展使质谱检测器（MSD）生产成本和复杂性下降、稳定性和耐用性增加，质谱检测器成为最通用的气相色谱检测器之一。

在有机化合物的分离和定量方面，气相色谱法有着极强的优势。通过毛细管柱提高了气相色谱法分离混合物的能力，而分离后的微量化合物经过高灵敏度和高选择性的检测器获得响应信号，再由色谱数据处理软件计算出化合物的含量。

对化合物的研究不仅限于定量分析，对未知化合物的官能团等结构信息进行分析以及对已知化合物确认的定性分析也是十分重要的，但定性分析是气相色谱法的"短板"。目前，在有机化合物的结构分析方面，比较成熟的方法有紫外光谱法、红外光谱法、质谱法和核磁共振法。而每一种方法都无法将化合物的全部结构信息一次性获得，这就需要将多种方法联合使用，综合分析后得到较为全面的组分结构信息。

因此，人们尝试将气相色谱与在定性分析方面有优势的方法联用，以弥补气相色谱依靠化合物保留时间、保留指数等参数定性未知物的不足。由此，出现了气相色谱-质谱法、气相色谱-红外光谱联用法等分析方法。

质谱检测器灵敏度高，与气相色谱联用后发展快速，现今气相色谱-质谱联用技术已经非常成熟，在很多领域都有其应用实例。红外光谱分析法检测灵敏度的优势没有质谱法大，但是红外光谱法能够提供丰富的分子结构信息，是理想的定性手段之一，尤其是在异构体分析方面优势显著。

红外光谱（infrared spectrometer，IR）法通过对化合物特征谱和指纹区的分析可以辅助确认化合物的结构。若样品是混合物，获得的红外谱线会受到不同物质之间光谱性质差别的影响而发生红移或蓝移。所以，红外光谱法更适合分离后的组分或者其本身就是纯物质的分析。而在实际分析中，样品往往是十分复杂的、由多种化合物构成的，对于这种复杂样品，红外光谱法无法给出单一组分的结构信息。

利用气相色谱法的超强分离能力，将混合物有效分离，得到单组分后进入红外光谱仪，由此可获得除保留时间外的更多的定性信息，这就是气相色谱-红外光谱联用法的优势。以气相色谱法为基础的红外光谱法联用技术受到越来越多的关注，从而得到快速发展和广泛应用。

3.1.1 概述

气相色谱法是以氮气、氦气等为流动相，以固体吸附颗粒或载体表面液膜为固定相，样品中各组分在两相间做相对运动，产生差速迁移，分离成单一组分，再按先后顺序流出色谱柱进入检测器测定响应信号，进而定量的色谱分析方法。由于气相色谱法的流动相是气体，这就要求样品中各组分能够在高温条件下气化，被流动相带入色谱柱。所以，只要在气相色谱仪允许的条件下能气化而不分解的低极性小分子化合物，理论上都可以用气相色谱法定量分析。对于部分热不稳定物质或难以气化的物质，通过化学衍生化的方法，仍可用气相色谱法间接定量。气相色谱法的高效分离、定量分析能力与红外光谱法超强的局部结构鉴定能力有机结合后，成为一种具有很高实用价值的分离鉴定方法，适合于复杂样品的组分分析。

红外光谱是由分子振动-转动时能级跃迁引起的，属于分子振动-转动吸收光谱。在一定条件下，当化合物分子接收到频率连续变化的红外光照射时，可选择性地吸收一定频率的红外光，得到以波数或波长为横坐标、以透光率或吸光度为纵坐标的红外光谱图。分子红外光谱的特征性强，凡是具有不同分子结构的化合物，理论上不会具有相同的红外光谱，也因此称其具有"指纹性"。

常规的红外光谱仪主要是色散型的，它的单色器是棱镜或光栅，属于单通道测量。早期人们将色谱分离后的组分先低温冷凝，再转移至红外光谱仪的吸收池中测定，操作繁琐；当时采用的就是色散型红外光谱仪，扫描一个光谱的时间远远超过一个色谱峰的出峰时间。正是由于该类型红外光谱仪存在扫描速度较慢、灵敏度低、无法及时跟进色谱分离组分的速度等问题，这种离线联用实验技术未能发挥实际作用。直至 20 世纪中后期傅里叶变换红外光谱仪的出现，才大部分地解决了经典红外光谱仪存在的问题。

傅里叶变换红外光谱（fourier transform infrared spectrometer，FTIR）法是一种可以对固体、液体或气体组分进行定性和定量的光谱分析技术。傅里叶变换红外光谱仪是非色散型的，与经典色散型红外光谱仪相比，傅里叶变换红外光谱仪中没有狭缝存在，使辐射通量增加，因此其灵敏度也得到提高。傅里叶变换红外光谱仪按照全波段进行数据采集，得到的光谱是对多次数据采集均化后的结果，而且完成一次完整的光谱数据采集只需要很短的时间，而色散型红外光谱仪则需要较长的时间。另外，傅里叶变换红外光谱仪还具有信号多路传输、波数精度高和分辨率高等优点。

气相色谱法、红外光谱法和气相色谱-傅里叶变换红外光谱联用法（GC-FTIR）三者间既有联系又有区别，它们在样品和应用方面的比较如表 3-1 所示。

表 3-1　气相色谱法、红外光谱法、气相色谱-傅里叶变换红外光谱联用法比较

比较	气相色谱法	经典红外光谱法	气相色谱-傅里叶变换红外光谱联用法
样品要求	可气化、耐热、小分子、低极性化合物	气体、液体、固体	可气化、耐热、小分子、低极性化合物
样品组成	单组分、混合物	单组分	单组分、混合物
定性分析	相对定性； 无法获得分子结构信息	光通量小、扫描速度慢； 可获得分子结构信息	相对定性； 光通量大、扫描速度快； 可获得分子结构信息
检测灵敏度	高	低	中

20 世纪 60 年代，首次完成了气相色谱仪与傅里叶变换红外光谱仪在线联用实验，使气相色谱-红外光谱联用技术得到发展。随着傅里叶变换红外光谱仪的发展和成熟，窄带汞镉碲检测器和新型光管气体池的出现以及接口技术的不断进步，使得GC-FTIR 取得了突破性的进展。到了 20 世纪 80 年代，分离效能更好的毛细管气相色谱仪取代了早期的填充柱，其与傅里叶变换红外光谱仪联用获得成功，并发展迅猛，在生物、食品、医药、环保等领域得到广泛应用。

3.1.2　气相色谱-傅里叶变换红外光谱仪

气相色谱-傅里叶变换红外光谱联用仪构成如图 3-1 所示，主要由气相色谱系统、联用接口、傅里叶变换红外光谱系统、计算机数据处理系统四部分组成。

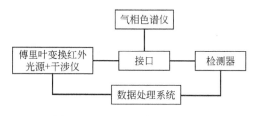

图 3-1　GC-FTIR 构成示意图

复杂样品由进样口进入气相色谱仪，组分气化后在色谱柱中分离，并按照时间顺序流出，进入联用接口（例如光管气体池）。与此同时，傅里叶变换红外光谱仪中的光源发射出光束，被干涉仪调制的干涉光汇聚到加热的联用接口处，与到达的分离组分相互作用，组分在光管中选择性吸收红外辐射，干涉光经过光管镀金内表面的多次反射到达红外检测器。由计算机系统采集并存储来自红外检测器的干涉信息，经过快速傅里叶变换后得到组分的气态红外光谱图，进而通过信息谱库检索获得组分的分子结构信息。

3.1.2.1 气相色谱系统优化

联用仪中气相色谱系统主要由载气、进样系统、色谱柱、热导检测器或氢火焰离子化检测器等结构单元构成（具体构成可以参考气相色谱仪相关资料），这部分的主要作用是进行复杂样品的色谱分离，这其中色谱柱的选择就显得尤为重要。在 GC-FTIR 使用的早期多采用填充柱，这类色谱柱可进入较多量的样品进行分离，但柱效较低；而当样品中组分较多时则分离效果不好，目前多采用毛细管色谱柱。其中，大口径毛细管柱既可以容纳大量的样品又具有较高的柱效，可有效分离复杂样品，很好地取代了早期的填充柱。

现在在联用仪中气相色谱系统的改进，主要是通过增加色谱柱中峰容量、提高复杂样品的分离能力、提高联用接口的检测灵敏度、改善联机效果等方面实现的。例如，采用冷捕集进样、将自制的粗径玻璃毛细管柱与 FTIR 联用，并对柱后连接装置及传输管改进；采用不分流进样并增加尾吹、预柱富集、高容量毛细管柱等改善联用系统的分辨率及灵敏度。

3.1.2.2 傅里叶变换红外系统优化

联用仪中傅里叶变换红外系统主要由红外光源、分束器、干涉仪、样品池、检测器、计算机数据处理系统等组成，是典型的干涉型红外光谱仪代表，其结构组成如图 3-2 所示。作为联机使用的傅里叶变换红外光谱仪，其相当于气相色谱仪的检测器部分，它的主要作用是快速同步跟踪扫描和检测气相色谱中分离得到的各组分，而这些工作主要是由迈克尔逊干涉仪和汞镉碲光导检测器来完成的。

图 3-2 傅里叶变换红外光谱仪组成示意

傅里叶变换红外光谱仪的核心光学元件是迈克尔逊干涉仪，其相当于光谱仪的单色器，可将光源提供的红外复合光转变为干涉光。迈克尔逊干涉仪的扫描速度大约是在 1 秒 10 次，而组分色谱峰的出峰时间大约是几秒，因此可以快速获取每一时间点内的光谱信息，而且扫描速度越快，对联机系统的分辨越有利。所以，采用迈克尔逊干涉仪的傅里叶变换红外光谱仪的扫描速度足以匹配气相色谱峰的出峰速度。

在 GC-FTIR 检测中，从接口中得到的样品聚焦到红外检测器的接收面上，从而获得色谱图和组分的红外光谱图。由于进入毛细管柱中的气化样品量较少，尤其是采用分流进样方式获得的样品量就会更少，因此在联用仪中该系统的改进主要是需要灵敏度高、信号响应速度快的检测器或红外探测器来满足检测要求。

早期采用的主要是硫酸三甘肽（triglyceride sulfate，TGS）热释电型检测器，其热电材料是一种具特殊热电性质的绝缘体。该检测器又称热电检测器，可以在室温下使用，且价格便宜。后期出现的性能更好的汞镉碲（mercury cadmium telluride，MCT）液氮低温光电检测器替代了早期的 TGS 检测器。MCT 检测器可分为宽频带和窄频带两种，前者带宽为 $4000 \sim 450 cm^{-1}$；后者为 $4000 \sim 750 cm^{-1}$，其灵敏度高于宽频带的，故大多采用此类型。MCT 检测器需要在液氮温度下工作，见表 3-2 中所示，与 TGS 检测器相比窄频带 MCT 直接检测光信号，灵敏度高，响应速度快，更适用快速扫描测量和 GC-FTIR 检测。

表 3-2　窄频带 MCT 检测器和 TGS 检测器的比较

性能参数	窄频带 MCT 检测器	TGS 检测器
灵敏度	比 TGS 检测器至少高一个数量级	高
检出限	低	高
信号响应速度	快	慢
探测器类型	光电导型,直接检测光信号	热释电型,检测光转热信号
检测元件	半导体碲化镉、半金属化合物碲化汞	硫酸三甘肽单晶薄片
工作温度	液氮冷却 77K	室温

3.1.3　联用模式

色谱分离后的组分接受干涉后的红外光辐射,光束再经过多次反射到达 MCT 检测。目前主要通过三种方式实现气相色谱和傅里叶变换红外光谱的联用,即光管气体池法、基体隔离法和直接沉积法。

3.1.3.1　光管气体池联用模式

GC-FTIR 中应用范围最广的就是光管气体池联用模式,其结构包括溴化钾盐窗、气相色谱仪气体入口、硬质玻璃管、镀金反射层等。

光管的主体是一根能够加热的硼硅玻璃管,管内壁镀金使其具有极高的反射率,也可防止在加热情况下组分产生化学变化。玻璃管两端装有红外透明的溴化钾盐窗片,连接处由耐高温的石墨垫圈密封。使用时红外光由入射盐窗片进入玻璃管,经镀金管壁的多次反射,再由盐窗片出射到达 MCT 检测器。

光管的一端由惰性内壁不锈钢传输线与气相色谱毛细管柱出口连接,传递气化后分离的组分;另一端由不锈钢传输线与气相色谱仪的 TCD 或 FID 相连,或放空。

光管是 GC-FTIR 联用仪的重要部件,其参数的选择将直接影响联机检测的最终结果。早期由不锈钢材质制成的光管,可以满足微克水平的测定;之后改由内壁镀金的硼硅玻璃管,并增加长度,使检测限降低了一个数量级。现在通过控制光管的加工及镀金工艺使其具有更高的反射能力。

目前使用的光管是具有一定内径和长度的硬质玻璃管,其体积与联机效果有很大关系。当光管体积过小时,进入光管的检测气体量低,不易检测;而当体积过大时,气化组分进入光管后的色谱峰峰宽增加,产生扩散,不利于检测。为了兼顾样品中多组分色谱峰有效分离和检测的要求,光管体积等于或略小于色谱峰半峰宽体积的平均值时,能获得较高的灵敏度。

一般情况下,与填充柱匹配的光管体积为 3mL、内径 2～3mm、长度 300～600mm;与毛细管柱匹配的光管体积为 50～100μL(普通毛细管)或 300μL(大口径毛细管),内径 1～2mm、长度 100～400mm。光管体积过大不适用时,可更换体积匹配的玻璃管来改善分辨率。

携带组分的载气从毛细管色谱柱经惰性传输线进入光管气体池中时,由于通道内径的变化使其流速明显降低，那么在色谱柱中有效分离的各组分的分离度会降低，影响测定效果。为了不被破坏分离效果，惰性传输线中的载气流速应与其在色谱柱中的相当。另外，可在此处增加尾吹装置，通过尾吹气流微调整体的联机分离效果。

为了防止从气相色谱柱出来的组分遇到低温环境产生冷凝现象，传输线和硬质玻璃管都是需要加热并保持一定的温度。但光管内的镀金在温度升高，尤其是达到200℃以上时对红外光的反射能量会显著降低。在其他条件保持不变的前提下，光管的温度越高，光能损失越多，其输出的信号强度越低。另外，在温度升高时，盐窗和密封圈等部件也会受到不良影响，信噪比下降。

所以，从获得较强的信号响应和延长仪器使用寿命等方面考虑，应尽量采用较低的光管温度。同时，考虑到防止组分冷凝，光管温度应最好接近或略高于气相色谱柱的柱温为适宜，尽量不超过200℃[1]。

光管的温度会受到色谱柱柱温的制约，过高的柱温会间接降低红外检测的灵敏度；而较低的柱温则间接提高红外光谱的信噪比和检测的灵敏度。当柱温过低时，组分的保留时间增加，组分的色谱峰扩展，组分在光管中浓度降低，方法灵敏度降低。柱温的影响是多方面的，最终是在保证样品中各个组分的色谱峰峰型和分离满足要求的前提下，适当选择较低的柱温。

光管气体池联用模式的优点是结构简单、易于操作、可实时记录、技术相对成熟、应用范围广；缺点是光晕损失和热噪声使灵敏度降低，而且得到的是蒸气相的红外谱图，与凝聚相的谱图有所不同，不利于谱图检索。例如，醇类的羟基部分在蒸气相时，其氢键缔合作用减弱，吸收波数增加；其他官能团的蒸气相红外光谱也有吸收波数位移现象。

3.1.3.2　基体隔离联用模式

在20世纪70年代末提出了采用基体隔离技术用于GC-FTIR联用。而冷冻捕集接口就是商品化的基体隔离联用模式接口。将样品和大量惰性气体（如氩气、氮气等）按比例混合，经保温传输管，由安装在真空舱壁上的喷嘴喷射到一个置于低温冷却下的介质反射面上。该介质是一个多面的、旋转着的表面镀金、具有高导热系数的无氧铜盘，也称冷盘，位于真空舱内。氩（基体）和组分被冻结在反射面上形成样品点，通过检测斑点获得组分的红外光谱图。

基体隔离联用模式使用时要考虑的因素较多，例如为了获得较长的光程，沉积在介质上的斑点应尽可能减小，以获得较高的灵敏度。其斑点面积越小，灵敏度越高。另外，适当的样品斑点、载气流速才能保证样品被有效地冻结。样品斑点厚度不宜过大以防剥落，其厚度以小于0.5mm为宜。

与光管气体池相比（见表3-3），基体隔离联用模式灵敏度较高，对一般样品的检测限在100~200pg，对强吸收样品可达10~50pg[2]。另外，基体隔离接口获得的谱带带宽变窄、谱带强度有所增加，样品相对稳定，可以反复测量以增加信噪比，还可以避免样品分子间的裂解、转化以及分子间的相互作用对谱图的干扰等；缺点是操作复杂，需用液氮作冷冻剂，运行费用昂贵，得到的谱图是与蒸气相和凝聚相的谱图都不相同的谱图，也不利于谱图检索。

表 3-3　光管气体池和基体隔离的比较

性能参数	光管气体池模式	基体隔离模式
检测限	较高	较低
操作	可实时记录、操作简单、时间短	无法实时记录、操作繁杂、时间长
测量温度	高温	低温
检测压力	常压	真空
试样状态	气态	固态
光谱谱图	气相 IR 谱	非通用 IR 谱
光谱信噪比和分辨率	较低	较高
影响因素	光管体积等	试样沉积斑点直径等
价格及应用性	便宜、应用范围广	昂贵、应用性差

3.1.3.3　低温沉积联用模式

在 20 世纪 90 年代初期出现了低温沉积技术，并很快得到商业化。低温沉积技术区别于基体隔离技术，它不使用基质气体，它是将被测样品直接沉积在一种红外介质（ZnSe 晶片）上，代替基体隔离接口中的镀金冷盘。沉积温度可以是室温，但低温可以防止样品挥发和斑点扩散，所以常用液氮作冷却剂，并在真空环境下工作。当采用氦气等作载气时，只有组分被沉积下来。ZnSe 晶片由高精度步进马达驱动，其移动速度随着气相色谱峰宽度而变化，使沉积在晶片上的色谱斑点直径保持在 $100\mu m$ 左右。采用聚光镜和 MCT 检测器测定斑点组分的光谱，其灵敏度可达 50pg。

低温沉积联用模式的优点是灵敏度较高，其检测限可以和基体隔离法相比，价格却低于基体隔离接口。与光管气体池相似，直接沉积法可以在组分沉积后短时间内连续测量光谱。另外，低温沉积联用模式得到的是凝聚态的红外光谱图，与经典的红外光谱法（KBr 压片法）类似，可以共用谱图库，有利于谱图的计算机检索，方便得到结构信息。

目前，在联用模式方面主要是研制新型接口、改善现有模式的光学性能、改进光学系统增大光通量等，例如光管的体积与色谱条件的匹配、传输线的设计与安装、最优的光学设计等。

3.1.4　数据采集、处理及应用

气相色谱-傅里叶变换红外光谱联用法中的数据采集及分析工作量要远大于单独的气相色谱和傅里叶变换红外光谱仪。现将联用法中常用的数据采集、处理及应用简单介绍如下。

3.1.4.1　实时波数-吸光度-时间三维信息谱图的应用

在联用系统计算机软件的参数设定下，随着气化组分按时间顺序分离进入联用接口，干涉信号到达检测器，采集数据在软件的控制下，进行实时傅里叶变换，从而得到组分的气态红外光谱图，即实时三维图，其中 x 轴为波数、y 轴为吸光度、z 轴为时间。

实时三维谱图可以给出不同维度空间的组分信息，例如在波数-吸光度平面上，可以获得某个时间点上样品在不同波数范围的气态红外光谱；在时间-吸光度平面上，又可以获得某个波数上样品在不同时间范围内的吸光度变化。从实时的三维图谱的变化可以看到各组分色谱峰性质的差异。

3.1.4.2 化学图的应用

除了实时三维谱图，还可以将干涉图经计算机处理后，得到组分色谱峰的"化学图"。根据测定样品基团类别的性质和分析检测的需求，人为设定波数范围，也被称为"化学窗口"。

例如，窗口可设定 1～5 个，其范围根据组分的情况来调节。在进行全波段分析时，通常会设定 $3600～3200cm^{-1}$ 的羟基窗口、$3000～2800cm^{-1}$ 的烷基窗口、$1870～1540cm^{-1}$ 的羰基窗口、$1610～1500cm^{-1}$ 的苯基窗口、$850～720cm^{-1}$ 的亚甲基变形窗口。若只是设定某个窗口，例如 $1610～1500cm^{-1}$ 的苯基窗口，那么从色谱分离后的各组分的计算机采集的信息中，只有含有苯基的组分才能显示出来。

化学图是指定官能团波数范围内吸收信号对时间变化的谱图，它以时间为横坐标、以选定频率窗口内红外吸收峰的积分吸收值为纵坐标，其形式虽与气相色谱图相似，但所包含的组分结构信息却比气相色谱图丰富。

不同化合物的最强红外吸收和特征吸收是有差异的，即其强吸收峰和特征吸收峰的波数范围是不同的。例如，酯类的吸收特征是在 $1700cm^{-1}$ 和 $1200cm^{-1}$ 左右有两个强吸收峰；醛类在 $1700cm^{-1}$ 左右存在强吸收峰，同时在 $2700cm^{-1}$ 左右又有较弱的吸收峰。那么，从化学图反映出的组分官能团信息，就为在不同时间分离的组分的化学类别提供了判断依据，所以也将化学图称作官能团色谱图。

3.1.4.3 重建色谱图的应用

GC-FTIR 联用仪的检测器中得到的是组分的干涉图，需要对数据进行重建。经过计算机处理后得到的色谱图，即重建色谱图，它不是检测器直接输出信号的显示。

(1) Gram-Schmidt 重建色谱图 即利用 Gram-Schmidt 矢量正交化法直接从未经傅里叶变换的干涉谱数据重建色谱图，应用广泛。

首先，对载气进行数据采集获得其干涉图，建立参比矢量子空间；再采集试样组分的干涉图，以 Gram-Schmidt 矢量正交化算法为基础，仅将干涉图中包含组分信息作为矢量，经计算机软件处理后，得到气相组分信号强度-时间的关系图，即 Gram-Schmidt 重建色谱图。该图的横坐标是时间，但又不同于三维谱图坐标中的实时时间；色谱图中的峰面积也区别于组分真实量的响应。重建色谱图是扣除了载气背景的积分重建图，可辅助反映红外光谱信息与保留时间、实时色谱图间的关系。

在实际分析中，用于连接光管气体池与气相色谱仪检测器（例如 FID）的石英毛细玻璃管通常是惰性且短的，那么被色谱柱分离的组分经过光管接口后，可以很快地到达气相检测器进行检测。因此，红外重建图的出峰时间和样品气相色谱图的保留时间很接近。适当地延迟红外检测开始的时间，可使红外重建图中组分的出峰时间和气相色谱图中的保留时间保持一致。并且红外 Gram-Schmidt 重建图与气相色谱图在峰形上也比较相似，便于比较两者谱图，使组分色谱峰的归属变得容易且准确。

（2）红外总吸收度重建色谱图　用组分的干涉图数据，在一个或多个特定光谱区域内对红外吸收信号进行积分处理得到数据点-信号强度的关系图，即红外总吸收度重建色谱图。这种吸收重建色谱图类似于气相色谱-质谱联用（GC-MS）中的总离子流图（TIC），能全面反映色谱分离状况。

不同于 Gram-Schmidt 重建色谱图，红外吸收重建色谱图的横坐标是扫描次数，无法与时间关联，应用较少。化学图、Gram-Schmidt 重建色谱图和红外总吸收度重建色谱图的比较情况见表 3-4。

表 3-4　联机获得的数据采集信息比较

比较	化学图	Gram-Schmidt 重建色谱图	红外总吸收度重建色谱图
纵坐标	部分或全部波数范围的信号强度	组分信号强度	吸收信号强度
横坐标	时间	时间，非实时	扫描次数（数据点）
应用	组分官能团信息分析	辅助说明红外光谱图与保留时间及实时色谱图关系	能全面反映色谱分离状况

3.1.4.4　傅里叶变换红外光谱图的应用

通常情况下，根据重建色谱图来确定色谱峰的数据点的范围或者峰尖的位置，再根据检测需要选取适当数据点处的干涉图，经傅里叶红外变换后得到相应于该处数据点的气态红外光谱图。

在实际联机操作中，由数据采集结束获得相应的谱图信息，可以进行谱库检索。其原理与 GC-MS 的谱库检索有相似之处，即获得的组分气态傅里叶变换红外光谱图与 GC-FTIR 自带的商用谱库中标准谱图进行比较，从而对未知组分进行定性分析。一般来说，GC-FTIR 配备的商用气相红外谱库的谱图数据量远远少于 GC-MS 谱库量，还需丰富扩容以更好地满足检测需求。

目前，在联用仪中数据应用方面的改进主要是建立合理的数据处理方法，提高红外光谱检测结果的可靠性。分析过程中出现基线不稳定或吸收区间选取不当等情况，可以通过红外光谱与气相色谱信息联合、红外重建色谱图和红外差谱技术联合等途径来提高红外谱图解析的可靠性。例如，采用等高线图分析技术来处理色谱重叠峰，并通过之后的红外光谱累加及差减技术，可以获得质量较高的红外谱图。

差谱技术是随计算机发展而出现的研究方法，通过软件对存储的谱图进行数据处理，以达到分离气相色谱难分离的重叠组分的目的。运用差谱技术得到的谱图与纯样品的谱图可以非常吻合。实际分析时，并不需要每次都得到完全分离的 GC-FTIR 谱图。

例如，在 GC-MS 的总离子流图和全波段红外重建色谱图中都只出现一个信号峰，质谱检测该物质可能是醇类物质，但在此时间点上 Gram-Schmidt 重建色谱图的 $1800 \sim 1680 cm^{-1}$ 处却有一个吸收峰。由于醇类物质不应在 $1800 \sim 1680 cm^{-1}$ 有吸收响应，因此判断这可能是重叠峰。利用差谱技术将样品重叠峰的红外光谱图和醇类化合物的标准红外光谱图，以 $3500cm^{-1}$ 左右的羟基伸缩振动吸收峰为参考，通过两张谱图相减得到一张新的红外光谱谱图。再通过红外谱库检索验证，发现与某个酯类化合物的红外标准谱图一致。因此，通过红外差谱技术，重叠峰中的混合物得到了分离。

3.1.5 应用研究

GC-FTIR 自出现以来，一直在色谱系统、联用接口、傅里叶变换红外光谱系统和数据处理软件等方面改进和发展，技术逐渐趋于成熟，与 GC-MS 等方法的检测信息互补，为未知物的结构分析提供了更可靠的依据，成为挥发性化合物有效的定性和定量手段。现就其在天然药物挥发油、植物香精香料、毒素及代谢物等方面的应用做简单介绍。

3.1.5.1 GC-FTIR 在植物源药物分析中的应用

在天然药物中，具有药理活性成分的植物源药物占据重要地位，其来源自然，毒副作用小，在治疗特定症状方面有显著疗效。而研究药物的药理机制和质量控制等时都需要对其成分进行分析。

目前，在天然药物分析中大多采用色谱法、色谱-质谱联用法、波谱分析法等。在植物源药物中有较多的挥发性成分，尤其是植物挥发油类的成分较为复杂，常会含有多种异构体，测定时不易区分；还有一些药用植物中所含的挥发性成分，也不易通过简单的提取方法进行分离。而 GC-FTIR 方法的出现，为这类活性物质的成分分析及药用植物的结构分析提供了一种有效手段，即通过气相色谱柱有效分离活性组分，再进入傅里叶变换红外光谱仪获得其光谱信息，从而确认组分成分结构。下面介绍GC-FTIR 在这方面的具体应用。

（1）标准桃金娘油的单萜类成分分析　标准桃金娘油是从植物桃金娘科的叶片中提取得到的挥发油。由其制成的标准桃金娘油胶囊是一种化痰、抗炎的呼吸道治疗药物，可通过呼吸道黏液纤毛功能的改善，加快清除呼吸道表面的黏液，用于治疗支气管扩张和肺部感染等问题。目前，采用气相色谱法、高效液相色谱法、气相色谱-质谱法、气相色谱三重四极杆质谱法和气相色谱-傅里叶变换红外光谱法等方法都可以分析标准桃金娘油的成分。

标准桃金娘油的主要活性成分为桉油精、D-柠檬烯和 α-蒎烯等，其中 α-蒎烯的挥发性最好，桉油精和 D-柠檬烯的极性高于 α-蒎烯。当采用高效液相色谱法时，活性成分在 ZORBAX SB-C$_{18}$ 色谱柱中分离良好，其保留值为桉油精＜D-柠檬烯＜α-蒎烯，最后经由二极管阵列检测器 DAD 测定。在采用气相色谱法分离时，活性成分在DB-1、HP-5MS 等非极性和 HP-1701 等中等极性色谱柱中都可以有效分离，其保留值桉油精＞D-柠檬烯＞α-蒎烯，最后在高灵敏度的通用型检测器 FID 中完成测定。可以说气相色谱法和高效液相色谱法都可将主要活性成分分离，但标准桃金娘油中还含有较多种类的其他成分，因此采用毛细管气相色谱柱分离更具有优势。

活性成分分离后，采用二极管阵列检测器或 FID 检测器测定时，需要相应的标准物质来辅助定性，而标准桃金娘油中成分多，想要对全部组分定性分析就要购买所有的标准物质，在实际分析中很难实现。而在联用技术中，分离后的组分进入质谱仪或傅里叶变换红外光谱仪进行检测就可以解决这个问题。

气相色谱-质谱联用法具有 NIST、Wiley 等有机化合物谱库，通过谱库检索的方式可以给出与标准桃金娘油中各成分最可能匹配的化合物名称。而气相色谱-傅里叶变换红外光谱联用法具有 Aldrich 凝聚相谱库（Aldrich condensed phase sample library）、Aldrich 气相谱库（Aldrich vapor phase sample library）等及自建谱库，亦可通过谱库检索方式获得检测结果，另外其在几何异构体的鉴别能力方面要强于气相色谱-质谱联用法。

在样品处理方面，可根据标准桃金娘油的存在状态来选择适宜的方法，胶囊中标准桃金娘油可直接测定或用乙酸乙酯等溶剂溶解后测定；人体乳汁或呼气中的标准桃金娘油则可以采用顶空固相微萃取（SPME）方式富集后测定。

采用气相色谱-傅里叶变换红外光谱联用法对标准桃金娘油中的成分进行定性分析，并用峰面积归一化法计算各组分峰面积的相对百分含量。楼启正[3]在肠溶胶囊样品中共检测出 12 种化合物，以单萜类有机化合物为主。其中桉油精、D-柠檬烯和 α-蒎烯三种单萜，含量分别为 46.35%、36.83% 和 14.70%，占总标准桃金娘油的 97.88%。采用 GC-FTIR 法不但可以对标准桃金娘油在人体内的代谢动力学进行监测，还可为其活性成分的质量控制提供分析方法。

（2）缬草油的挥发性成分分析　缬草是一种多年生的败酱科缬草属植物，现在主要分布在欧洲、日本、北美和我国的贵州、云南等地。缬草的根和茎均可入药，具有镇静安神、改善睡眠等作用，可用于治疗神经衰弱、心悸失眠等症；它们也是重要香料，广泛应用在食品、烟草等行业，是一种具有很高药用价值和经济价值的植物资源。缬草油是由缬草的根和茎经水蒸气蒸馏、超临界流体萃取等方式得到的挥发性植物油，具有特殊香气。

缬草油的主要成分有乙酸龙脑酯、缬草烯酸、龙脑等，可采用 HP-5MS 和 DB-WAX 毛细管气相色谱柱分离。因此，在缬草油的挥发性成分分析中多采用气相色谱法、气相色谱-质谱法、气相色谱-飞行时间质谱法、气相色谱-傅里叶变换红外光谱联用法等方法，尤其是 GC-MS 和 GC-TOF MS 具有灵敏度高、谱库容量大等优点，在缬草油分析中发挥重要的作用。但该类方法存在异构体难区分、不同组分需要结构筛选及确认等问题。

例如，在缬草油的质谱检索结果中同一保留时间处的萜烯类化合物和酯类化合物，它们的匹配度数据相似难以确认，而同一保留时间处由傅里叶变换红外光谱提供的光学信息中却观察到了组分中酯类官能团的吸收峰，由此可鉴定出该保留时间的组分应为酯类化合物。采用 GC-FTIR 与 GC-MS 检测结果相互结合的方式，可以较好地解决质谱数据中匹配度相似难以选择的问题。

由于醇类化合物的断裂方式相似，在缬草油分析中常会出现质谱无法识别的情况，此时可以通过醇类化合物在红外谱图中表现出的差异加以识别。另外，由红外光谱谱库检索出的缬草油中酯类化合物的结果，亦可通过质谱谱库提供的分子量等数据来进行确认。总之，将 GC-MS 中分子离子峰和断裂碎片的信息和 GC-FTIR 中提供分子官能团的信息结合起来，可以确认出更多的缬草油挥发性组分；通过对两种谱库检索得到的保留值相似组分的信息判断，可以提高缬草油检测结果的定性准确度。

另外，在红外数据处理中运用差谱技术结合化合物在化学图中出峰强度可判断重叠峰，并对未分离的物质进行剥离，通过此法桑文强等[4]鉴别出缬草油中 α-乙酸松油酯和龙脑成分。同时，通过 GC-MS 和 GC-FTIR 结合验证方式区分了缬草油中橙花叔醇和法尼醇、莰烯和 α-乙酸松油酯等成分，并从缬草油分离出的 42 种化合物中成功鉴定出 30 种，其中，GC-MS 定性 21 种化合物、GC-FTIR 定性 24 种化合物。

缬草油是缬草镇静催眠作用的主要有效部位的提取物，GC-FTIR 通过红外重建色谱图和质谱图数据相互验证，面积归一化计算其百分含量的方式，为评价不同品种、产地及时期的缬草提取物的品质提供了科学研究方法。

（3）微孔草油的脂肪酸成分分析　微孔草是紫草科微孔草属两年生草本植物，其种子含油率最高可达 40% 以上，主要分布在我国青海、甘肃以及四川、云南、西藏和陕西的部分地区，是我国特有的耐高寒优质油料植物。微孔草也是传统藏药，全草可治疗眼疾等。采用超临界流体萃取、冷榨等技术从微孔草种子中获得的微孔草油，其中富含的不饱和脂肪酸具有抗心血管疾病、降低血脂和抗癌等作用。

脂肪酸是由碳、氢、氧三种元素组成的一类化合物，是中性脂肪、磷脂和糖脂的主要成分。根据碳链长度的不同脂肪酸可分为：短链脂肪酸，其碳链上的碳原子数小于 6，也称作挥发性脂肪酸；中链脂肪酸，指碳链上碳原子数为 6～12 的脂肪酸，例如辛酸和癸酸；长链脂肪酸，其碳链上碳原子数大于 12。微孔草油中所含的大多是长链脂肪酸。根据碳氢链的不饱和情况，脂肪酸又可分为：饱和脂肪酸，碳氢链上没有不饱和键，例如棕榈酸；单不饱和脂肪酸，其碳氢链含有一个不饱和键，例如油酸；多不饱和脂肪酸，其碳氢链中含有两个或两个以上的不饱和键，例如亚油酸和亚麻酸。微孔草油中富含油酸、亚油酸和亚麻酸等不饱和脂肪酸，尤其是后两者都是人体必需脂肪酸。

微孔草油中脂肪酸的成分分析大多采用气相色谱法、气相色谱-质谱法和气相色谱-傅里叶变换红外光谱联用法等。将微孔草油和氢氧化钠-甲醇溶液混合，在氮气保护下加热回流至完全皂化，得到微孔草油的脂肪酸。将脂肪酸和三氟化硼-甲醇溶液混合，在氮气保护下加热回流至酯化完全，冷却后再由正己烷等有机溶剂萃取，得到微孔草油的脂肪酸甲酯。

根据待测样品中组分的性质来选择适合的气相色谱柱，遵循化学分析中"相似相溶"的原则。微孔草油的脂肪酸甲酯极性略高，适宜采用极性气相色谱柱分离，例如 PEG-20M、SE-54、FFAP、3%DEGS 等。分离后的脂肪酸甲酯可由 FID 检测器、质谱和傅里叶变换红外光谱检测其响应信号强度，并根据面积归一化法获得各脂肪酸的相对百分含量。微孔草油中包含棕榈酸、油酸、硬脂酸、亚油酸、α-亚麻酸、γ-亚麻酸、芥酸等十多种脂肪酸。其中，不饱和脂肪酸相对百分含量大约为 80%，尤其是亚麻酸约为 20%。

微孔草油中含有多种不饱和脂肪酸，使得质谱谱库检索的结果中经常出现多个相似的匹配值的现象，增加了确认其不饱和键位置的难度。而气相色谱-傅里叶变换红外光谱联用法在这方面可以提供更多的参考信息。

例如，由红外光谱图可以看到脂肪酸甲酯中 C＝O 的红外吸收峰出现在 1758cm^{-1}，而不饱和脂肪酸甲酯中 $\diagdown$C＝C—H 的 C—H 振动吸收则出现在 3012cm^{-1}，后者是不饱和脂肪酸甲酯的特征吸收峰，可由此辅助确认饱和脂肪酸与不饱和脂肪酸。而且脂肪酸甲酯在两处红外吸收峰的强度比值（1758cm^{-1}/3012cm^{-1}）与其不饱和度有一定的相关性[5]，如表 3-5 所示，随着脂肪酸不饱和键数目的增加，其红外吸收峰强度比值也相应增加，也可利用该比值对脂肪酸进行定性分析。

表 3-5　脂肪酸甲酯红外吸收光谱峰强度比值

脂肪酸甲酯	峰强度比值[5]	脂肪酸双键数目
油酸甲酯	0.37	1
亚油酸甲酯	0.48	2
亚麻酸甲酯	0.83	3

采用 GC-FTIR 法分析微孔草油中脂肪酸甲酯化后的组成，成为继 GC、GC-MS 后又一有力鉴别脂肪酸的手段，也为微孔草种质资源的深度开发和利用提供了科学依据。

3.1.5.2　GC-FTIR 在巴比妥类兽药分析中的应用

巴比妥类药物（又称巴比妥酸盐）属于巴比妥酸的衍生物，是一类作用于中枢神经系统的药物，可引起近似生理性的睡眠。兽药临床用于镇静剂，也常用作饲料添加剂和麻醉动物时的化学保定剂。巴比妥类药物的分子通式包含环状丙二酰脲主体部分和取代部分，主体决定药物特性，取代基可区分巴比妥药物的不同类型。

巴比妥类药物包括巴比妥、异戊巴比妥、司可巴比妥、苯巴比妥等，长期使用具有累积作用，当动物体内药物浓度高时会对食用者产生危害。目前，在巴比妥类药物的生物样品分析中可采用高效液相色谱法、高效液相色谱-三重四极杆串联质谱法、气相色谱法、气相色谱-质谱法、气相色谱-傅里叶变换红外光谱联用法和毛细管电泳法等。其中，色谱-质谱联用法的检测灵敏度较高，但是气相色谱-傅里叶变换红外光谱联用法具有质谱谱库所无法提供的更丰富的巴比妥类药物取代基团信息，使其在多种分析方法中具有特殊地位。

在处理血液和尿液等生物样品时，可采用传统的有机溶剂涡混后离心的提取方式，调节样品液 pH 值至酸性环境有利于样品中蛋白质沉淀，亦可使巴比妥钠盐转化为游离状态的巴比妥，有利于增加其提取率。这种提取方式操作简单，但净化效果一般。所以也可以将该方式与快速溶剂萃取法联用，缩短提取时间，节约提取剂用量。为了进一步去除生物样品中的氨基酸、糖等杂质，有机溶剂提取后可经固相萃取小柱净化，以提高检测的专一性和灵敏度。常用于净化的 SPE 小柱有 C$_{18}$、MAX、HLB 等类型，不同净化小柱所需洗脱液亦有区别，需要经过加标回收率实验来确定。

处理后的生物样品提取液，可直接经气相色谱柱分离，也可与衍生试剂反应生成巴比妥类药物衍生物后进行分离。通过甲基化等衍生方式，可降低巴比妥类药物的极性，更适合气相色谱法分离，而采用液相色谱法分离时不需要衍生。

巴比妥类药物及其衍生物可在 DB-5 和 OV-1701 或极性相当的气相色谱柱中有效分离，尤其是与 DB-5 极性相当的色谱柱被广泛使用。分离后组分进入傅里叶变换红外光谱中分析测定。

气相色谱-傅里叶变换红外光谱联用仪的谱库不如气相色谱-质谱仪的商用谱库中化合物谱图容量大，但是可以通过用户自建方式来丰富库容量。

首先，使用巴比妥类药物的高浓度标准溶液进行分析，采集其红外光谱信息，建立巴比妥类药物谱库。然后将血、尿等生物样品提取液在相同条件下进行分析，采集组分的红外光谱信息，利用差谱技术处理光谱数据后，再通过谱库检索方式，与自建谱库信息比对后获得鉴定结果。当然，采用 GC-FTIR 与 GC-MS 检测信息互补方式，会更好地在巴比妥类药物的鉴定方面发挥重要作用。

采用 GC-FTIR 技术，张喜轩等[6]对血浆和尿样中的巴比妥、烯丙异丙巴比妥、异戊巴比妥、烯戊巴比妥、戊巴比妥、硫喷妥、苯巴比妥进行了筛选分析，通过自建巴比妥类药物的气态红外光谱库，在 1μg/mL 的血样中能准确地鉴别出七种巴比妥类药物。

GC-FTIR 在巴比妥类药物的分离鉴定中取得了较好的结果。样品通过净化富集后提高了检测灵敏度，且自建联用谱库扩大了检测范围，因此，GC-FTIR 方法在一定程度上解决了巴比妥类药物筛选、分析和鉴定的难题。

3.1.5.3　GC-FTIR 在生物毒素分析中的应用

T-2 毒素是由三线镰刀菌等真菌产生的单端孢霉烯族毒素，可作用于细胞分裂旺盛的组织器官，如胸腺、骨髓、淋巴结、生殖腺及胃肠黏膜等，抑制器官细胞蛋白质和 DNA 合成。T-2 毒素广泛分布于自然界，亦是污染田间作物和谷物的常见毒素，同黄曲霉毒素一样被认为是自然存在的最危险的食品污染源之一。

T-2 毒素的化学性质稳定、难溶于水、易溶于极性有机溶剂，其主要代谢物有 HT-2 毒素、T-2 三醇等。目前，动物饲料和谷物等样品中 T-2 毒素及其代谢物的检测可采用间接竞争酶联免疫吸附测定法（enzyme linked immunosorbent assay，ELISA）、直接竞争 ELISA 法、薄层色谱法、气相色谱法、气相色谱-质谱法、气相色谱-傅里叶变换红外光谱联用法、高效液相色谱法和高效液相色谱-串联质谱法等。

ELISA 法操作简单，适合大量样品的快速筛选；其检测结果存在假阳性等问题，仍需色谱-质谱联用法验证，在我国的食品安全国家标准 GB 5009.118—2016 中规定 ELISA 法适用于粮食及粮食制品中 T-2 毒素的测定。GB/T 8381.4—2005 中则推荐了薄层色谱法测定配合饲料中 T-2 毒素的含量，该法检测灵敏度不够理想。

由于 T-2 毒素及其代谢物都没有较强的紫外吸收，为了提高检测灵敏度，采用高效液相色谱法分析前需要将其与 1-蒽腈衍生成强荧光物质，再由高灵敏度的荧光检测器测定，该法无法提供组分的结构信息。采用高效液相色谱-串联质谱分析时，样品无需衍生可直接测定，检测灵敏度较高，可提供组分的部分结构信息。由于 T-2 毒素及 HT-2 毒素等代谢物的极性较强，在采用气相色谱法分析前大多需要将其衍生化，改善其挥发性，再由高灵敏度的氢火焰离子化检测器或电子捕获检测器测定，也无法提供组分的结构信息。当采用气相色谱-傅里叶变换红外光谱联用法测定时可以提供比质谱谱库更多的组分结构信息，更好地验证检测结果假阳性的问题。

在处理动物饲料和谷物等样品时，可采用乙腈水溶液、甲醇水溶液或三氯甲烷、无水乙醇等混合有机溶剂提取后净化的方式。净化时可采用经典的固相萃取小柱 C_{18}、HLB、氧化铝、活性炭等，也可选择多功能净化小柱（multifunctional column，MFC）

和免疫亲和柱等。其中，多功能净化小柱是将极性、非极性及离子交换等多类基团作为填料填充到柱体，可选择性吸附样品提取液中的脂类、蛋白质类等杂质。净化前不需活化、淋洗和洗脱等操作，只需直接上样，净化后干扰物杂质等截留在小柱内，样品提取液中的 T-2 毒素不被吸附而直接通过。MFC 操作步骤更为简便，有效减少了有机溶剂的使用量。

免疫亲和小柱是基于单克隆免疫亲和原理，将单克隆 T-2 毒素抗体固定在柱内凝胶上，提取液中的 T-2 毒素缓慢通过免疫亲和小柱时，与柱内特异性的抗体结合，用水或盐溶液淋洗小柱去除未与抗体结合的杂质，再用甲醇洗脱小柱中结合的 T-2 毒素，收集洗脱液即可。该法选择性强、净化效果好，在我国 GB/T 28718—2012 中就推荐采用免疫亲和柱净化-高效液相色谱法测定饲料样品中的 T-2 毒素。

还可采用基质固相分散萃取法（matrix solid-phase dispersion，MSPD）提取样品，将涂渍有 C_{18} 等的固相萃取填料与固体或液体样品一起研磨，得到均匀的混合物并将其装填入小柱中，再用甲醇水溶液等淋洗小柱，并收集组分洗脱液。该法可简单高效提取和净化样品，减少样品和试剂用量，但是在反映毒素污染的多样性方面有所欠缺。不同前处理方法各具特色，在实践中需要根据样品类型及数量进行优化后选择最适合的样品提取及净化方式。

T-2 毒素及其代谢物可通过硅烷化和酰基化试剂衍生，降低极性并改善其挥发性。常用的衍生试剂有双三甲基硅基三氟乙酰胺（BSTFA）、三甲基硅基咪唑（TM-SIM）、双三甲基硅基乙酰胺（BSA）、三甲基氯硅烷（TMCS）、三氟乙酸酐（TFAA）、七氟丁酰咪唑（HFBI）等。衍生后的 T-2 毒素及其代谢物可在 SE-54、DB-35 或极性相当的气相色谱柱中有效分离，再通过接口进入傅里叶变换红外光谱中采集信息，完成测定。

T-2 毒素及其代谢物衍生后分子量增加，需要在较高的色谱柱温下才能有效分离。若采用光管连接 GC 和 FTIR，需要其温度高于柱温。在前面已经介绍过光管的温度较低时，会造成分离后的组分在光管中凝结，污染光管；光管的温度较高，尤其是高于 200℃ 时又会发生红外光的反射能量显著降低的现象，获得的气态红外光谱噪声增加。虽然可以通过增加尾吹等方法来改进，但对于分子量较大、沸点较高的 T-2 毒素及其代谢物来说，仍不能获得良好的检测结果。

因此，T-2 毒素更适合采用配有低温沉积联用模式的 GC-FTIR 仪来完成检测，接口传输线温度可高达 300℃，这样就不会限制气相色谱柱柱温的设定。

通过低温沉积联用模式完成 GC-FTIR 检测，将会获得组分凝聚态时的红外谱图，可以利用谱库数量更加丰富的固相红外标准谱谱库完成检索。而采用光管气体池联用模式获得的是组分的气态红外谱图，它与凝聚态时是有差异的。

色谱柱分离的组分经传输线，在液氮冷却的样品片上沉淀，形成微小的样品斑点，此时增加对未知样斑的扫描频次可以提高检测的信噪比和灵敏度，并由此来辅助判断 T-2 毒素及其代谢物衍生物的吸收峰存在与否。在采用 GC-FTIR 对 T-2 毒素及其代谢产物的硅烷化衍生物进行分析时，刘石磊等[7]将样斑单点扫描次数由 4 次增加到 64 次后，观察到 2900cm^{-1} 处吸收峰有显著改善，鉴定其为 T-2 四醇的烷基化衍生物。

T-2 毒素是单端孢霉烯族毒素中毒性最强的毒素之一，对人畜危害较大。通过 GC-FTIR 检测技术对复杂样品中 T-2 毒素及其代谢物的分析，为粮谷类农产品、饲料等的安全监控提供了一条新的检测途径。

3.2 气相色谱-原子吸收光谱联用技术

在前文已经介绍了气相色谱-傅里叶变换红外光谱仪联用的原理和应用，了解到复杂样品中的微量组分的结构分析，可以先通过气相色谱的有效分离，再由能提供组分分子结构信息的傅里叶变换红外光谱来分析，解决了采用单一分析仪器不能兼顾的问题。同样，存在于环境、生物体等样品中的微量元素的分析，也可以采用相似的方式来解决。

元素广泛存在于土壤、水、农作物等中，有些元素参与动植物的生长、发育等过程并起到了重要作用，当然也有一些元素对环境、生物体等会产生危害。那么样品中有哪些元素以及它们的含量是多少，也就是人们常说的元素的定性和定量分析。

1963 年，西蒙利用气相色谱的原理测定样品燃烧后的产物，成功地检测出样品中碳、氢、氮的含量，并且直到今天还在使用基于这一原理的自动化分析仪进行元素分析。测定元素的含量和组成还有很多其他方法，采用较多的有原子吸收光谱法（AAS）、原子发射光谱法（AES）、原子荧光光谱法（AFS）、电感耦合等离子体原子发射光谱法（ICP-AES）等，这些仪器分析方法能够测定出自然界中含量极低的元素。

在自然界中元素的存在形式是多样的，可以不同的同位素组成、电子组态或价态以及分子结构等形式存在，也就是元素形态。总体上元素形态可以分为物理形态和化学形态，其中，物理形态是指元素在样品中的状态，例如溶解态、胶体和颗粒状等；而化学形态是指元素以离子或是分子的形式存在，包括元素的价态、结合态、聚合态及结构态等。

无机汞有毒，但实际上汞的有机态比无机态的毒性高，而且无机汞可以在生物体内转化为甲基汞，曾经就有人因误食了被甲基汞处理过的小麦而发生中毒。铁是人体必需的微量元素，从食物中摄取铁元素时，只有二价铁才能被人体吸收并利用，所以食物中铁元素的总量多，并不表示被人体吸收的铁也多。这些现象都说明元素的价态和存在形式不同时，其具有的性质和生物活性是有差异的，仅仅通过元素的总量来衡量其产生的影响是不科学的。因此有必要研究在不同领域中微量元素的价态和存在形式，即进行元素的形态分析，一般指其化学形态分析。

元素形态分析要求样品中的不同价态和形态的元素完全分离，再检测其含量。色谱分析的优点之一就是具有高效的分离能力，使其成为分离不同价态和形态元素的首选方法。而原子光谱分析法在元素定性和定量分析方面具有高灵敏度和高选择性的优点，可将色谱分析法与原子光谱分析法的优点相互结合，使色谱-原子光谱联用法成为元素形态分析的有效手段。

目前，常见的气相色谱-原子光谱联用法有气相色谱-原子吸收光谱联用法（GC-AAS）、气相色谱-等离子体原子发射光谱联用法（GC-ICP-AES）、气相色谱-原子荧光光谱联用法（GC-AFS）、气相色谱-等离子体质谱联用法（GC-ICP MS）等，以下介绍气相色谱-原子吸收光谱联用法的原理及应用。

3.2.1　概述

原子光谱分析法是由原子中的外层电子在能级跃迁时吸收或释放的一系列光辐射（近紫外-可见光区）所构成的光谱。元素原子中的外层电子可以处于不同的运动状态，每种运动状态具有一定的能量，每个量化的能量台阶称为能级。最外层的电子处于最低的能级，称为原子基态，通常情况下整个原子也处于基态；其他能级的能量高于基态，称为原子激发态。

当原子中的电子获得的光能恰好与其能级跃迁所需要的能量相等时产生的光谱称为原子吸收光谱，吸收了光能或获得外界能量激发跃迁到高能级的电子寿命很短，电子又以光辐射的形式释放多余的能量跃迁至低能级态，由此产生的光谱称为原子发射光谱。

元素不同其构建的原子轨道也有差异，原子吸收线能够反映原子的结构信息，也称作元素的特征谱线。但是，原子外层电子的能级分布与其价态和形态无关，也就是说无法通过原子的特征谱线来判断元素的价态和形态。

原子吸收光谱法是基于蒸气相中待测元素的基态原子对其共振辐射的吸收强度来测定样品中元素含量的分析方法。它被应用于痕量和微量元素的定量测定，具有精密度好、检出限低、灵敏度高、应用范围广等特点。但是它无法区分元素的不同价态和形态，所以利用其定量的结果仅能表达某种元素的不同价态和形态下的总量。若要测定不同形态元素的含量就需要将它们先进行分离。

色谱分析法是一种物理化学分离和分析的方法，它是将含有多组分的混合样品在互不相溶的固定相和流动相中经过多次分配，产生不同的迁移速度，进而使各组分分离流出色谱柱，进入检测器测定组分含量的分析方法。该方法具有分离效能高、选择性好、灵敏度高、分析速度快等优点，常与质谱、傅里叶变换红外光谱、原子吸收光谱等方法联用，更能凸显其高效的分离能力。

色谱分析法按流动相不同可分为气相色谱法和液相色谱法（LC）等，它们可以与原子吸收光谱法联用。那么，GC-AAS 和 LC-AAS 联用的主要差别就在于色谱分离的对象及采用的分离模式不同。

由于气相色谱法的流动相是永久性气体，那么气态的流动相只适合带动那些气体组分，或者在高温下可以稳定地转变成气态的组分完成测定。这就决定了 GC-AAS 更适合测定在样品中组分极性差异小，且在高温下热稳定性好、易挥发、原子化温度较低的元素形态，例如烷基汞等形态的测定；相反，对于那些极性差异大、不易挥发或高温下容易解离、稳定性差的化合物分离还是不太适合的。当然，对于不适合的样品还可以通过衍生，使其在极性、热稳定性等方面有所改善后进行测定；或者改用 LC-AAS 等其他方法测定。

例如，采用 GC-AAS 对元素形态进行研究时，将联机系统得到的色谱图与独立采用 GC 的 TCD 和 FID 检测器分析得到的色谱图的组分分离情况比较，发现 FID 测定中保留弱的组分峰很难与溶剂峰分离，而 TCD 测定中也存在组分峰与溶剂峰完全重叠，都无法满足测定分离的要求；只有联机系统得到色谱图中溶剂与组分峰完全分离，充分体现了 GC-AAS 在检测方面的优势。

气相色谱法、原子吸收光谱法和气相色谱-原子吸收光谱联用方法的区别见表 3-6。由表中可以看到 GC-AAS 既具备了气相色谱分离能力强、样品基体干扰少的优点，同时又具备 AAS 的灵敏度高和选择性好的优点。

表 3-6　气相色谱法、原子吸收光谱法、气相色谱-原子吸收光谱联用法比较

比较	气相色谱法	原子吸收光谱法	气相色谱-原子吸收光谱联用法
样品要求	耐热、低沸点、低极性化合物	可原子化	耐热、低沸点、低极性金属化合物
测定状态	气态化合物分子	气态基态原子	气态基态原子
定性参数	保留时间相对定性	不适合定性	保留时间相对定性
应用	有机化合物定量	测定微量元素的总量	可区分元素的不同形态及测定其含量

将原子吸收光谱仪看作气相色谱仪的特殊检测器，就可以弥补气相色谱检测器不能直接高灵敏地测定元素的不足；而将气相色谱仪看作是原子吸收光谱仪的特殊进样系统，就可以解决原子吸收光谱仪不能区分元素不同价态和形态的问题。

在 20 世纪 50 年代中期推出了世界上第一台商用气相色谱仪，1958 年首次提出了毛细管柱应用于气相色谱仪，提高了 GC 分离复杂样品的能力。1954 年在澳大利亚展出第一台原子吸收分光光度计，1955 年提出了原子吸收光谱法作为一般分析方法用于分析各元素的可能性。1960 年提出电热原子化法，1967 年设计出电热石墨炉原子化器，都使原子吸收分析灵敏度大幅提升。也就是说，气相色谱仪和原子吸收光谱仪在同一时期都得到了快速的发展，为两种分析仪器的联用提供了可能空间。到了 60 年代中期，开始使用原子吸收光谱仪作为色谱分析仪的特殊检测器进行分析，开启了 GC-AAS 联用的先河。1972 年有人采用气相色谱仪与测汞仪联用技术测定了氯化甲基汞，1975 年人们采用 GC-AAS 测定烷基汞，使联用方法成为测定烷基汞的主要分析方法。

我国则是在 20 世纪 80 年代末、90 年代初，才开始研制并改进气相色谱-原子吸收光谱联用仪，也由此开始尝试用自制的联用仪器进行汞、硒等元素的形态分析。目前，GC-AAS 在环境科学、生命科学等领域广泛应用，在中药现代化、食品安全、金属组学的研究中发挥着重要作用。

3.2.2　气相色谱-原子吸收光谱联用仪

气相色谱-原子吸收光谱联用仪的构成如图 3-3 所示，主要包括气相色谱仪、传输线接口、原子吸收光谱仪和数据处理系统等。

图 3-3　气相色谱-原子吸收光谱联用仪示意

经过前处理得到的样品溶液（或气体），由进样口进入气相色谱仪气化室，经过

高温瞬间气化，再由载气带着气态样品进入色谱柱。元素化合物的价态和形态不同，导致其性质不同，在固定相和流动相中具有不同的分配系数，它们在两相间反复多次分配，产生差速迁移并按时间顺序先后流出色谱柱。分离后的元素化合物，经加热的传输线接口，进入原子吸收光谱仪的原子化器中转变为气态基态原子，在单色器选择的特征谱线处测定辐射强度的变化，最后由数据处理系统分析得到检测结果。

在 GC-AAS 中气相色谱仪相当于原子吸收光谱仪的一个特殊的进样系统。与原子吸收光谱仪的其他类型的进样系统相比，它具有高效分离元素化合物的能力。

早期，气相色谱部分以填充柱为主，其分离能力有限，仅局限于元素的烷基化合物在水、土壤等环境样品中的分析。随着毛细管气相色谱柱的应用提高了色谱的分离能力，使得 GC-AAS 可以对更加复杂的生物样品中的微量元素进行形态分析。

联用接口是 GC-AAS 系统的关键部分，其性能会直接影响分析测定的灵敏度、准确度和分离效率。接口将气相色谱仪和原子吸收光谱仪有效地连接起来，气相色谱仪分离后的组分通过接口送入原子吸收光谱仪的原子化器中。在此过程中，首先做到在传输组分的时候，尽量保证组分在色谱柱中的分离效果；其次，传输时尽量减少分离后元素化合物的损失；最后，尽量不改变组分的原子化效率。

GC-AAS 的接口大多是以传输线的方式连接，并根据光谱仪中原子化器原子化方式的不同而有所改变。例如，在有机汞的分析中，传输线多采用聚四氟乙烯而不是不锈钢等金属材料，且传输线与原子化器端的连接口也多采用石英管材质，以避免汞在高温下与金属形成汞齐，干扰测定。由于从气相色谱柱后分离的组分是在载气的带动下，以气态方式通过传输线进入，而原子吸收光谱仪的原子化器一般也是需要样品气化的，所以在接口设计上要比 GC-FTIR 的接口简单些。

联用仪中原子吸收光谱仪主要是由锐线光源、原子化器、单色器、检测器和数据处理系统五部分构成。样品进入原子化器，通常是在高温条件下快速原子化，转变为稳定的气态基态原子，接受到光源发射出的共振辐射，吸收光能发生电子跃迁。通过单色器在光源发射出的多条待测元素的特征谱线中选出一条用于测定，再由检测器测定这条特征谱线被气态基态原子吸收前后强度的变化，最后由数据处理系统计算样品中待测元素的浓度。原子吸收光谱仪的核心部分是锐线光源和原子化器。

锐线光源大多是由待测元素制成的空心阴极灯，根据低压辉光放电原理，发射出目标元素的特征谱线，供组分基态原子吸收。当测定多种微量元素时，需要更换由不同元素制成的空心阴极灯，这也导致其不能像配有电感耦合等离子光源的光谱仪那样可以同时测定几十种微量元素。

原子化器提供能量使样品中的待测元素化合物解离，转化为气态的基态原子。根据待测元素原子化方式的不同，可分为火焰型原子化器、石墨炉原子化器和低温原子化器。

火焰型原子化器的特点是结构简单、火焰稳定、重现性好、应用广泛，以往存在雾化效率低导致原子化效率低的问题，但是气相色谱仪与它联用后无需雾化，提高了灵敏度。以石墨管为代表的电热型原子化器的特点是升温快，理论最高温度可达3500℃；灵敏度高、原子化效率高、有利于难溶氧化物的原子化，适合测定七十多种金属和类金属元素，同时，也存在重现性略差、分析速度较慢、成本高等不足。如

表 3-7 所示，石墨炉原子化与火焰原子化各有优势，可以根据样品的具体情况来选择适合的原子化方式。

表 3-7　石墨炉原子化法与火焰原子化法的比较

方法	火焰原子化法	石墨炉原子化法
能量来源	火焰,化学能	电热
温度	略低,多低于 3000℃	略高,可达 3000℃
温度控制	燃气、助燃气种类、比例等	电流调节
原子化率	略低	高
灵敏度	略低	高
重现性	火焰稳定,重现性好	略差
分析时间	短	略长
操作性	简单	复杂

低温原子化也称为化学原子化，主要包括汞低温原子化和氢化物发生原子化。汞低温原子化法可通过化学方法将样品中的汞离子还原成汞原子，该法灵敏度高、专一性强。氢化物发生原子化的优点是基体干扰少、原子化效率高、灵敏度高等，该法仅适用那些可以生成氢化物的元素的分析。

3.2.3　联用类型

气相色谱仪与配有不同类型原子化器的原子吸收光谱仪组合后，出现了气相色谱-火焰原子吸收光谱联用法（GC-FAAS）、气相色谱-电热石英管炉原子吸收光谱联用法（GC-ETAAS）和气相色谱-石墨炉原子吸收光谱联用法（GC-GFAAS）等。

（1）气相色谱-火焰原子吸收光谱联用法　气相色谱仪中由色谱柱分离后的气态组分，通过加热的传输线导入光谱仪的火焰原子化器中原子化，再完成吸收测定。联用接口多采用由不锈钢、石英或聚四氟乙烯等材料制成的管状传输线，由样品的性质、加热程度等因素选择适合的传输线。传输线一端与气相色谱仪色谱柱出口相连，另一端与火焰原子化器入口相连。传输线管内部中空便于样品通过，管外壁有多层套管、加热和保温装置，用来加热和保护传输线。

孙汉文等[8]在原子吸收光谱仪的微火焰上方增加了 T 形管，并使空心阴极灯发出的谱线经过透镜、反射镜等反射后穿过 T 形管的轴心。色谱柱中流出的组分在载气氢气的带动下，与辅助气体空气混合经传输线进入微火焰原子化器。微火焰原子化器的顶端燃烧器不是狭长的细缝，而是细长的燃烧管，在喷嘴处形成火焰。样品在火焰中快速原子化，基态原子蒸气在 T 形管中沿轴线向两边扩散，使吸收厚度增大。这种卧管式微火焰原子化器与气相色谱仪联用后，可以提高检测灵敏度。

（2）气相色谱-石墨炉原子吸收光谱联用法　早期，从色谱柱流出的组分直接通过一定长度的钨管导入石墨管顶端的进样孔，进入石墨管中完成原子化。由于这种方式无法使连接管路加热，可能会造成分离后的组分在管中冷凝的现象。

后期对接口进行改进，用一段铝管完成连接作用。铝管一端通过不锈钢传输线与色谱柱出口相连,可采用加热传输线的方式解决样品冷凝问题;铝管的另一端则未通过进样孔插入石墨管,而是单独插入管中。气相色谱柱后流出物以切线方向导入原子化器,降低背景干扰,其灵敏度高于 GC-FAAS。

(3) 气相色谱-电热石英管炉原子吸收光谱联用法 不同于 GC-FAAS 连接时通过传输线直接导入原子化器的方式,GC-ETAAS 联用时,色谱柱分离后的组分通过传输线先进入到一个 T 形装置中,再进入原子化器。T 形装置可以防止进入原子化器内的样品由于空气引起的浓度降低。传输线管路采用内含聚四氟乙烯层的铝管或无内衬的不锈钢管,同样也是需要加热的,以保证传输过程中样品的气态状态。

该连接类型的原子化器是一个石英管炉,其中可通入氢气或空气。通过调节石英管炉的长度和直径等参数来优化光程和体积,以保证基态原子的密度,从而增加其在光路中的停留时间,获得最佳的原子化效果。目前 GC-ETAAS 应用最为广泛。

GC-ETAAS 分析时要考虑石英炉的加热电压、色谱柱温、载气流量等参数对于元素分离和测定结果的影响,需要在实验中进行参数优化。

例如,在进行硒化学形态分析时发现,硒在石英炉中的原子化是以自由基反应的机理进行的,石英炉的温度使氢分子之间的链断裂产生氢自由基,温度过高或过低都会降低吸收灵敏度;空气除了具助燃作用还参与石英管炉中的原子化反应,提供氧气促进氢自由基产生,过量则会引起炉壁与自由基结合,导致原子化效率降低;色谱柱尾吹气流量影响火焰性质和气体的总流量,影响方法的灵敏度和信噪比。

3.2.4 应用研究

将 GC-AAS 与液-液萃取、固相萃取、微波萃取、固相微萃取等净化富集样品的分析方法结合,可以优化联用方法、缩短整体的分析时间、提高分析效率,使 GC-AAS 更加高效、准确。目前,GC-AAS 技术早已成为元素化学形态分析有效的检测工具之一,其主要的分析对象包括有机汞、有机硒和有机锡类化合物等。

3.2.4.1 气相色谱-原子吸收光谱法在有机汞分析中的应用研究

自然界中很难发现纯的液态金属汞,大多是以化合物和无机盐的形式存在。无机汞主要是指单价汞和二价汞等,通过自然界中细菌的转化作用可以形成有机汞。有机汞是一类含汞化合物,其结构通式是 R—Hg—X,R 为有机基团,形成烷基汞化合物、芳基汞化合物或烷氧基汞化合物等;X 基团可以是阴离子,如卤素离子、乙酸根和磷酸根等,形成氯化烷基汞、氯化苯基汞、醋酸苯汞、磷酸乙基汞等。

因此,有机汞的种类比无机汞多,而不同形态的汞其毒性亦不相同。其中,西力生(氯化乙基汞)、赛力散(醋酸苯汞)、谷乐生(磷酸乙基汞)和富民隆(磺胺苯汞)等含汞有机农药曾在我国 20 世纪 70 年代前作为杀菌剂,用于处理种子及防治稻瘟病,由于其残留毒性大,现在已经禁止在作物上使用。

有机汞广泛存在于地表土壤、水体和水底沉积物中;环境中有机汞可通过食物链等途径在生物体内富集,对人类产生危害,其毒性远远大于无机汞。

目前,土壤、水体和生物体等样品中有机汞的分析方法有冷原子荧光光谱法、电感耦合等离子体质谱法、气相色谱法、气相色谱-原子吸收光谱法、气相色谱-冷原子荧光光谱法、气相色谱-电感耦合等离子体质谱法、高效液相色谱法、高效液相色谱-

原子荧光光谱法、高效液相色谱-电感耦合等离子体质谱法和毛细管电泳-电感耦合等离子体质谱法等。其中，冷原子荧光光谱法和电感耦合等离子体质谱法虽然可快速测定环境和生物样品中甲基汞的含量，但是无法对多种形态汞化合物进行有效分离和评价；而气相色谱法和高效液相色谱法虽然分离能力优于光谱法，但对汞化合物的检测灵敏度却不够理想；色谱-电感耦合等离子体质谱法在分离和检测方面都可兼顾，只是检测和维护成本较高。气相色谱-原子荧光光谱法在测定有机汞时需要将其衍生化，不如气相色谱-原子吸收光谱法更有实际推广价值。

（1）土壤、底泥和沉积物中有机汞分析　土壤是水、大气、植物等的交汇场所，沉积物则含有黏土矿物、有机质、活泼金属氧化物和碳酸盐等，是复杂的天然混合交换体系。汞在土壤中以较低的浓度存在，但人类活动及工业发展使得汞在土壤和沉积物中不断被富集，尤其是在汞矿开采区附近的土壤中。特定条件下，不同形态的汞之间可以相互转化，例如在环境微生物代谢过程中无机汞会甲基化形成烷基汞。汞在土壤、沉积物和环境中以不同的形态循环，造成环境污染和生物危害。

在土壤和沉积物中汞的有机形态包括甲基汞、乙基汞、苯基汞、二甲基汞及二乙基汞等，其中甲基汞因毒性高而备受关注。甲基汞是汞的甲基化产物，是一种具有神经毒性的环境污染物。在自然界，无论是在厌氧还是需氧的条件下，含汞的化合物都可能被微生物转化成甲基汞。因此，人们对土壤和沉积物中甲基汞的认识和研究较其他形态汞要早一些。

有机汞结合在土壤、底泥和沉积物中，需要采用适当方法将其提取出来。目前，有机汞的提取方法主要有液-液萃取法、碱消解法、固相微萃取法和吹扫捕集法等。其中碱消解法和吹扫捕集法常与四苯基硼化钠等衍生剂联用，将样品中甲基汞转化为挥发性更好的甲基丙基汞等衍生物后，再用气相色谱-原子荧光法或气相色谱-质谱法测定。在气相色谱-原子吸收光谱法中酸性提取结合有机溶剂萃取方式是土壤中有机汞提取的经典方法，而固相微萃取则是较为现代的样品前处理技术。

液-液萃取法是在土壤等样品中加入盐酸溶液浸提，再加入有机溶剂萃取，离心分层后保留有机相分析的萃取法。提取液中加入盐酸可以使汞转化为离子态；加入柠檬酸等可使样品处于酸性环境，增加有机汞的提取率。还可加入吡咯烷二硫代氨基甲酸胺（APDC）溶液或乙二胺四乙酸（EDTA）溶液等络合剂，这时样品中大量的金属离子与之络合更易进入水相，而有机汞则进入有机相，有利于消除金属离子的干扰。同时，络合剂还有分散样品的作用，同时加快萃取液面分层，便于离心后的样品快速分离。在提取液加入有机溶剂前，可根据需要加入 $CuSO_4$ 等溶液，用以排除甲基汞硫化物的干扰。

液-液萃取之后还可继续进行反萃取，即在有机溶剂萃取有机汞后，加入半胱氨酸-醋酸钠或盐酸-L-巯基丙氨酸-醋酸钠溶液对有机溶剂反萃取，使脂溶性杂质留在有机相中。水相中加入少量浓盐酸可使甲基汞转化为氯化甲基汞，再用有机溶剂萃取氯化甲基汞。

不论哪种方法都需要选择适合的提取溶剂来实现。萃取剂可选用苯、正己烷、正辛醇、二氯甲烷等有机溶剂，选择时要考虑萃取剂的背景干扰，吸收过大容易与有机汞峰重叠，无法准确定量；还要考虑溶剂的萃取率及挥发性。例如，正己烷背景吸收小，沸点低，对甲基汞和二乙基汞萃取效果好。液-液萃取法提取时间长、有机溶剂用量大、容易造成损失，不适合大量样品提取。

土壤中以极性卤化物形态存在的有机汞，其挥发性较小，将其转化为挥发性强的非极性氢化汞化合物后能被固相微萃取头吸附。固相微萃取法是在土壤中加入少量硝酸和酸性醋酸-醋酸钠缓冲溶液提取，在顶空瓶中加入提取液和 KBH_4 溶液，室温下将 $65\mu m$ 聚二甲基硅氧烷/二乙烯基苯（PDMS/DVB）固相微萃取头插入顶空瓶上层空间，吸附结束后取出萃取头，插入气相色谱仪进样口中解吸测定。

在酸性条件下 KBH_4 与分离后卤代有机汞反应生成相应的氢化汞，增加有机汞挥发性，在磁力搅拌作用下氢化汞从提取液中进入顶空瓶上层空间。此法集萃取、浓缩、解吸于一体，操作简便，减少了有机溶剂污染。采用该技术萃取富集土壤中甲基汞和乙基汞，在 GC-GFAAS 分析中氯化甲基汞和氯化乙基汞的检测限分别为 23ng 和 17ng[9]。

有机汞经过有机溶剂提取、净化和富集等步骤从土壤和沉积物中游离出来，直接或转化为氢化汞在载气带下进入气相色谱柱分离。目前，常采用的气相色谱柱主要有两种，一种是以 OV-17 为代表的中等极性色谱柱；另一种是以 Carbowax-20M 为代表的高极性色谱柱，多种类型的氯化烷基汞在气相色谱柱中均可获得有效分离。当然，有机汞转化为氢化汞或乙基化后，更适合在以 HP-1 和 HP-5 为代表的非极性或低极性色谱柱中分离。

有机汞化合物分离后经由联用接口进入适合的原子化器，高温中气态汞原子对光源发射的 253.7nm 光辐射产生共振吸收，测定其吸收强度。有机汞的种类不同，其原子化温度参数亦有差异，例如氯化甲基汞在石墨炉原子化温度在 500℃左右，氯化甲基汞和氯化乙基汞在 T 形石英管原子化温度则在 500～600℃附近，氯化苯基汞需要 700℃左右，具体的原子化温度还要根据实验参数优化的结果来确认。

根据有机汞化合物在色谱柱中分离的保留时间可做定性分析；根据有机汞组分的原子吸收信号的峰高 H（mV）的对数 $\lg H$ 与绝对进样量 Q（ng）对数 $\lg Q$ 成正比的关系可做定量分析。还可以根据有机汞的原子吸收测定值 A（吸光度）与绝对进样量 Q（ng）成正比的关系，建立线性良好的定量曲线，该种方法在定量分析中应用更为广泛。例如，GC-GFAAS 法测定时采用该类型曲线完成土壤中氯化甲基汞的定量分析，线性范围 8～50ng，相关系数 0.9972[10]。

（2）水生生物中有机汞分析　以往对有机汞化合物的研究主要集中在水体、土壤和沉积物等环境样品中，在生物样品中的分析较少。环境中的有机汞可通过多种途径进入鱼等水生生物体内，不断富集，再经食物链循环通过消化道被人体吸收，且呼吸道和皮肤对有机汞的吸收率也很高。

烷基汞比较稳定，在人体内分解很慢，可分布在人的大脑、心脏、肾脏、肝脏等器官及毛发和皮肤，尤其以脑中含量较高。苯基汞和烷氧基汞则易分解成无机汞化合物，而鉴于有机汞对生物体及人类神经系统和消化系统等的影响和损害，对其在鱼等生物样品中的研究比较多。

早期，人们采用气相色谱法分析生物样品中的有机汞化合物，例如 GB/T 17132—1997 中采用 ECD 检测器测定鱼中甲基汞含量，其检测信号易受干扰，方法重现性不够理想；而 GC-AAS 法可提高有机汞的检测灵敏度，比 GC-ECD 更适于汞元素的形态分析。

与土壤和沉积物等环境样品相比，鱼肉等生物样品的基体更为复杂，因此要结合样品特点采用适当的前处理方法。例如，采用低温离心可以直接去除鱼肉中凝结的脂肪层。

在鱼、虾等样品中采用的最广泛的前处理方法就是在样品中加入适量氯化钠或硅藻土研磨，氯化钠除了可以将样品分散均匀还可以起到盐析减少乳化、增加烷基汞提取率的作用，效果好于硅藻土。研磨后的样品中加入盐酸溶液浸提，通过超声或振荡等方式加快提取速度，再加入苯或二氯甲烷萃取，保留有机相分析。为了更好地去除提取液中的干扰，还可以在最后加入半胱氨酸或硫代硫酸钠等络合剂进行反萃取，但是在操作环节上增加了工作量。

由于有机汞可溶解于脂类化合物而被生物体吸收，通过巯基等生物配体，有机汞与鱼肉组织牢固键合在一起，使有机汞无法快速游离出来。所以在浸提时还可以加入 CuSO₄ 溶液，通过化学方法使有机汞从巯基中尽快脱离。

当浸提后加入 KBr-H₂SO₄ 溶液时，可将有机汞转化为卤代烷基汞[11]，这样更容易被有机溶剂提取出来。加入硫酸则有利于解析蛋白质巯基[12]及减少由乳化等引起的不易分层的情况，当酸度过大时有机汞在酸中溶解度增加，使萃取率反而下降。

样品经硅藻土研磨后直接加入混合有机溶剂，在优化后的温度和时间内进行快速溶剂萃取（ASE），该方法可节省试剂用量、减少操作环节，还可以消除液-液萃取中出现的乳化等现象。

微波辅助提取法是在聚四氟乙烯罐中加入样品和半胱氨酸溶液，在一定温度下微波萃取，半胱氨酸溶液破坏生物组织中甲基汞化合物和巯基的结合，释放甲基汞。离心后获得上清液，加入盐酸溶液使有机汞转化为氯化甲基汞，再用苯进行萃取。该法有机溶剂用量小、处理时间短，萃取效率高。其中萃取时间、温度、萃取剂用量和浓度等参数还应根据具体样品优化后采用。

处理后的鱼肉等样品中有机汞在 DB-1701 等中等极性色谱柱上获得较好的分离效果，尤其适用于多种有机汞分离的情况。而甲基汞在高极性和低极性色谱柱中都有成功分离测定的报道。

有报道，气相色谱柱在测定一定次数的有机汞样品溶液后，会出现组分保留时间漂移、谱峰变宽等柱效下降的现象，这是样品提取液中存在的杂质对色谱柱造成的影响，可通过净化方式改善提取液质量，亦可通过二氯化汞的饱和二氯甲烷溶液进样还原色谱柱的方式缓解该现象。

有机汞分析中大多采用石英管原子化方式，有机汞在色谱柱分离后，尾吹气使其快速通过加热的聚四氟乙烯制成的传输线进入一个中空金属管内，管外套有石英管，并在石英管上绕有镍铬电阻丝，可加热调控原子化温度；金属管另一端接 T 形石英管即汞原子吸收池。再由检测器完成在 T 形石英管中气态汞原子共振吸收的测定。

然而，尾吹流量、原子化温度等条件都需要通过实验优化获得最佳参数。例如，尾吹气流量过小时，样品在石英管中滞留使色谱峰拖尾；过大则样品被稀释，使有机汞的吸光度值下降。

（3）人体血液、尿液和毛发样品中有机汞分析　无机形态的汞进入人体后可发生烷基化，生成氯化甲基汞和二甲基汞等，它们在器官组织中富集，损害中枢神经系统。而有机汞在血液、尿液和毛发等样品中的含量水平可以反映其在器官中积累的程度。因此，通过检测血液、尿液和毛发中有机汞的含量，可监测某一区域内有机汞的污染情况，为人体中汞的不同形态研究提供参考。

在血液样品的处理中，由于二甲基汞等有机汞易挥发、极性略低于甲基汞，可采用盐酸溶液浸提后直接加入甲苯或二甲苯等有机溶剂萃取的方法。用盐酸浸取血液前，加入乙醇和氯化钠可凝聚蛋白质，可消除血中蛋白质分子在萃取过程中带来的影响。血液中甲基汞的提取方法要繁琐些，在血液样品中加入甲苯等有机溶剂萃取，再向有机相中加入硫代硫酸钠或半胱氨酸等溶液进行反萃取，水相中加入 KBr 和 $CuSO_4$ 溶液，最后用有机溶剂将甲基汞从水相中萃取出来。

尿液样品中有机汞的提取方法与血液基本相似，但其组成比血液要简单些，有机汞在尿液样品中比血液样品中更容易检出。

毛发样品在提取前一般先经过中性洗涤剂洗涤，再水洗，最后用丙酮等有机溶剂清洗、晾干、剪碎。根据毛发样品中加入盐酸浓度不同，其前处理可分两种方式，一种是加入稀盐酸溶液浸提，再加入氯化钠振荡，最后加入苯等有机溶剂萃取。也可在振荡后调节 pH 值至 3，采用巯基棉吸附，再经稀盐酸洗脱，最后加入苯进行萃取的方法。巯基棉吸附分离法可富集提取液中有机汞，但巯基棉制备繁琐，重现性不够理想。

另一种是在毛发中加入浓盐酸浸提，加入氯化铜或氯化钠、$CuSO_4$ 溶液振荡，再加入苯萃取，有机相加入硫代硫酸钠溶液反萃取，水相中加入碘化钾和苯萃取。

由于毛发样品组成不同于血液和尿液，两种方法中酸浸提的时间都较长，大多要在室温过夜处理。毛发样品相比于血液和尿液取样更容易，保存更方便。烷基汞在毛发中含量大于其在血液中，而血液中的浓度又大于其在尿液中的[13]。

血液、尿液和毛发样品中的有机汞大多采用极性色谱柱分离，例如 PEG-20M、DEGS 等气相色谱柱，为了缩短分析时间，并结合有机汞在挥发性和极性方面的特点，梁淑轩等[14]选择了 0.5m 超短柱长的聚乙二醇 20M 极性色谱柱 4min 内快速有效地完成氯化甲基汞和二甲基汞的检测，其检出限分别为 0.06ng 和 0.09ng，回收率分别达到 85% 和 95%～100%。

3.2.4.2　气相色谱-原子吸收光谱法在硒形态化合物分析中的应用

硒是植物有益的营养元素之一，它在自然界中的化学形态有无机硒和有机硒两种。无机硒包括单质硒、硒氧化物、硒酸盐（Se^{VI}）、亚硒酸及其盐（Se^{IV}），例如二氧化硒、三氧化硒、亚硒酸钠、硒酸钠等，无机硒的毒性大且不易被人和动物吸收。有机硒则有大分子硒蛋白、硒核酸、硒多糖等和小分子硒化物，后者包括二甲基硒等烷基硒和通过生物转化与氨基酸结合成的硒代氨基酸，例如硒代蛋氨酸（SeMet）和硒代胱氨酸（$SeCys_2$）等。有机硒可消除无机硒对生物体的毒副作用，在安全剂量下能够被人类和动物吸收利用，并起到提高免疫力和预防癌症的作用。

有机硒的测定方法有荧光光谱法、原子吸收光谱法、原子荧光光谱法和电感耦合等离子体质谱等光谱分析法。这些方法中有机硒的含量是通过样品中总硒含量减去无机硒的方式获得的。

例如，在我国出入境检验检疫行业标准 SN/T 4526—2016 中，出口水产品通过酸加热消解提取总硒，并加入盐酸使总硒中 Se^{VI} 转化为 Se^{IV}，进而生成挥发性硒化氢，最后由原子荧光光谱法测定得到总硒含量。样品中的无机硒则是加入稀盐酸溶液于 60℃ 水浴中振荡提取，再经有机溶剂萃取，并将水相中无机硒转化为硒化氢用于原子荧光测定得到其含量。这种方式得到的实际上是样品中有机硒的总量，并没有区分有机硒的不同形态。而在有机硒的研究中不仅要测定其总量，同样要关注其形态分析。

可以区分硒不同形态的检测方法主要有高效液相色谱法、高效液相色谱法-原子荧光光谱法、高效液相色谱法-电感耦合等离子体质谱法、气相色谱-原子吸收光谱法、气相色谱-电感耦合等离子体质谱法、气相色谱-质谱法等。

色谱法分离有机硒的效果较好，但干扰也较多，对有机硒的检测灵敏度不如其与原子吸收光谱或电感耦合等离子体质谱联用法高，而后者日常仪器维护成本又较高。因此，兼顾灵敏度、分析成本和适用性等因素，气相色谱-原子吸收光谱法可以满足人们对硒形态分析及含量测定的要求。

自然界中的无机硒在微生物作用下可甲基化为二甲基硒（DMSe）和二乙基硒（DMDSe）等硒形态，它们的极性较低、易溶于有机溶剂，属于挥发性有机硒。而硒酸盐、亚硒酸盐、硒代蛋氨酸等硒形态的极性较强，属于非挥发性的硒化合物。

例如，植物性食物中硒蛋氨酸测定前就需要与衍生试剂反应，将氨基酸中的羟基酯化、氨基酰化后在 GC-MS 或气相色谱-串联质谱（GC-MS/MS）中分离测定；或与溴化氰反应后采用 GC-ECD 间接检测。硒蛋氨酸也可不经过衍生，直接采用高效液相色谱-原子荧光光谱法（HPLC-AFS）分离测定。

因此，GC-AAS 在挥发性有机硒的分离和测定方面似乎更具优势。白文敏等[15]就建立了 GC-ETAAS 测定大蒜油中二甲基硒含量的方法，其最小检测量为 0.3ng，回收率达到 97%～105%，能够满足大蒜油样品中痕量挥发性硒化合物分析的要求。

水、土壤和大气中的硒通过植物吸收，间接进入动物体内，再通过食物链进入人体，在人体中转化利用后，又排出体外进入环境。在这个不断循环的过程中伴随着硒的甲基化，在天然含硒食物、硒营养强化食物和环境样品中都可能有挥发性有机硒的存在。样品中挥发性有机硒的提取方法主要有液-液萃取法、固相微萃取法和液氮冷阱富集法等。

液-液萃取法是匀质样品中大分子有机硒，如硒蛋白等通过离心沉淀、加热提取、透析过滤等方式分离，去除硒蛋白后的样品液经有机溶剂萃取分层，硒酸钠和亚硒酸钠等无机硒极性高，大多溶于水相；而挥发性硒化物极性低，溶于有机相。萃取溶剂主要有苯、环己烷等，其中环己烷毒性较小，使用较多；根据不同样品类型需要优化后确认最适合的萃取剂。该法需经过多次萃取水相中有机硒才能获得较高的回收率，使用试剂量大。

对于水、植物汁液等液体样品适合采用固相微萃取法提取挥发性硒，将样品置于顶空瓶中加入氯化钠进行磁力搅拌，在室温下采用适合挥发性和半挥发性物质的萃取头吸附，再取出插入气相色谱仪进样口高温解吸。萃取时间和温度亦需要通过试验优化来确定。

液氮冷阱富集法是将固体或液体样品置于样品瓶中，依次通过水分和样品冷阱富集的方法，样品富集装置结构如图 3-4 所示。连接管路中通入氢气，将样品瓶中样品释放的挥发性有机硒导入水分冷阱，降低样品气中水分含量；再通过管路导入样品冷阱的聚四氟乙烯 U 形收集柱中，柱中装有与 GC 分离极性相当的固定相，柱外有液氮，挥发性硒化物在低温环境下富集于柱内。最后，将富集组分的收集柱在沸水浴中快速解吸，由载气把挥发组分引入 GC-AAS 联用系统中进行分离和测定。通过该装置富集水和土壤等环境样品中的挥发性硒，采用 GC-GFAAS 测定二甲基硒和二乙基硒的检出限分别为 0.14ng 和 0.28ng[16]。

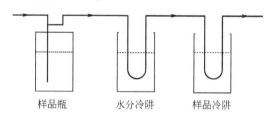

图 3-4　样品富集装置示意

挥发性有机硒的极性较低，适合选择弱极性的 HP-5 或中等极性的 OV-17 气相色谱柱分离，组分通过联用接口进入原子化装置中转化为基态硒原子，检测器测定气态硒原子对光源发射的 196.0nm 共振辐射的吸收程度，实现挥发性硒的定量测定。

当采用石墨炉原子化器时，灰化温度低不能烧尽有机物，背景吸收干扰大；温度高则硒损失。可在灰化时加入硝酸钯和硝酸镁等基体改进剂，与挥发性硒生成热稳定性好的金属化合物，提高硒的灰化温度、降低背景干扰。

3.2.4.3　气相色谱-原子吸收光谱联用法在锡有机形态分析中的应用

有机锡化合物是锡和碳元素直接结合所形成的金属有机化合物，可作为稳定剂、船舶防污剂、农用杀虫剂、杀菌剂、防霉剂和催化剂等广泛应用。有机锡化合物对生物的毒性效应主要有免疫毒性、神经毒性、生殖毒性等。随着有机锡的使用，其残留对环境的污染也在加剧。

环境中极低含量的有机锡化合物就能对生物产生毒性作用，尤其会损害水生环境和人类健康。有机锡化合物可分为单锡型、二锡型、三锡型和四锡型，其中以三锡型生物活性最高、对环境和生物体影响最大，例如三丁基锡和三苯基锡对昆虫和藻类等影响大，而三甲基锡和三乙基锡对哺乳动物毒性大。

色谱法在有机锡形态分离上具有优势，常用质谱和原子光谱联用分析不同形态有机锡的含量，测定方法主要有 GC、GC-MS、GC-AAS、GC-ICP MS、HPLC-AFS、高效液相色谱-串联质谱（HPLC-MS/MS）、HPLC-ICP MS 等。例如，我国国家标准 GB 5009.215—2016 中规定食品中有机锡的气相色谱-脉冲火焰光度检测器检测方法。而 GC-AAS 法在环境样品有机锡形态分析中应用较多。

有机锡化合物虽然具有一定的挥发性，但在提取过程中会生成挥发性和热稳定性较差的化合物，因此在气相色谱分离前有机锡大多会与丙基、戊基格氏试剂反应改善其挥发性；或者被 $NaBH_4$ 还原，生成烷基锡氢化物；还可以和四乙基硼化钠反应进一步乙基化。

以水为例，环境样品中有机锡的提取方法主要有溶剂萃取法、巯基棉吸附法、低温捕集法和固相微萃取法。

溶剂萃取法是在水样中加入硼氢化盐和二氯甲烷等有机溶剂萃取挥发性锡氢化物，收集有机相用于分析。徐福正等[17]采用该法提取湖水、海水和工业废水中的三丁基锡化物，GC-ETAAS 分析其最小检测量为 0.51ng，回收率达 89.2%～95%。

还可通过缓冲溶液调节水样 pH 值至酸性，水中加入螯合剂或草酚酮与有机锡形成疏水螯合物，再加入正戊烷或苯等有机溶剂萃取，有机相浓缩后加入格氏试剂使有机锡戊基或丁基化，过量的格氏试剂可由适量的 1mol/L 硫酸溶液破坏。若是提取液颜色较深，可使用氧化铝或弗罗里硅土小柱净化后用于分析。溶剂萃取法使用溶剂量大，操作环节较多。

巯基棉吸附法是控制水样流速，通过巯基棉吸附富集水样中有机锡化合物，再用 6mol/L 盐酸-饱和氯化钠溶液和 0.1% 草酚酮-苯溶液对巯基棉进行浸泡萃取，分离出的有机相中加入戊基格氏试剂进行衍生。有报道采用巯基棉预富集水中三丁基锡和二丁基锡，GC-AAS 测定其回收率可达 92.5%～100.8%[18]。该法可现场取样，但巯基棉制作麻烦。

低温捕集法是水样中有机锡化合物在酸性环境下和硼氢化钾作用，衍生为烷基锡氢化物，由氮气带其进入处于液氮包围的色谱柱中进行富集，移除液氮后将色谱柱加热使烷基锡氢化物分离，再导入电热石英炉原子化器完成吸收测定。该方法水样无需溶剂萃取，可实现大体积水样的富集。陈甫华等[19]采用自行研制的低温捕集装置成功富集了天然水中六种烷基锡化合物。

固相微萃取法是水样中加入缓冲溶液调节 pH 值至 3 左右，插入萃取头后再加入 $NaBH_4$，对生成的挥发性烷基锡氢化物进行富集，吸附结束取出萃取头，插入气相色谱仪中高温解吸。该法比巯基棉法和低温捕集法的操作简单，但富集样品量不够大。

经过预处理后，水中的有机锡在 DB-1、OV-101、SE-30 等非极性气相色谱柱中分离，进入原子化器生成气态锡原子。有机锡测定较多采用石英炉原子化方式；当采用火焰原子化时，富燃还原性乙炔-空气火焰和乙炔-氧化亚氮火焰更适合解离锡化物的原子化。

由检测器完成基态锡原子对光源发出的 224.6nm 或 286.3nm 共振辐射吸收程度的检测。检测波长中 286.3nm 处吸收基线噪声更小，灵敏度更高些，适合食品和土壤等样品中有机锡的测定；而水样构成相对简单，采用波长 224.6nm 处测定即可。

3.3　液相色谱-原子荧光光谱联用技术

3.3.1　概述

研究环境、植物、动物等样品中元素的化学形态是现代分析科学中的一个重要领域。由于形态分析多样的特点和样品复杂的构成，使得色谱-原子光谱联用分析方法成为元素形态分析的主要手段之一。

前文主要介绍了气相色谱-原子吸收光谱联用法的原理和应用。它集合了气相色谱法的快速分离和原子吸收光谱法的元素定量灵敏度高的优点，广泛应用于气体和挥发性或可转化为挥发性的液体和固体样品中元素形态分析。那么那些非挥发性的物质该如何进行分析，这就要提到液相色谱-原子光谱联用技术。

色谱分析中流动相为液体的分析方法称为液相色谱法，该法是出现较早的色谱分析方法。在 1903 年，由俄国化学家 M. C. 茨维特首先将其用于植物样品中光合色素的分离，由于其分离效率低一直发展缓慢。20 世纪 60 年代后期，由于 GC 对高沸点有机化合物分析的局限性，为了分离核酸等不易气化的物质，将 GC 的成熟理论及技术运用于 LC 中，推动了其快速向前发展，尤其是高压泵和粒径更小的高效固定相在 LC 中的运用，使具有高效和快速分离能力的液相色谱仪在 1969 年商品化，由此进入了高效液相色谱（HPLC）时代。

高效液相色谱法采用甲醇、乙腈、缓冲盐溶液等液体作为流动相，使流动相与分离组分间的相互作用力也参与到组分在色谱柱中的分配平衡过程，通过改变流动相的组成和比例可以改善组分在色谱柱中的分离度。根据色谱分离机理不同，HPLC 可分为吸附色谱、键合相分配色谱、离子交换色谱等多种类型，为不同性质的有机化合物的分离提供了更多的选择和可能。由表 3-8 可以发现，GC 与 HPLC 的主要区别在于分离对象及流动相的状态不同。

高效液相色谱法适合分离挥发性差、极性强、热稳定性差、具有生物活性的有机化合物，在应用对象上与 GC 形成了良好的互补性，更由于 HPLC 从低分子量到相对较高分子量范围的组分都能分析，其使用范围远超气相色谱法。此后，HPLC 成为色谱分析法中最常用的分离和检测手段，被广泛应用在食品科学、环境监测、生物化学、医学等领域。

表 3-8　气相色谱、高效液相色谱、液相色谱-原子荧光光谱联用法比较

比较	气相色谱(GC)	高效液相色谱 （HPLC）	液相色谱-原子荧光光谱 （LC-AFS）
流动相	氮气、氢气、氦气等气体；不参与色谱分离	水、有机溶剂、缓冲溶液等液体；参与色谱分离	水、有机溶剂、缓冲溶液等液体；参与色谱分离
分离对象	气体或易挥发、热稳定性好、低极性、小分子有机化合物	溶于流动相的有机化合物	溶于流动相的元素形态
分离类型	较少	多	较多
检测器	通用型多、选择型多	通用型少、选择型多	原子荧光光谱仪
应用	有机化合物定性、定量	有机化合物定性、定量	元素形态分析及定量

具有超强分离能力的液相色谱法可以与原子光谱中的多种类型联用，例如，超临界流体色谱-原子光谱联用法、毛细管电泳-原子光谱联用法、高效液相色谱-原子荧光

光谱联用法、高效液相色谱-电感耦合等离子体质谱联用法（HPLC-ICP MS）等。下面介绍高效液相色谱-原子荧光光谱联用法。

原子荧光光谱法（atomic fluorescence spectrometry，AFS）是以光能为激发能源，气态自由原子吸收特征波长辐射，其外层电子跃迁至原子激发态，高能级不稳定要释放光能返回低能级稳定状态，因此经 10^{-8} s 又跃迁至原子基态或邻近基态的另一能态，同时发射出元素的特征荧光，波长在紫外、可见光区。AFS 是根据待测元素的原子蒸气在一定波长的辐射能激发下发射的荧光强度进行定量分析。

原子荧光的类型主要有共振原子荧光、非共振原子荧光和敏化原子荧光。气态原子吸收共振辐射激发后，直接跃迁回到基态而发射的荧光称为共振荧光，其荧光波长与激发波长相同，由于荧光强度最强，常作为元素的分析线。当光致激发后的原子，直接跃迁至高于基态的低能级或在发射前由于碰撞等非辐射形式而损失部分能量后，再跃迁至较低能级，其发射的荧光波长与激发波长不相同，这种荧光称为非共振荧光。在分析中也会采用非共振荧光消除光谱干扰。光致激发后的原子通过碰撞将其激发能量传递给被碰撞的其他元素原子，后者获得能量后被激发，再以辐射的形式去活化而发射荧光称为敏化原子荧光。由于其产生的荧光辐射密度低，故很少用于分析。

在一定条件下，原子的共振荧光强度与样品中元素的浓度成正比，由此可采用 AFS 对微量元素进行定量分析。由于原子荧光是向空间各个方向发射的，可配多通道检测器从而实现多元素的同时测定。AFS 灵敏度高、谱线简单、线性范围宽，主要用于微量砷、锑、铋、硒、汞等元素的测定，而且部分元素的检出限优于 AAS 和 AES，在环境、农业、生物、地质科学等领域有着广泛应用。

1964 年原子荧光理论被用于分析测定，1974 年则将原子荧光光谱分析技术和氢化物气体分离技术相结合用于砷的测定，使氢化物发生-原子荧光光谱（HG-AFS）分析法成为可能。1977 年提出将原子荧光光谱仪作为高效液相色谱的检测器，建立了液相色谱-原子荧光光谱联用技术。

我国在原子荧光光谱分析这一领域起步较晚，在 20 世纪 70 年代开始，但发展极快。针对当时国外原子荧光光谱分析的缺陷，我国科学家对原子荧光光谱进行了开创性的开发和研究，1983 年成功研制出以溴化物无极放电灯作激发光源的蒸气发生-双道原子荧光光谱仪，极大地推动了原子荧光光谱技术的发展。经过不断地改进和对仪器的完善，又出现了化学蒸气发生-原子荧光光谱法，扩大了原子荧光光谱法的应用范围。目前，我国在氢化物-原子荧光光谱仪制造技术和应用方面处于国际领先水平。

原子荧光光谱法、原子吸收光谱法和电感耦合等离子体原子发射光谱法属于原子光谱，可以与高效液相色谱法联用应用在微量元素分析方面，但在能量利用、分析应用等方面又有差异。从表 3-9 可以看出，原子荧光光谱法在元素检测灵敏度和检测成本方面具有一定的优势。

表 3-9 原子吸收光谱法、原子发射光谱法、原子荧光光谱法比较

方法	原子吸收光谱法	原子发射光谱法	原子荧光光谱法
能量类型	光能激发	能量激发后释放光能	光能激发后释放光能

续表

方法	原子吸收光谱法	原子发射光谱法	原子荧光光谱法
光源类型	空心阴极灯等	电感耦合等离子体等	高能空心阴极灯、激光等
定量参数	基态原子吸收光强度	激发态原子发射光强度	激发态原子荧光强度
灵敏度	FAAS较高,GFAAS高	介于FAAS和GFAAS之间	部分元素高于AAS、AES
线性范围	窄	宽	较宽
实验成本	较低	高	较低
应用	单元素定量能力强,测定金属元素种类多	多元素定量能力强,测定元素种类多	多元素定量能力较强,测定元素种类较少

HPLC 分离后的组分可直接或衍生后经氢化物发生（或化学蒸气发生）过程,通过气液分离器进入 AFS 原子化,再由检测器测定其原子荧光强度。HPLC-AFS 被广泛地用于氢化物发生元素的形态分析,HPLC 与 AFS 结合后,不再局限于分析物的挥发性、热稳定性和分子量等因素的限制,这使得 HPLC-AFS 联用技术在元素形态分析中具有更加广泛的应用范围。

3.3.2　高效液相色谱-原子荧光光谱联用仪

高效液相色谱-原子荧光光谱联用仪结构如图 3-5 所示,主要由高效液相色谱仪、接口、原子荧光光谱仪和数据处理系统构成。

图 3-5　高效液相色谱-原子荧光光谱联用仪示意

工作过程是流动相由高压泵以稳定的流速输出进入六通阀,而经过前处理后的样品由六通阀进样系统进入液相色谱仪,在流动相的带动下进入色谱柱。当组分与流动相间的作用力大于组分与固定相间的作用力时,组分先流出色谱柱,反之后流出。样品中各个组分在流动相和固定相间多次分配平衡,最终按照时间的先后顺序流出色谱柱完成分离。

柱后组分经过接口转化成易挥发物或以气态形式进入石英管原子化器,气态原子获得光源提供的能量激发后跃迁至原子高能级激发态,很快返回基态或低能级态,同时以光辐射形式释放能量。原子光谱仪中检测器测定元素的激发态原子发射的荧光强度,并将信号转换后由数据处理系统给出检测结果。

联用仪中高效液相色谱系统主要由输液系统、进样系统、色谱柱等结构单元构成,详细构成可以参考液相色谱仪相关资料。高效液相色谱仪相当于 HPLC-AFS 联用仪的进样系统,在进入原子荧光光谱仪前,按样品中元素不同有机形态进行分离。

根据样品中元素不同形态的性质和基体的复杂构成情况，选择适合的分离模式，优化色谱柱类型和流动相等来实现待测组分的有效分离。例如，流动相的 pH 值会影响元素形态的分离效果。

HPLC-AFS 中应用较为广泛的三种分离模式，即阴离子交换色谱、反相键合相色谱和反相离子对色谱。

阴离子交换色谱的固定相采用阴离子交换树脂，带负电荷的组分离子与树脂上可交换的阴离子基团进行可逆交换，而流动相大多是盐类的缓冲溶液。阴离子交换色谱适合分离在流动相中带负电荷的元素形态。例如，在砷和硒的形态分析中就是采用 PRP X-100 型阴离子交换色谱柱和磷酸盐缓冲溶液流动相实现分离。

反相键合相色谱的固定相常采用非极性或低极性的烃基化学键合相，如 C_{18} 烷基键合相。常采用有机改性剂（甲醇等）、络合剂或离子对试剂混合极性流动相，亦可加入缓冲溶液调节流动相的 pH 值。以 C_{18} 为代表的反相键合相色谱法更适合分离极性较弱的化合物。例如，在烷基汞的测定中是采用反相 C_{18} 色谱柱和乙腈-乙酸铵-半胱氨酸混合溶液作为流动相来完成分离的。

反相离子对色谱是液-液分配色谱和化学键合色谱法的一种特殊类型，其固定相为非极性键合相，如 ODS-C_{18} 固定相，流动相是水和与组分离子电荷性质相反的离子对试剂等构成的溶液。流动相的 pH 值影响组分离子的解离状态，在反相离子对色谱法中流动相 pH 值大多控制在 $2\sim8$。例如，流动相中加入四丁基氢氧化铵离子对试剂后可有效分离 C_{18} 柱中砷形态。

联用仪中的原子荧光光谱系统由激发光源、原子化器、分光系统和检测器等组成。为避免激发光源发射的辐射对原子的荧光检测信号产生影响，激发光源和检测器不在同一光路上。由液相色谱柱分离的组分由接口输入光谱仪的原子化器，接受激发光源提供的光能，组分中原子激发跃迁至高能级，又快速返回基态或低能级，发射出元素的荧光。分光系统从原子的共振荧光或非共振荧光谱线中选出分析线，由检测器测定其荧光强度。原子荧光光谱系统核心结构是双层屏蔽式石英炉原子化器。

石英炉原子化器是利用化学火焰使待测元素的化合物分解，转化为蒸气原子。不同于原子吸收光谱仪中的乙炔-空气类型，这里采用的大多是氩氢火焰。由于乙炔-空气火焰有较强的发射背景和在燃烧产物中含有大量的荧光猝灭物质（如二氧化碳等），所以不适合在 AFS 原子化器中采用。用氩气稀释火焰，可减少火焰中其他粒子，从而减少荧光猝灭。

氩氢火焰的发射背景低、可改善信噪比，获得较高的荧光量子产率，更适合在 AFS 中使用。氩氢火焰温度较低，在 $1500\sim1600℃$，易于原子化的元素可以获得充分原子化，散射干扰大；蒸发能力差，未完全解离的分析将产生较大的背景吸收。

原子化器由双层石英管构成，载气氩气带动样品及氢气从内层进入。外层通氩气作为屏蔽气，并以切线方向进入螺旋上升，在石英管原子化器的顶端形成屏蔽层，防止空气进入原子化区氧化氢化组分，提高原子化效率；也可防止荧光猝灭，提高原子荧光强度；还可保持原子化环境的相对稳定。

3.3.3 联用模式

作为连接高效液相色谱仪和原子荧光光谱仪之间的桥梁，接口的作用是十分重要的，如要保证色谱柱分离后组分尽量多地进入光谱仪；使组分的状态更适宜原子化，提高原子化的效率；维持色谱柱对组分的分离效果，减少死体积，不使谱峰扩散。根据样品中元素形态的性质和特点来选择适合的联用模式。LC-AFS 中氢化物发生和在线消解-氢化物发生联用模式的应用最为广泛。

3.3.3.1　氢化物发生联用模式（HG）

氢化物发生技术是 AFS 中常用的进样方式，在这里作为联用接口来使用，主要由反应管、蠕动泵、气液分离器等构成。该联用模式是利用某些能产生初生态氢的硼氢化钠、硼氢化钾等还原剂，与色谱柱后分离并酸化后的待测元素砷、铅、汞等生成挥发性共价氢化物，经过气液分离净化气体，在载气的带动下进入原子荧光光谱仪的石英炉原子化器。

氢化物发生联用模式的优势在于待测元素能够生成氢化物，摆脱可能引起干扰的样品基体，消除光谱干扰；比液体喷雾形成气溶胶方式的效率高、基体干扰少、能够使待测元素预先富集，更有利于提高元素原子化效率；其连续性联用装置有利于联用仪的自动化连接。

该种联用模式的选择性好、灵敏度高、成本低、连接简便，是 HPLC-AFS 常采用的方式，适用于以生成氢化物的元素如砷、铅、硒、铋等和常温下具有挥发性的汞元素采用。

在待测元素转变为氢化物的过程中，样品溶液的酸度、还原剂的浓度、载气流速、气液分离的效果以及各种相关试剂由蠕动泵导入的速度都会影响其发生的进程。在实际测量中，可根据不同的元素选择优化后的参数。

液相色谱柱后流出的组分先与稀盐酸混合，使其处于一个酸性环境，后者有利于组分的稳定以及还原反应的顺利发生，并产生足够的氢气参与燃烧，提供原子化能量。不同价态的元素与还原剂反应特性不同，所需的 pH 环境亦不相同，例如，三价砷和五价砷与硼氢化物反应的 pH 就不同，三价砷在 pH >3 时不反应，而五价砷则不受此限制。

通常酸浓度对硒、铋、锑等元素的测定影响小些，只要酸度超过一定浓度后氢化反应就能发生；而对于锡、锗、铅等元素，酸度范围较窄，在实际分析中酸的浓度和在线流速需要优化后确定。酸的种类较多，其中硝酸和硫酸有较强的氧化性，故选择盐酸的较多。

还原剂硼氢化物（硼氢化钠或硼氢化钾）溶液在水中极易分解、很不稳定，需要在碱性溶液中配置以防止其自然分解，其溶液碱性越大分解越慢；但浓度过高时也会干扰元素的响应信号。

在硼氢化物浓度低时氢化反应不充分，也无法维持氩氢火焰的稳定；浓度越高则元素发射的荧光信号越强，过高时产生的大量氢气稀释样品气，使灵敏度下降。为了保证氢化物元素充分还原，反应时产生的过量氢有助于将反应混合溶液中的氢化物释放。所以，在保证检测灵敏度的前提下，硼氢化物是略有过量的。实际分析中根据待测元素形态的量及不同氢化反应要求来确定硼氢化物的适合浓度和在线流速。

还原反应生成的蒸气要经过气液分离后，由载气带入原子荧光中检测，而气液分离的效果会影响测定结果。例如，大量水蒸气进入原子化器，会造成荧光猝灭；水分子也会造成粒子散射，导致背景干扰，所以要净化气体，去除水分。另外，在离子对反相 C_{18} 键合相色谱分离元素形态时，流动相中的离子对试剂含有的疏水基团遇到盐酸和还原剂反应产生的氢气，会产生大量的泡沫阻碍气态氢化物上升，而泡沫也很难随废液排出，这些都需要由气液分离装置来解决。

流动相的流速由液相泵控制，而稀酸溶液和还原剂的引入速度由接口中的蠕动泵来控制，蠕动泵速度的快慢要与液相泵的流速相匹配，以确保还原反应顺利进行。氩气等载气流量在氢化反应过程中起着重要作用，一是将反应产生的氢化物带入原子化器，当流速过低时氢化物蒸气不能及时进入检测器，会使色谱峰变宽；二是提供氩氢火焰燃烧需要的氢气，提高检测灵敏度，当流速过大时会稀释氢化物，灵敏度反而会降低。

3.3.3.2　在线消解-氢化物发生联用模式

该联用模式的结构与氢化物发生模式相似，只是在 HG 之前增加了一个在线消解的装置。其目的是为了提高待测元素氢化物的转化率，使待测元素氢化物更容易被原子荧光光谱仪检测到，从而提高检测灵敏度。

首先，使色谱柱后分离的待测元素的大分子形态转化成能够与还原剂发生反应，进而被还原成共价氢化物的小分子形态；或者是将元素有机态转换为蒸气反应能力更强的元素无机态。然后，与稀盐酸、硼氢化钠（或硼氢化钾）反应生成氢化物，经过气液分离最后进入光谱仪的原子化器中。

在线消解的方式有化学氧化法、微波消解法和紫外照射光解法。其中，化学法反应不充分，转化效率低；微波消解装置复杂，且温度过高，消解管内产生大量蒸气，导致基线稳定性变差；而紫外消解装置简单，消解效率高，热稳定性好，是目前使用较多的在线消解方式。

紫外消解时，从色谱柱流出的待测元素的不同组分，首先和强氧化剂 $K_2S_2O_8$ 混合，然后进入在线紫外消解系统。其消解效率与紫外光的强度、消解管路的长度有关，当消解管路过长时，会使分离峰峰形发生柱后展宽。当然，根据待测元素形态不同，在保证有足够灵敏度的前提下，也可以不加入氧化剂和取消在线紫外消解装置。LC-AFS 联用仪上可通过紫外切换开关，随时取消或开启紫外消解功能。

3.3.4　应用研究

汞、砷、硒和锡等元素以不同形态分布于自然界，其在水、土、植物、动物等样品中表现出的作用与形态密切相关。因此，元素形态分析和总量测定同样重要，HPLC-AFS 以其分析成本低、分离效率高和定量灵敏度高等特点在元素形态分析方法中脱颖而出。

3.3.4.1　高效液相色谱-原子荧光光谱联用法在汞形态分析中的应用

在汞的多种化学形态中有机汞具有亲脂性，易被人体吸收，其危害大于无机汞。采用 HPLC-AFS 可以对水、水产品和饲料等样品中的汞形态进行有效分离及测定。

（1）HPLC-AFS 在环境水样中分析汞形态的应用　汞在水中以无机汞、甲基汞和乙基汞等形态存在。不同水质样品中烷基汞的浓度相差较大，污水处理厂外排水中甲基汞的浓度要高于一般湖水。在我国水库和湖泊中也能检出甲基汞，GB 3838—2002《地表水环境质量标准》中规定地表水中甲基汞的标准限值不得高于 1.0ng/L。

采用 LC-AFS 测定水中汞形态及含量时，主要是通过固相萃取、液-液萃取等方式从水中富集汞形态，再通过 C_{18} 反相键合相色谱分离，经消解氧化后与还原剂发生氢化反应，以气态方式进入原子化器中完成测定。

对于水样中汞形态的测定，其关键是样品处理，即如何从低浓度的水样中富集组分。最简单的方式就是离心后经 0.45μm 水系微孔滤膜抽滤，此法可以去除水中颗粒等杂质，却不能富集样品。

液-液萃取法是处理液体样品的经典方法，例如在水样中加入适量氯化钠和二氯甲烷分多次萃取，收集有机相后加入半胱氨酸和乙酸铵溶液进行反萃取，保留水相用于液相色谱分离。该方法使用设备简单，可富集水样并防止烷基汞的挥发；但也存在萃取溶剂量大等问题。

巯基棉富集法是采用 GB/T 14204—1993 中自制的巯基棉填充柱，在酸性条件下定量吸附水样中甲基汞，通过盐酸-氯化钠溶液将巯基棉纤维中吸附的烷基汞解吸，再用有机溶剂萃取的方法。该法可有效富集水样，但操作繁复且可控性较差。

C_{18} 固相萃取法应用较为广泛，可通过两种方式来富集水样，一是地方标准 DB 61/T 562—2013 和 DB 22/T 2464—2016 中采用的 C_{18} 小柱，经由活化、二乙基二硫代氨基甲酸钠（DDTC）改性、上样和洗脱步骤处理水样；二是地方标准 DB 22/T 2205—2014 中采用的改性 C_{18} 萃取盘富集法。固相萃取法的富集倍数高、净化效果好、可自动化且重复性好，只是富集速度略慢。可通过水样加标回收等试验综合分析，筛选出最适合的前处理方法。

（2）HPLC-AFS 在食品中分析汞形态的应用　水产品是典型的有机汞富集源，90% 的有机汞被人体吸收后，通过硫醇络合进入血液被运输到全身，对人体造成损害。目前，LC-AFS 法研究汞形态最多的食品就是鱼、虾、蟹等水产品及其制品。我国行业标准 NY 5073—2006《无公害食品　水产品中有毒有害物质限量》中要求所有水产品中甲基汞的含量不得大于 0.5mg/kg。在我国食品安全国家标准 GB 5009.17—2014 中规定了 LC-AFS 测定食品中甲基汞。

水产品中的有机汞可采用稀盐酸超声处理，再用碱液中和的提取方式。采用该法提取无机汞、甲基汞和乙基汞的 LC-AFS 测定含量与 HPLC-ICP MS 验证结果一致[20]。有机汞为脂溶性物质，在水产品内与蛋白质结合，采用酸提取时可有效水解蛋白质，释放有机汞。该方法中盐酸溶液提取大多需要过夜，所用时间较长。或者样品经盐酸超声提取，离心后上清液与二氯甲烷等有机溶剂进行液-液萃取，再水封二氯甲烷室温氮吹浓缩，可有效防止有机汞的挥发，此方法所用提取溶剂量较大。还可以在样品中加入稀盐酸、硫脲和氯化钾溶液混合涡混提取[21]，离心后上清液调节 pH 至微酸性或中性，最后经 SPE-C_{18} 小柱净化。此法提取时间短，净化效果好。

样品提取液中不同汞形态在高效液相色谱体系中完成分离，固定相可采用 ODS C_{18} 柱或 Merck C_8 整体柱等反相键合相色谱柱，流动相则由乙腈、乙酸铵和半胱氨酸溶液等混合构成。流动相中乙腈或甲醇作为有机改良剂，调节流动相的极性，改善组分保留及峰型；乙酸铵为缓冲盐控制流动相的 pH；半胱氨酸作为络合剂，分子中的巯基与汞结合后可加速流动相洗脱能力，改善分离使峰型更加对称。另外，2-巯基乙醇也可以作为汞的配位剂，但巯基乙醇与汞络合时组分保留值过长，易拖尾，且其毒性高对环境有危害。

色谱柱分离后的组分在 LC-AFS 联用接口中与过硫酸钾等氧化剂混合，有机汞经管外紫外消解后转化为易发生氢化反应的无机汞，再与盐酸和还原剂反应生成汞蒸气，进入原子荧光光谱仪中测定。组分也可不加氧化剂，采用灯内紫外消解方式转变为无机汞，再氢化发生 AFS 测定。

硫柳汞是具有杀菌消毒作用的有机汞化合物，在部分疫苗生产中被用作防腐剂，可通过注射途径对人体产生不良反应。我国农业部第 235 号公告规定硫柳汞在食品动物中使用浓度不得超过 0.02%。

我国行业标准 SN/T 3134—2012 中推荐采用 LC-AFS 测定出口动物源性食品中硫柳汞残留量，采用先碱液后酸液提取，再固相萃取净化的处理方式。在样品中加入由氢氧化钾-硫脲溶液构成的碱液均质提取，离心后保留上清液；残渣中再加入由稀盐酸、硫脲和氯化钾组成的酸液涡混提取，离心后合并上清液，调节 pH 至 4～7 后定容。

提取液经 C_{18} 色谱柱分离后与氧化剂、空气混合，紫外光照射，硫柳汞被氧化为无机汞，最后与还原剂、盐酸发生氢化反应，由 AFS 测定。

（3）HPLC-AFS 在饲料中分析汞形态的应用 汞的各种形态也存在于水产饲料中，在采用 HPLC-AFS 对其进行分析时，除了常规的超声提取等方式，还可以采用微波辅助（MAE）和快速溶剂萃取（ASE）的提取方式。

例如，MAE 提取甲基汞时，称取饲料样品后加入稀硝酸静置过夜，于 70℃时微波提取 15min，提取液中加入少量氢氧化钠溶液调节 pH 至 4～7，离心后上清液中加入半胱氨酸溶液，定容后测定。该提取方法通过增加温度来加强提取剂的溶解能力和渗透力，使有机汞的提取效率和速度得以提高；通过增加压力使提取剂在其沸点以上时仍保持液态，具有速度快和溶剂用量少等特点。

ASE 提取方法是在粉碎的饲料样品中加入稀盐酸、氯化钾和半胱氨酸混合提取剂，于 8MPa 和 70℃时快速溶剂萃取，提取液中加入半胱氨酸和氢氧化钠溶液离心，上清液浓缩后用于测定。ASE 法提取饲料中无机汞、甲基汞、乙基汞、硫柳汞和苯基汞，其提取率可达 93.4%～98.6%[22]。

饲料中不同汞形态经样品处理后，进入反相键合相色谱分离，有机汞氧化后，与还原剂生成汞氢化物进入 AFS 测定。

3.3.4.2 高效液相色谱-原子荧光光谱联用法在砷形态分析中的应用

砷是一种有毒的非金属元素，在自然界中以砷化物的形式广泛存在。砷毒性的强弱不仅与总量有关，更重要的是与其存在的化学形态相关。砷的存在形式包括无机砷和有机砷，其中无机砷有毒性强烈的亚砷酸盐（As^{III}）和砷酸盐（As^{V}），有机砷则有毒性相对较弱的一甲基砷酸（MMA）、二甲基砷酸（DMA）和基本无毒的三甲基砷酸（TMA）、砷甜菜碱（AsB）、砷胆碱（AsC）、砷糖（AsS）和砷脂等。总体来讲，无机砷的毒性远大于有机砷，而无机砷中又以三价砷毒性最强。

早期采用银盐法、原子光谱法、电感耦合等离子体质谱法等对样品中砷总量进行测定，这些方法无法区分无机砷和有机砷，而砷的形态分析可以为元素的毒性毒理和营养评价等提供更多参考信息。

目前，砷形态分析的方法有气相色谱-质谱法、气相色谱-电感耦合等离子体质谱法、高效液相色谱-原子荧光光谱法、高效液相色谱-电感耦合等离子体质谱法、毛细管电泳-电感耦合等离子体质谱法等。其中，MMA 等砷形态大多需要与巯基乙酸甲酯衍生化后在气相色谱柱中分离，样品处理中需要有衍生步骤，而在高效液相色谱柱分离时则不需要；电感耦合等离子体质谱法对砷形态检测灵敏度高，但仪器维护成本高。而 HPLC-AFS 法可以有效分离砷的不同形态并测定其含量，具有分析成本低、检测灵敏度高等优势。

(1) HPLC-AFS 在环境样品中分析砷形态的应用　砷在环境中普遍存在，进入土壤后一部分砷与土壤成分相结合，另一部分进入地下水或地表水，再通过食物链影响人体的健康。砷在水、土和底泥等环境样品中以 As^{III}、As^{V}、MMA 和 DMA 等形态存在，其中有机砷含量较低，而无机砷 As^{V} 的含量较高。

水样的前处理较为简单，大多是采用 $0.45\mu m$ 水相滤膜过滤后直接测定的方式[23]。该法操作简单，但没有富集样品的过程，不利于低含量的砷形态分析。

土和底泥样品的处理相对复杂一些，制成干样过筛后采用稀酸加热提取，离心后过滤用于测定。用于提取的稀酸有盐酸、硝酸和磷酸等，而磷酸盐与砷酸盐的化学形态相似，故磷酸更有利于砷的提取[24]。在提取方式上，一种是采用稀磷酸溶液进行高温快速的微波萃取；另一种是采用稀磷酸溶液在高温水浴中提取，该法提取时间长。两种方法都可获得较好的提取效果，相比较，微波辅助萃取法的效率更高一些。

环境样品处理后进入高效液相色谱仪，在 PRP-X100 阴离子交换色谱柱和磷酸盐缓冲液（pH 6）流动相的作用下，As^{III}、DMA、MMA、As^{V} 等砷形态依次被分离，酸性环境中与碱性硼氢化物反应生成挥发性的砷化氢，经气液分离后进入石英原子化器中分解为原子态砷，在砷空心阴极灯的发射光激发下产生原子荧光，再由检测器测定其荧光强度。样品中砷形态的浓度与其荧光强度成正比，采用外标法定量、保留时间定性。

土壤中的 As^{III} 在样品基质的影响下可能氧化为 As^{V}，若要准确测定 As^{III} 的量，可在样品处理时加入还原剂，例如碘化钾、抗坏血酸和 L-半胱氨酸等，能更加真实地反映样品中砷不同形态的含量。HPLC-AFS 可以有效分离环境样品中的砷不同形态并检测其含量，为环境中砷的分布及评价提供参考方法。

(2) HPLC-AFS 在食品的砷形态分析中的应用　随着社会工业化的发展，砷的多种形态不仅在环境样品中出现，在农产品、海产品和农畜品及加工品中也广泛存在。因此，对砷的形态研究及含量测定成为食品安全监测的重要内容之一。在我国食品安全国家标准 GB 5009.11—2014 中就采用 LC-AFS 法分离食品中的亚砷酸盐、砷酸盐、一甲基砷酸和二甲基砷酸。

① HPLC-AFS 在植物源性食品中分析砷形态的应用　植物源性食品种类较多，其中大米、紫菜、海带等食品都是人们日常生活中主要和常见的类型。

食品种类不同，其砷形态类型也有差异。例如，在水稻组织和谷粒中发现砷的化学形态以 As^{III} 无机砷为主，有机砷种类和含量较少；而紫菜等藻类食品中以砷甜菜碱和砷胆碱以及更为复杂的砷化合物，如砷糖等有机砷形态为主，无机砷形态及含量相对较少。

在稻谷等样品的处理中，大多采用稀硝酸热浸提的方法。例如，在粉碎过筛的大米中加入 0.15 mol/L 硝酸溶液，于 90℃ 水浴或恒温中浸提 2.5h，冷却后离心，取上层清液过滤膜后测定。稀硝酸可提高样品中砷形态的提取率，酸度过大时砷形态可能相互转化；提取温度多选择在 90℃ 和 95℃，温度过高有机砷可能会发生转变。稀酸的最佳提取条件需要经样品优化后才能确定。该方法提取时间较长，可与微波辅助技术相结合，缩短前处理时间提高效率。例如，在大米中加入稀硝酸于 90℃ 下微波提取 50 min，室温下离心，上清液用于分析[25]。

紫菜、海带等海藻样品的处理也可采用稀硝酸热浸提法。若提取液中干扰杂质多，可将离心后的上清液中加入正己烷去除酯类干扰，水相再过 C_{18} 固相萃取小柱进一步净化后测定。同样，该法也可与微波辅助结合使用。

海藻样品还可以采用稀盐酸热提取的方式。例如，在海藻食品中加入 1.2mol/L 盐酸溶液，于 70℃ 水浴振荡 1h，冷却后离心，取上层清液加入 0.2 mL 过氧化氢和 0.8m L 水，混匀后于 70℃ 水浴 20 min，冷却后过滤膜用于测定[26]。海藻中的有机砷在强酸作用下会转化为 DMA，而 DMA 和 MMA 在酸提取条件下不会转化为无机砷。因此，酸提取时浓度不宜过高。

大米和紫菜等样品中 As^V 无机砷含量低且色谱分离后峰形较宽，不易测定。此时，在提取液中加入过氧化氢进行高温水浴，可将样品中 As^{III} 氧化为 As^V，而过氧化氢对有机砷无影响，此法方便计算样品中无机砷的总量，但不利于砷形态分析。

植物源性样品处理后，采用阴离子交换色谱柱和磷酸二氢铵溶液流动相分离砷的不同形态，当砷形态较多时宜采用梯度洗脱方式。分离后的无机砷、DMA 和 MMA 经氢化物发生后进入原子化器完成荧光强度测定，而部分有机砷不能直接与硼氢化钠反应生成气态氢化物，使其在 AFS 中无信号响应。例如 AsB 和 AsC 需要经过紫外光解、氧化剂等作用转变为易产生氢化物的形态，再与还原剂反应生成气态砷化氢，产生检测响应。

② HPLC-AFS 在动物源性食品中分析砷形态的应用　动物源性食品中砷形态除了无机砷和 DMA、MMA 等常见有机砷外，还包括阿散酸（ASA）、洛克沙胂（ROX）和硝苯砷酸（NIT）等毒性小的有机砷类型。后者具有促进动物生长、改善肉质、影响产蛋率和蛋重等作用，曾广泛应用于养殖业。

有机砷在畜禽产品中有蓄积作用，过量会引发脑病和视神经萎缩等问题。目前，我国要求在食用动物中停止氨苯砷酸、洛克沙胂等的使用。动物源性食品在人类食物结构中占有重要位置，因此，在动物源性食物中的砷形态分布及含量是不能忽视的安全性问题。

鱼、虾、蟹等水产品可采用稀硝酸热提取与 C_{18} 固相萃取净化相结合的方式提取砷形态。鸡肉、鸡蛋和动物脏器等样品还可采用有机溶剂振荡提取，比较甲醇、乙醇和丙酮与水混合后的提取效果，发现甲醇-水溶液的提取率高且溶出物较少、效果最好[27]，但该方法提取 2h，时间较长。将其与 ASE 或 MAE 联合提取，可改善溶剂提取效率、节约溶剂用量，减少反复提取带来的损失。

例如，在匀质的鸡蛋蛋液中加入 30% 甲醇溶液，于 65℃ 微波提取 1h，冷却后离心，上清液氮吹后用于测定[28]，这在动物源性食品处理中取得了良好的提取效果。

在高效液相色谱分离中，阿散酸、洛克沙胂和硝苯胂酸等有机胂常采用反相键合相色谱模式。分离时，固定相大多选择 ODS C_{18} 柱。其中，As^{III} 和 As^V 无机砷在 C_{18} 柱上分离效果不如 PRP-X100 阴离子，而大多数有机胂在 C_{18} 柱中分离良好。

流动相则在传统的甲醇-水流动相中添加三氟乙酸和磷酸盐溶液，以改善色谱峰形、提高分离度[29]。由于甲醇对原子荧光检测器有荧光猝灭效应，所以当流动相中甲醇比例增加时，三种有机胂的信号响应降低，可通过优化确定流动相组成比例。可根据样品中所含砷形态的情况来选择适合的液相分离模式。

砷形态经色谱柱分离后进入在线紫外氧化消解，在酸性环境下与硼氢化钾发生氢化反应，进行 AFS 测定。在紫外消解的同时加入过硫酸钾可增加消解效率、提高检测灵敏度。

（3）HPLC-AFS 在其他样品中分析砷形态的应用　中药中的生物活性物质可改善和调节人的生理功能，其使用日益广泛，而中药中有害元素却制约其推广。我国药典对于中药中砷的总量有要求，但是砷的形态不同毒性区别较大，仅限定砷总量是不够的，LC-AFS 分析砷形态可加强对中药毒性的监管。

在牛膝、菟丝子等植物源性中药中砷有不同形态，采用 0.15mol/L HNO_3 90℃ 浸提 2.5h 和稀酸液 90℃ 微波萃取 20min，都可获得良好的提取效果[30]。而地龙、水蛭等动物源性中药材中含有较多蛋白质，除了稀硝酸热浸提结合 C_{18} 小柱净化的方式，还可采用胃蛋白酶 35℃ 水解后超声提取[31]，后者步骤简单，分析时间短。

对氨基苯胂酸（阿散酸）、羟基苯胂酸和硝羟苯胂酸（洛克沙胂）等苯胂酸类有机砷制剂，曾作为添加剂在动物饲料中使用。因此，饲料中砷形态有亚砷酸盐、砷酸盐、一甲基砷酸、二甲基砷酸和苯胂酸类等有机砷。

在饲料样品的处理方面，地方标准 DB22/T 1985—2013 中对于饲料样品采用 0.15mol/L HNO_3 90℃ 提取 2.5h，再经 SPE-C_4 小柱净化；而为了更好地沉淀饲料中蛋白质，还可采用 1% 三氯乙酸作为提取剂[32]，放置过夜后超声提取，离心后加入正己烷萃取，水相再经 SPE-C_{18} 小柱净化，该法可获得更加澄清的提取液。

无论采用何种样品处理方式，提取剂种类、温度、时间和方式的选择都需要通过试验来确定。采用 LC-AFS 分析中药和饲料中砷形态时，除了样品前处理上略有差异外，在色谱分离、氢化物发生和原子荧光测定方面基本一致，即大多采用阴离子交换色谱柱和以磷酸缓冲盐为主体的流动相体系，调节至适当 pH 值后等度或梯度洗脱方式分离，再生成砷化氢由 AFS 测定。LC-AFS 分析砷形态为药物和饲料样品的质量控制和毒理学研究提供了参考方法。

3.3.4.3　高效液相色谱-原子荧光光谱联用法在硒形态分析中的应用

硒以不同形态存在时其安全性和生物功能性都有较大差异。例如，无机硒亚硒酸钠的毒性超过了砒霜，具有较高毒性；水产品、果蔬、稻谷、食用菌、禽蛋等天然食物中有机硒的毒性则相对较低。

人们从食物中摄取有机硒补充人体必需的营养元素，而天然食物中有机硒的含量较低，很难满足人们对硒的生理需求。因此，硒营养强化食物即富硒食品就成为人们补充有机硒的主要来源之一。测定富硒食品中有机硒的含量对健康营养膳食的制定，指导人们对硒的摄入量都具有十分重要的意义。

植物源富硒食品和富硒酵母中硒形态主要包括硒酸盐、亚硒酸盐等无机硒和硒代胱氨酸、硒代半胱氨酸、甲基硒代半胱氨酸和硒代蛋氨酸等有机硒。

前面介绍过 GC-AAS 在二甲基硒和二乙基硒等挥发性有机硒分析中的应用，而硒代氨基酸类的有机硒一般需要衍生后才能进行 GC-AAS 测定。若是采用 LC-AFS 测定这类有机硒则可减少前处理过程中衍生的环节。

植物源富硒样品中的有机硒测定主要有溶剂提取法和蛋白酶提取法。硒代氨基酸等小分子有机硒和 Se^{VI}、Se^{IV} 等无机硒均为水溶性物质，因此可采用水或以水为主体的提取剂。例如，在大蒜等样品中加入一定比例甲醇水溶液[33]涡混后超声提取；还可采用稀盐酸或乙酸水溶液超声提取富硒酵母等样品。

酶提取法是在富硒样品中加入一定量的蛋白酶，在特定温度下酶液可使蛋白质水解，无机硒不能被水解，有机硒可从蛋白质中充分解离，从而提高有机硒的提取效率。

常用的蛋白酶有链霉蛋白酶 E 和蛋白酶 K 等，其中后者的活性 pH 和温度范围更宽些。例如，王铁良等[34]尝试采用蛋白酶酶解方式提取富硒大米中硒形态。在进行水、稀酸、甲醇水溶液和酶液等不同提取剂的比较时，发现链霉蛋白酶 E 酶液于 37℃水解超声提取硒代蛋氨酸的效果好于其他提取剂。李瑶佳[35]在富硒苦荞籽中先加入 pH7.5 的 Tris-HCl 超声提取，再加入蛋白酶 K 的酶液于 37℃搅拌提取 24h，有效提取到样品中硒的不同形态，其中硒代蛋氨酸含量占总硒的 33.1％。酶提取法较温和、提取效率高，但成本也较高。

样品提取液中不同硒形态，尤其是硒代氨基酸在磷酸氢二铵等缓冲溶液构成的流动相中解离带电，可在 PRP-X100 阴离子交换色谱柱中有效分离[36]，该色谱分离模式在有机硒的形态分析中应用最为广泛。此外，还可采用 RP-C18 反相键合液相色谱柱和磷酸缓冲盐溶液流动相构成的色谱体系分离硒形态；当调节流动相 pH 值并加入适量四丁基溴化铵和甲醇溶液后，可以明显改善硒形态间的分离度，提高其检测灵敏度[37]。

分离后的不同形态硒化物与硼氢化钾碱液等还原剂发生氢化反应，在此过程中可加入碘化钾或硫脲提高还原效率；同时，选择性地开启在线紫外消解硒化物，此功能利于氢化反应发生、增加硒代胱氨酸和硒代蛋氨酸等有机硒的荧光响应。

还有报道 LC-AFS 接口在紫外光解和硫脲还原的基础上增加二氧化钛[38]，提高检测的灵敏度。二氧化钛是一种光氧化/还原剂，可使 Se^{VI} 被还原的速度加快。经过色谱柱分离流出的有机硒化物在紫外光照下消解，而 Se^{VI} 被硫脲/TiO_2 还原成 Se^{IV}，与 KBH_4/KOH 反应生成气态氢化物。

3.3.4.4 高效液相色谱-原子荧光光谱联用法在锡形态分析中的应用

在金属锡的多种形态中，锡盐等无机锡化合物被认为是低毒或微毒类化合物，而有机锡化合物则属于神经毒性物质，其毒性要远大于无机锡。有机锡具有生物富集能力，从环境中进入动植物体中，再经生物链循环对人类产生危害，尤其以三丁基锡毒性最强。

在有机锡的形态分析方法中，色谱-电感耦合等离子体质谱联用法在检测灵敏度和分析速度等方面具有优势，但仪器昂贵不易普及。而色谱-原子光谱联用法中仪器价格适宜、易于普及，尤其是 HPLC-AFS 法分离效果好、分析速度快，在样品前处理上比 GC-AAS 更简单。

随着生产和经济的发展，有机锡化合物作为船舶防污涂料得到广泛使用，对水体、藻类、水生动物等的污染和影响越来越大。以水产品为例，水生动物中有机锡主要有二甲基锡、三甲基锡、二丁基锡、三丁基锡、二苯基锡和三苯基锡等，其中三甲基锡和三苯基锡的含量较高。

水产品中有机锡常采用有机溶剂超声提取法，首先将水产品低温冷冻干燥制成干粉，加入提取剂超声萃取，离心后上清液用于分析。提取剂可根据有机锡极性来选择，而最简单的方法是选择流动相提取。

为了节约提取溶剂和分析时间，在溶剂提取的基础上可与微波辅助提取法结合，获得更高的提取效率。例如，在水产品中加入醋酸-醋酸钠缓冲溶液，并根据具体样品调节至适当 pH 值，也可采用流动相溶液进行微波辅助提取，上清液用于测定。若提取液颜色较深可加入少量活性炭脱色。

GC-AAS 测定前有机锡大多会与格氏试剂反应，而采用 LC-AFS 法测定时，水产品中有机锡提取后大多可直接进行色谱分离，无需衍生。

提取液中有机锡化合物采用反相键合相色谱来完成分离，固定相可选择经典的 ODS C_{18} 色谱柱；流动相则采用甲醇或乙腈与水的混合溶液为主体，加入少量三乙胺（TEA）等离子对试剂调节有机锡的保留值、改善其分离效果。同时，流动相中加入适量乙酸可改善有机锡色谱峰的峰形，减少拖尾现象。

经高效液相色谱分离的有机锡进入氢化物发生器，盐酸溶液和硼氢化钠碱溶液通过双流路进入氢化物发生器，与有机锡发生氢化反应生成挥发性有机锡氢化物，再直接由载气引入原子荧光光谱仪检测，通过检测器记录有机锡的荧光响应信号。根据有机锡浓度与其荧光发射峰信号成线性绘制定量曲线，从而计算出水产品中有机锡化合物的含量。

由于有机锡的氢化物发生反应活性比无机锡差，需要将有机锡先转化为无机锡，再进行氢化物发生反应。通过紫外线照射可使有机锡的 C—Sn 键断裂，消解为四价无机锡，而四价锡的氢化产物不稳定，室温时易分解。此时，可采用硫脲和抗坏血酸混合溶液作为还原剂[39]，将四价锡还原为二价锡，再进行氢化物发生反应就可获得稳定性较好的锡氢化产物。

参 考 文 献

[1]　汪正范，杨树民，吴侔天，等. 色谱联用技术 [M]. 第 2 版. 北京：化学工业出版社，2007：206.

[2]　白桦，刘光荣. 色谱-傅里叶变换红外光谱联用的接口技术 [J]. 分析仪器，1997，4：1-5.

[3]　楼启正. 气红联用法研究标准桃金娘油的化学成分 [J]. 光谱学与光谱分析，2007，27（5）：924-927.

[4]　桑文强，李军，林平. GC/FTIR/FID 联用鉴定复杂精油组分 [J]. 香料香精化妆品，2003，2：7-12.

[5] 安承熙, 甄润德. GC/FTIR 联用测定微孔草油中不饱和脂肪酸 [J]. 中国油脂, 1996, 21 (2): 46-47.

[6] 张喜轩, 范垂昌, 贯静涛. GC-FTIR 标准谱库的建立及其在巴比妥类药物筛选分析中的应用 [J]. 中国医科大学学报, 1995, 24 (5): 466-469.

[7] 刘石磊, 许大年. Tracer GC/ FTIR 分析 T-2 毒素及其代谢产物 [J]. 现代科学仪器, 2005, 4: 47-49.

[8] 孙汉文, 乔玉卿, 孙建民, 等. 气相色谱-卧管式微火焰原子吸收测定环境样品中的二乙基汞 [J]. 分析仪器, 2001, (1): 29-32.

[9] 何滨, 江桂斌. 固相微萃取毛细管气相色谱-石英管炉原子吸收联用测定农田土壤中的甲基汞和乙基汞 [J]. 岩矿测试, 1999, 18 (4): 259-261.

[10] 彭金云, 韦良兴, 林润国, 等. 毛细管气相色谱石墨炉原子吸收联用测定土壤样品中的甲基汞 [J]. 安徽农业科学, 2009, 37 (26): 12367-12368.

[11] 何滨, 江桂斌, 胡立刚. 毛细管气相色谱与原子吸收联用测定水貂皮及其毛发中的有机汞 [J]. 分析化学研究简报, 1998, 26 (7): 850-853.

[12] 江桂斌, 顾晓梅, 倪哲明等. 毛细管气相色谱-原子吸收法测定生物样品中的有机汞化合物 [J]. 色谱, 1991, 9 (6): 350-352.

[13] 庞秀言, 梁淑轩. 气相色谱-原子吸收联用技术测定人体体液中烷基汞 [J]. 色谱, 1997, 15 (2): 130-132.

[14] 梁淑轩, 庞秀言, 孙汉文. 超短柱气相色谱与原子吸收联用技术优化及其在甲基汞形态分析中的应用 [J]. 中国卫生检验杂志, 2002, 12 (3): 262-263.

[15] 白文敏, 邓勃, 蔡小嘉. 毛细管气相色谱/原子吸收联用及大蒜油中痕量硒化学形态分析的研究 [J]. 分析试验室, 1994, 13 (1): 9-12.

[16] 朱秋滨, 黎修祺, 黄慧明. 气相色谱-石墨炉原子吸收光谱联机研究及有机硒的形态分析 [J]. 分析化学, 1991, 19 (2): 143-146.

[17] 徐福正, 江桂斌, 韩恒诚. 气相色谱与原子吸收联用及其在有机锡化合物形态分析中的应用 [J]. 分析化学研究简报, 1995, 23 (11): 1308-1311.

[18] 黄国兰, 孙红文, 戴树桂. 巯基棉预富集-气相色谱-原子吸收联用技术测定水样中丁基锡化合物 [J]. 中国环境科学, 1997, 17 (3): 283-286.

[19] 陈甫华, 张相如, 杨克莲, 等. 氢化发生/低温捕集/气相色谱/原子吸收法测定天然水中的烷基锡化合物 [J]. 中国环境科学, 1995, 15 (1): 29-33.

[20] 樊祥, 张润何, 刘博, 等. 高效液相色谱-原子荧光光谱法测定水产品中不同形态汞含量 [J]. 食品安全质量检测学报, 2017, 8 (1): 76-81.

[21] 曹小丹, 秦德元, 郝伟, 等. 低压液相色谱-原子荧光快速测定鱼肉和土壤样品中汞形态 [J]. 分析化学, 2014, 42 (7): 1033-1038.

[22] 陈德泉, 李岩, 叶泽波. 加速溶剂提取-液相色谱原子荧光光谱法测定对虾饲料中 5 种形态的汞 [J]. 理化检验 (化学分册), 2018, 54 (6): 698-702.

[23] 宋冠仪, 梅勇, 商律, 等. 高效液相色谱-氢化物发生-原子荧光联用技术测定饮用水中四种形态砷 [J]. 环境与职业医学, 2017, 34 (4): 350-353.

[24] 江晖, 廖天宇, 李广鹏, 等. 利用 LC-AFS 与 ICP-OES 测定污泥中砷形态及总砷含量 [J]. 分析测试学报, 2018, 37 (9): 1034-1039.

[25] 魏洪敏, 甄长伟, 炼晓璐, 等. 微波提取-高压液相色谱原子荧光光谱联用法分析稻米样品中砷形态 [J]. 中国无机分析化学, 2019, 9 (3): 4-9.

[26] 尚德荣, 宁劲松, 赵艳芳, 等. 高效液相色谱-氢化物发生原子荧光联用技术检测海藻食品中无机砷 [J]. 水产学报, 2010, 34 (1): 132-137.

[27] 崔颖, 赵良娟, 陈文硕, 等. 液相-原子荧光法测定动物食品中 3 种有机砷 [J]. 食品研究与开发,

2019，40（23）：191-196.

[28]　姜涛，崔颖，倪松 . MAE-LC-AFS 测定鸡蛋中阿散酸、洛克沙肼、硝苯砷酸［J］. 食品研究与开发，2017，38（16）：157-161.

[29]　代丽 . 高效液相色谱-原子荧光法在动物源性食品砷形态分析中的应用［D］. 天津：天津大学，2012.

[30]　祖文川，汪雨，刘聪，等 . 高效液相色谱-原子荧光光谱联用技术分析 6 种植物源性中药中砷的形态［J］. 分析试验室，2016，35（1）：82-85.

[31]　裘一婧，贾彦博，方玲，等 . 超声酶水解提取/高效液相色谱-原子荧光光谱联用法测定动物源性中药中的砷形态［J］. 中国现代应用药学，2019，36（23）：2943-2948.

[32]　徐清，王征，殷光松，等 . 液相色谱-原子荧光光谱法测定饲料中的无机砷及其他砷形态［J］. 福建分析测试，2019，28（6）：8-12.

[33]　钟银飞 . 液相-原子荧光（LC-AFS）联用技术测定大蒜中不同形态硒化合物含量研究［J］. 食品安全导刊，2019，11：52-53.

[34]　王铁良，张会芳，魏亮亮，等 . 高效液相色谱-氢化物发生-原子荧光光谱联用技术测定富硒大米中的 5 种硒形态［J］. 食品安全质量检测学报，2017，8（6）：2185-2190.

[35]　李瑶佳 . 高效液相色谱-氢化物原子荧光联用技术分析富硒苦荞中的硒形态［J］. 山东化工，2018，47（21）：89-103.

[36]　章寒英，杨洋，吴骏，等 . 液相色谱-柱后衍生-原子荧光联用对食品中硒形态分析的研究［J］. 贵州科学，2019，37（3）：93-96.

[37]　胡文彬，贾彦博，魏琴芳，等 . 应用液相色谱-原子荧光联用仪测定富硒大米中的 5 种硒形态［J］. 分析仪器，2019，1：121-124.

[38]　王金荣，付佐龙，邢志，等 . 液相色谱-原子荧光光谱联用（HPLC-HG-AFS）技术对饲料及富硒酵母中硒形态的分析［J］. 饲料工业，2013，34（1）：47-50.

[39]　李勇，林燕奎，李莉，等 . 液相色谱-原子荧光光谱联用检测海产品中不同形态锡的研究［J］. 食品安全质量检测学报，2014，5（11）：3467-3475.

第4章

色谱-核磁共振波谱联用技术

4.1 核磁共振简介

核磁共振是在外磁场作用下，电磁波与原子核相互作用的一种物理现象。在外磁场作用下，核磁矩不为零的原子核的自旋能级发生分裂，从而核在不同能级间跃迁可吸收一定频率的电磁波发生核磁共振。因此某种特定的原子核，在给定的外加磁场中，只吸收某一特定频率射频场提供的能量，这样就形成了一个核磁共振信号。由于核自旋能级分裂的大小与分子的化学结构有关，即产生核磁共振时，吸收电磁波的频率与分子的化学结构有关，所以通过分析核磁共振所采集的信息，可推测分子的化学结构。核磁共振技术作为一种重要的研究物质结构特性的现代分析手段，无论在仪器设备和实验技术上，还是在谱学理论和实际应用中都得到了迅速发展，在有机化学、药学、分子生物学、临床医学、环境科学及食品科学等领域发挥着重要的作用。

4.1.1 核磁共振基本原理

4.1.1.1 核的自旋和核磁矩

核磁共振的研究对象为外磁场中具有磁矩的原子核。原子核是由质子和中子组成的具有质量且带正电荷的粒子，其自旋运动将产生磁矩。但并非所有化学元素的原子核都有自旋运动，只有存在自旋运动的原子核才具有磁矩。在核磁共振波谱学中，为了准确区分同位素原子核，常在相应的元素符号左上角标出其质量数，用以准确表明各种同位素原子核，如 ^1H 和 ^2D、^{12}C 和 ^{13}C、^{35}Cl 和 ^{37}Cl 等。不同的原子核之间，具有不同的自旋现象。

原子核的自旋现象通常可用自旋量子数 I 表示，I 与原子核的质子数和中子数有关。具体说来，可按 I 的数值，将原子核分为以下三类：

① 原子核的质子数和中子数均为偶数，此时 $I=0$。此时，此类原子核的质子数和中子数都是偶数，因而原子核中质子与中子的自旋数都是成对出现的，最终导致此类原子核的自旋为零。如 ^{12}C、^{16}O、^{32}S 等。

② 原子核的质子数和中子数中的一组为奇数、另一组为偶数，此时 I 为半整数。当中子数为奇数、质子数为偶数时，此类原子核中有奇数个未成对的中子自旋数和偶

数个成对的质子自旋数；当中子数为偶数、质子数为奇数时，此时原子核中有偶数个成对的中子自旋数和奇数个未成对的质子自旋数。两种情况均会导致核的自旋不为零，此时 I 为半整数。例如：

$I = \dfrac{1}{2}$：^{1}H、^{13}C、^{15}N、^{19}F、^{29}Si、^{31}P、^{77}Se、^{89}Y、^{103}Rh、^{107}Ag、^{111}Cd、^{113}Cd、^{199}Hg 等；

$I = \dfrac{3}{2}$：^{7}Li、^{11}B、^{23}Na、^{33}S、^{35}Cl、^{37}Cl、^{39}K、^{53}Cr、^{63}Cu、^{65}Cu、^{75}As、^{79}Br、^{81}Br 等；

$I = \dfrac{5}{2}$：^{17}O、^{25}Mg、^{27}Al、^{47}Ti、^{55}Mn、^{67}Zn、^{85}Rb、^{91}Zr 等；

$I = \dfrac{7}{2}$：^{43}Ca、^{45}Sc、^{49}Ti、^{51}V、^{59}Co 等。

③ 原子核的质子数和中子数均为奇数，则 I 为整数。此时，此类原子核拥有奇数个未成对的质子自旋数以及奇数个未成对的中子自旋数，因此原子核的自旋不为零。例如：

$I = 1$：^{2}H、^{6}Li、^{14}N 等；

$I = 2$：^{58}Co；

$I = 3$：^{10}B。

由上述可知，只有第二类及第三类原子核具有磁矩，是核磁共振研究的对象。这类 I 不等于 0 的原子核又可分为以下两种情况：

① 原子核的 $I = \dfrac{1}{2}$ 时，此类原子核的电荷是在核表面均匀分布的旋转磁体，这类原子核不具有电四极矩，此时核磁共振的谱线窄，最宜于核磁共振检测，是核磁共振研究的主要对象。

② 原子核的 $I > \dfrac{1}{2}$ 时，此类原子核的电荷在原子核表面呈非均匀分布，可用图 4-1 表示。这样的核具有电四极矩，其值可正可负。对于图 4-1 所示的原子核 a 和 b，可以看做在电荷均匀分布的基础上加一对电偶极矩。对于图中所示的 a 原子核来说，表面电荷分布是不均匀的，两极正电荷密度增高。若要使表面电荷分布均匀，则需要改变球体形状，则圆球变为纵向延伸的长椭球。同样的道理，若要使 b 原子核表面电荷分布均匀，则变为横向延伸的长椭球。按照电四极矩公式：

$$Q = \frac{2}{5} Z (b^2 - a^2) \tag{4-1}$$

式中，Z 为球体所带电荷；b 和 a 分别为椭球纵向半径和横向半径。因此，图 4-1 所示的原子核 a 具有正的电四极矩；同理可知原子核 b 具有负的电四极矩。具有电四极矩的原子核，无论是正值或负值，都具有特有的弛豫机制，常导致核磁共振的谱线加宽，这种现象不利于核磁共振信号的检测。

当原子核自旋量子数 I 不等于 0 时，该核具有自旋角动量 P。原子核的自旋角动量 P 是一个矢量（既有大小，也有方向）。P 的数值大小可用式（4-2）表示：

$$P = \frac{h}{2\pi} \sqrt{I(I+1)} = \hbar \sqrt{I(I+1)} \tag{4-2}$$

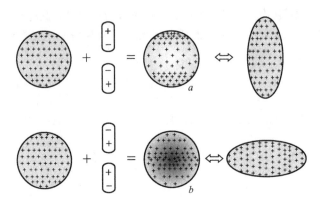

图 4-1 电荷在原子核表面的分布

式中，h 为普朗克常数，6.626×10^{-34} J·s；$h = \dfrac{h}{2\pi}$。

具有自旋角动量的原子核也具有磁矩 μ，μ 也是一个矢量，μ 的数值大小为：

$$\mu = \gamma P \tag{4-3}$$

式中，γ 称为磁旋比（magnetogyric ratio），或旋磁比，不同的原子核具有不同的磁旋比，磁旋比是原子核的重要属性。

4.1.1.2 核磁共振的产生

如前文所述，自旋量子数 I 为 1/2 的核，核电荷成球形分布于核表面，其核磁共振现象较为简单，是目前主要的研究对象，其中研究最多、应用最广的是 ^{1}H 和 ^{13}C 核。

当空间存在外磁场，外磁场方向沿 z 轴方向时，根据量子力学原则，自旋角动量 P 与其 z 轴上的分量 P_z 关系如下：

$$P_z = mh \tag{4-4}$$

式中，m 为原子核的磁量子数，表示原子核的自旋状态，$m = I, I-1, I-2 \cdots\cdots -I$，共 $2I+1$ 个数值。图 4-2 为 $I = 1/2$ 及 $I = 1$ 时静磁场中原子核自旋角动量的空间量子化。

同理，原子核磁矩在 z 轴的分量 μ_z 为：

$$\mu_z = \gamma P_z = \gamma mh \tag{4-5}$$

原子核磁矩在 z 轴的分量 μ_z 和磁场 B_0 的相互作用能 E 如式(4-6)：

$$E = -\mu_z B_0 \tag{4-6}$$

将式(4-5)带入式(4-6)，可得：

$$E = -\gamma mh B_0 \tag{4-7}$$

则原子核不同能级之间能量差 ΔE 为：

$$\Delta E = -\gamma \Delta mh B_0 \tag{4-8}$$

由量子力学的选律可知，只有 $\Delta m = \pm 1$ 的跃迁才是允许的，所以相邻能级之间发生跃迁所对应的能量差 ΔE 为：

$$\Delta E = \gamma h B_0 \tag{4-9}$$

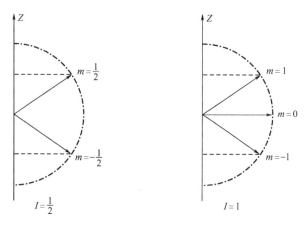

图 4-2　静磁场中原子核自旋角动量的空间量子化

因此，当使用某一特定频率 ν 的电磁波照射原子核时，若该电磁波能量与原子核相邻能级之间的能量差相等，那么该原子核就会发生能级之间的跃迁，这就是核磁共振。因此，产生核磁共振的条件为：

$$h\nu = \gamma h B_0 \tag{4-10}$$

即所需要的共振频率 ν 为：

$$\nu = \frac{\gamma B_0}{2\pi} \tag{4-11}$$

由式(4-10) 和式(4-11) 可知，对于同种原子核，外磁场强度越大，则发生核磁共振所需的能量就越大，因此所需要的共振频率越大；而当外磁场强度相同时，同种原子核发生核磁共振所需的能量相同，所需要的共振频率也相同。

4.1.2　核磁共振波谱仪

核磁共振波谱仪，是指基于核磁共振原理，研究原子核对射频辐射的吸收，是对各种有机和无机物的成分、结构进行定性分析的最强有力的工具之一。1952 年，斯坦福大学 Bloch 和哈佛大学 Purcell 获得诺贝尔物理学奖，以表彰他们发展了核磁精密测量的新方法及由此所作的发现。随后，科学家们根据核磁共振原理成功研制了多种核磁共振波谱仪。1991 年，由于在二维核磁共振及傅里叶变换核磁共振领域的贡献，瑞士科学家 Ernst 获得了诺贝尔化学奖。2002 年，瑞士科学家 Wüthrich 因发展了核磁共振波谱学在测定溶液中生物大分子三维结构方面的贡献获诺贝尔化学奖。基于上述科学家的贡献，核磁共振波谱仪发展史上形成了三个重要的里程碑：20 世纪 60 年代研制的核磁共振波谱仪可用于测定氢谱，逐步普及了核磁共振波谱仪；20 世纪 70 年代将傅里叶变换引入波谱仪，只需使用少量样品就可实现氢谱的测定，也使碳谱的测定成为可能，可以实现直接观察分子骨架的目的；20 世纪 90 年代发展起来的二维核磁共振可将质子谱与碳谱相关联，寻找分子骨架连接方式，甚至可以确定分子内或分子间非键部分的距离。

核磁共振波谱仪主要有两大类：高分辨核磁共振波谱仪和宽谱线核磁共振波谱

仪。前者只能测定液体样品，主要用于有机分析；后者可直接测量固体样品，在物理学领域用得较多。按射频频率（^{1}H 核的共振频率）可分为 60MHz、80MHz、100MHz、200MHz、300MHz、500MHz、600MHz 等核磁共振波谱仪。按波谱仪施加射频的方式划分，可分为连续波核磁共振波谱仪和傅里叶变换核磁共振波谱仪。

4.1.2.1 核磁共振波谱仪的主要组成部分

核磁共振波谱仪主要由磁体、探头、射频发射器、射频接收器、场频联锁系统及记录仪等部分组成。

（1）磁体　磁体可提供一个强而稳定均匀的外磁场。按照产生磁场的来源划分，常用的磁体包括永磁铁、电磁铁和超导磁体三种类型。最早用于制造核磁共振波谱仪的磁体是永磁铁。永磁铁的磁场强度一般较低，最高为 2.35T，常用于制造射频频率较低的仪器。但其对温度敏感，需长时间才能获得稳定磁场，目前永磁铁已很少用于制造核磁共振波谱仪。电磁铁所产生的磁场强度稍强于永磁铁，一般用于制造射频频率为 100MHz 左右的核磁共振波谱仪。但其功耗大，需要冷却过程，目前应用较少。目前得到良好发展的磁体是超导磁体。超导磁体最大的优点是可达到很高的磁感应强度，可用于制作 200MHz 的仪器。在液氦温度下，超导材料可形成稳定的永久磁场。可以产生高磁场强度的超导磁体满足了高分辨波谱仪的制造需求，是目前广泛使用的一种磁体，已被用于制造射频频率为 200~1000MHz 的仪器。

（2）探头　探头是一种使样品管保持在磁场中某一固定位置的器件，探头主要由样品管、扫描线圈和接收线圈组成，以保证测量条件一致。探头是核磁共振波谱仪的"心脏"部分。探头放在磁体中央，用来放置被测样品以及产生和接受核磁信号。为了避免扫描线圈与接收线圈相互干扰，两线圈垂直放置并采取措施防止磁场的干扰。探头种类很多，根据被测核的种类可分为用于测定某种特定共振频率核的专用探头、可用于测定几种规定的共振频率核的多核探头，以及可测定元素周期表中大部分核的宽带探头。

（3）射频发射器　射频发射器用于产生一个与外磁场强度相匹配的射频频率来照射磁核，从而使磁核从低能级跃迁到高能级。射频振荡器的线圈垂直于磁场，产生与磁场强度相适应的射频振荡。一般情况下，发射的射频频率是固定的，如振荡器发生 60MHz 或 100MHz 的电磁波可对氢核进行核磁共振测定。一般需采用不同的射频频率测定不同种类的磁核，因此核磁共振波谱仪通常使用频率综合器产生射频频率。

（4）射频接收器　射频接收器用于接收样品核磁共振信号的射频输出，并将接收到的射频信号传送到放大器中放大。射频接收器线圈在试样管的周围，并与振荡器线圈和扫描线圈相垂直，当射频振荡器发生的频率与磁场强度达到特定组合时，放置在磁场和射频线圈中间的试样就要发生共振而吸收能量，这个能量的吸收情况为射频接收器所检出，通过放大后记录下来。所以核磁共振波谱仪测量的是共振吸收。

（5）场频联锁系统　核磁共振波谱仪超导磁场对环境十分敏感，需要场频联锁系统有效保持系统的长期稳定性。场频联锁利用核磁采样信号作为监控信号，迫使磁场强度跟踪高稳定度的射频频率源，保证共振条件的长期稳定。目前常用的联锁系统多为氘锁，以氘的共振频率作为基点，利用调制技术，自动补偿磁场或频率的漂移，保证二者的稳定。因此液体核磁共振谱测定时，需将样品溶解在合适的氘代试剂中。

除上述重要组成部分，核磁共振波谱仪中还包括计算机控制单元、数据输出设备以及一些辅助设备，如空气压缩机和变温单元等。

4.1.2.2 连续波核磁共振波谱仪

连续波核磁共振波谱仪（continuous wave-NMR，CW-NMR）由上述结构组成。在产生磁场的磁铁上绕有扫描线圈，当线圈上通以直流电流时，可以在原磁场上产生附加磁场。改变直流电流大小，就可以调节总磁场强度。图 4-3 给出了连续波核磁共振谱仪的组成示意：样品装在位于磁场中心的玻璃管中，样品管可以自由旋转，由射频振荡器产生的射频场通过射频振荡线圈作用于样品，产生的核磁共振信号通过射频接收线圈由射频接收器接收，再经记录系统记录，给出该样品的核磁共振谱图。射频振荡线圈、射频接收线圈和扫场线圈三者互相垂直，因而三者产生的磁场互不干扰。

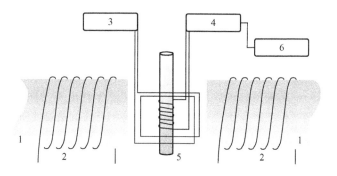

图 4-3 连续波核磁共振谱仪组成示意

1—磁体；2—扫场线圈；3—射频发射器；4—射频接收器；5—样品管；6—记录系统

核磁共振的发生可通过两种方式实现：固定静磁感强度，扫描电磁波频率；固定电磁波频率，扫描静磁感强度。上述两种发生核磁共振的方式均为连续扫描方式，均是连续变化一个参数，使不同基团的核依次满足其共振条件，从而画出其共振谱图，在该谱图的任一峰间最多只有一种原子核处于共振状态，其他的原子核都处于"等待"状态，所对应的仪器称为连续波核磁共振谱仪。因此，对应两种产生方式，连续波核磁共振波谱仪有两种方式作图：扫频式（frequency-sweep），即固定外磁场强度，通过连续不断地改变射频频率，使分子中不同化学环境下的同位素核在不同频率下逐一共振，以此获得核磁共振谱；扫场式（field-sweep），即固定射频频率，通过连续不断地改变磁场强度，使分子中不同化学环境下的同位素核在不同磁场强度下逐一共振，从而获得核磁共振谱。当满足于某种核的共振频率时，产生核磁共振吸收。接收器、扫描器同时与记录系统相连，记录下核磁共振谱图。磁感强度的建立是采用电磁铁或永磁铁。因此，核磁共振谱仪可分为电磁铁型谱仪和永磁铁型谱仪。

无论是扫场方式还是扫频方式，连续波核磁共振波谱仪均需要依次扫描设定的单元范围，才可得到完整的谱图。当使用连续波仪器时，需连续变化一个参数使不同基团的核依次满足共振条件而画出谱线来。在任一瞬间最多只有一种原子核处于共振状态，其他的原子核均处于等待状态。为了记录无畸变的核磁共振谱图，扫描磁场速度必须很慢，如常用 250s 记录一张氢谱，用以保证核自旋体系在整个扫描期间与周围介质保持平衡。核磁共振信号通常很弱，当样品量小时，为了提高信噪比 S/N，采集到足够清晰的信号，通常采用重复扫描累加的方法。信号 S 的强度与累加次数 n 成正比；与此同时，噪声 N 也随累加次数而增加，噪声强度与 $\sqrt{n}$ 成正比。因此，信噪比 S/N（其大小决定检出限的高低）与 $\sqrt{n}$ 成正比。如果需要把 S/N 扩大 10 倍，则需要的累加次数为 100 次，因此需要更长的扫描时间。如前所述，扫描一张氢谱需要 250s，那么所需扫描时间为 25000s。如果 S/N 需要进一步提高，那么最终所需时间则更长，不仅难以保证信号长期不漂移，而且会造成仪器的损耗。因此在连续波核磁共振波谱仪上，要获得一张信噪比较好的图谱，往往需要花费很长时间。同时，该仪器灵敏度低，需要样品量大，对于天然丰度极低的核，难以测试。正是由于连续波核磁共振波谱仪的灵敏度低，得到一张无畸变的核磁共振波谱图所需时间长，因而限制了色谱仪器与连续波核磁共振波谱仪的直接联用。后续出现的傅里叶变换波谱仪将波谱仪的 S/N 提高了数个量级后，使色谱仪器与核磁共振波谱仪的联用成为可能。

4.1.2.3 傅里叶变换核磁共振波谱仪

傅里叶变换核磁共振波谱仪（fourier transform-NMR，FT-NMR）与连续波核磁共振波谱仪不同，不再采用扫描单元对样品中不同化学环境下的同位素核逐个扫描，而是增设了脉冲程序控制器和数据采集及处理系统，目的就是要使所有的原子核同时共振，从而能在很短的时间间隔内完成一张核磁共振谱图的记录。具体来说，脉冲傅里叶变换核磁共振波谱仪是采用在恒定的磁场，使用一个强而短的射频脉冲照射样品，使样品中不同化学环境下的所有原子核同时共振、同时接收，所有操作均由计算机在很短的时间内完成。

脉冲程序控制器使用一个周期性的脉冲序列来间断射频发射器的输出。脉冲是一强而短的频带，是理想的射频源。调节所选择的射频脉冲序列，脉冲发射时，待测核同时被激发；脉冲终止时，及时准确地启动接收系统；待被激发的核通过弛豫过程返回到平衡位置时再进行下一个脉冲的发射。在这个过程中，射频接收线圈中接收到的是一个随时间衰减的信号，属于时域函数，称为自由感应衰减信号。自由感应衰减信号经计算机快速傅里叶变换后便可得到频域函数，最终得到以频率为横坐标的谱图。傅里叶变换过程如图 4-4 所示。

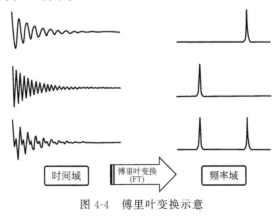

图 4-4 傅里叶变换示意

在傅里叶变换核磁共振波谱仪的脉冲作用下，无论原子处于哪种官能团，不同化学环境下的所有的原子核均可同时发生共振。

傅里叶变换核磁共振波谱仪具有较快的检测速度。由于脉冲的作用时间非常短，为微秒数量级；同时，计算机快速傅里叶变换的时间也很短；即使进行多次重复采样，重复采样时间间隔也很短，因此，完成一次采样，得到一张谱图所需的时间一般不会很长。如测定 ^{1}H 核时，若重复累加 $8\sim16$ 次，重复时间间隔 2s，那么完成采样所需时间则小于 1min。

傅里叶变换核磁共振波谱仪的灵敏度高于连续波核磁共振波谱仪。由于傅里叶变换核磁共振波谱仪具有良好的累加信号的能力，多次重复采样，可使共振信号得到累加，从而提高信噪比，增加了检测灵敏度。对于 ^{13}C 的测定，采集一个信号通常约为 1s，若累加 n 次，则信噪比可提高至 $\sqrt{n}$ 倍，所得的总的信号进行傅里叶变换仅需几秒即可完成。所以傅里叶变换核磁共振波谱仪的灵敏度很高，这对于一些天然丰度极低的核（如 ^{13}C）的测定以及样品浓度较低的原子核的测定尤为重要。同时，样品用量可大大减少，对于氢谱而言，连续波核磁共振波谱仪样品用量为几十毫克，而傅里叶变换核磁共振波谱仪的样品用量可低至微克数量级。

傅里叶变换核磁共振波谱仪采用分时装置，信号的接收在脉冲发射之后，因此不会存在仪器中发射机能量直接泄漏到接收机的问题。

傅里叶变换核磁共振波谱仪具有更多的实验方法。随着计算机的发展和脉冲技术的提高，可针对不同的测定需求，采用不同的脉冲组合，进而设计出多种实验方法，实现获得不同类型图谱的目的。

以傅里叶变换核磁共振波谱仪为基础，开辟了核磁共振的新技术，例如二维及多维核磁共振。

4.2 色谱-核磁共振波谱联用

色谱-核磁共振波谱联用技术，即色谱与核磁共振谱仪的联用技术。前文已经讨论过，液相色谱是目前最高效的分离方法之一，而核磁共振波谱（NMR）则是最有效的结构鉴定方法之一，二者联用即形成了目前最新颖的色谱联用技术——色谱-核磁共振波谱联用技术，势必会成为有机化合物结构分析的强有力的工具之一。

4.2.1 液相色谱-核磁共振波谱（HPLC-NMR）联用技术

1978 年，Watanabe 和 Niki[1] 使用 60MHz 的核磁实现了第一个 HPLC-NMR 实验。1979 年，Bayer 等[2] 使用 90MHz 核磁共振波谱仪实现了第一个连续流实验，通过调整核心部件之一的流通池的体积，获得良好的色谱分离以及最佳的核磁共振灵敏度。由于色谱条件的限制，目前很多情况下需要更小的流通池。基于超导磁体的发展、探头技术的改进（特别是低温探头的发展）和有效的溶剂抑制技术，结合常见的高效液相色谱条件，在保证核磁共振灵敏度的前提下，可以实现少量目标物的检测。

4.2.1.1 液相色谱-核磁共振波谱联用技术的难点

液相色谱和核磁共振波谱的在线联用要比液相色谱和质谱在线联用更加困难，是当前诸多色谱联用技术中最困难的，也是目前使用最少的色谱联用技术之一，究其原因主要有以下几点：

① 核磁共振波谱中存在的弛豫过程和为提高灵敏度的信号累加过程，会导致核磁共振波谱的信号采集需要较长的时间，一般需要数秒至数十秒，甚至更长的时间；而为了缩短谱峰的出峰时间，液相色谱洗脱液的流速一般设置较大，例如通常将流速设置为 1mL/min。液相色谱和核磁共振波谱在样品采集时间上的需求是相互矛盾的。

② 为了保障通过样品的磁场均匀，样品管要在磁场中以较高的速度旋转，以实现磁场的不均匀平均化，因此也会使色谱和核磁共振波谱在线联用形成困难。

③ 液相色谱的洗脱液种类很多，例如乙腈、甲醇、水、异丙醇、四氢呋喃、正己烷等，溶剂中含有大量质子，也会对核磁共振波谱测定产生干扰。核磁共振波谱在测定质子谱时，为避免溶剂中质子的干扰，所用的溶剂必须为氘代溶剂；而液相色谱进行样品测定时，洗脱液用量通常很大，如果采用氘代试剂作为洗脱液，液相色谱和核磁共振波谱的联用会变得非常容易实现，但分析成本会大大增加；如果不用氘代试剂，只能选用不含氢的溶剂，如四氯化碳、四氯乙烯等，则很难实现良好的色谱分离效果。

上述原因导致了色谱与核磁共振波谱联用技术的缓慢发展。傅里叶变换核磁共振波谱仪可以在一定程度上解决上述困难：利用脉冲序列可以抑制洗脱液对谱峰测定的干扰；傅里叶变换核磁共振的脉冲作用时间为微秒数量级，可大大减少测量时间，并大大提高测定的灵敏度。

4.2.1.2 液相色谱-核磁共振波谱联用系统灵敏度的提高

目前，液相色谱-核磁共振波谱商品联用仪器较少。一般来说，液相色谱-核磁共振波谱联用系统的灵敏度通常不如其他已知的联用技术，但通过不断改进液相色谱仪和核磁共振波谱仪的工作参数，同时深入研究二者的联用机制，液相色谱-核磁共振波谱联用系统的灵敏度得到大幅提升，渐渐地成为分析实验室标准分析仪器之一。提高液相色谱-核磁共振波谱联用系统灵敏度的途径如图 4-5 所示，主要包括：

(1) 优化液相色谱流动相的体积流量强度　当液相色谱流动相流速为 1mL/min 时，使用常规色谱柱进行目标物分离，则典型色谱峰峰宽大约为 8s；当色谱峰宽为 40s 时，那么约有 60% 的被测物被输送到流通池。因此，尽可能获得窄的色谱峰可以使更多的待测物质进入流通池，可以大大提高核磁共振的灵敏度。

(2) 选择适宜的液相色谱色谱柱　半微量柱 (semi-micro column) 的使用对液相色谱-核磁共振波谱联用系统的灵敏度有很大的影响。半微量柱的容量（体积）大约是传统色谱柱的 0.2 倍，溶剂消耗量与柱长和内径的平方成正比。因此，到达流通池的分析物可以在少量溶剂中溶解。虽然内径小于 2mm 的色谱柱的容量小于传统色谱柱，但是该色谱柱可能会存在色谱柱过载现象，影响色谱柱分离效果，会妨碍目标物的分离与测定。

(3) 在线应用富集技术　通过在线结合相关分离和富集技术后，液相色谱-核磁共振波谱联用系统的灵敏度会得到提升。其中，在流动相分离分析物后可选用的富集

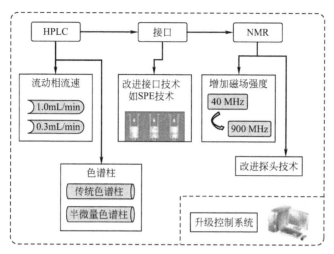

图 4-5　提高液相色谱-核磁共振波谱联用系统灵敏度的途径

方法之一是固相萃取（SPE）。当 SPE 柱在线连接到液相色谱-核磁共振波谱联用系统时，即得到 HPLC-SPE-NMR。通过 SPE 柱的引入，流动相中的分析物得到富集，进而能够减少整个分析过程所需昂贵的氘代试剂的用量，并且由非氘化溶剂信号引起的噪声要小得多。

（4）增加磁场强度　增加磁场强度能显著提高液相色谱-核磁共振波谱联用系统的灵敏度。目前超导磁体已经可使核磁共振波谱仪的频率提高至 900MHz（甚至更高），为检测微量样品创造了最重要的条件（实际上 400MHz 以上的核磁共振波谱仪已适合与液相色谱联机）。同时，磁屏蔽技术的发展也使得液相色谱仪与核磁共振波谱仪的连接距离小于 2m，这两方面的进步均有利于液相色谱与核磁共振波谱的联用。

（5）改进探头技术　高灵敏度探头技术亦能提高液相色谱-核磁共振波谱联用系统的灵敏度。使用低温探头降低流通池线圈的温度，进而可降低核磁共振信号检测过程中产生的噪声水平。通过低温探头的应用，联用仪器灵敏度最高可以提高 4 倍。目前，将线圈温度降低到 15℃，并在线结合固相萃取技术实现多个分析物的测定，可明显提高液相色谱-核磁共振波谱联用系统灵敏度。与增加磁场强度提高灵敏度的方式相比，该方法成本更低。

（6）升级控制系统　液相色谱-核磁共振波谱联用系统需要计算机技术的支持（包括软件和硬件），计算机及控制系统的发展，使得操作过程的良好控制（更易于实现）。

4.2.1.3　液相色谱-核磁共振波谱联用模式

液相色谱-核磁共振波谱联用模式主要包括停流模式、在流模式、环存储模式以及固相萃取模式，四种联用模式如图 4-6 所示。

（1）停流（stop-flow）模式　停流模式下，目标分析物通过高效液相色谱检测器（通常是紫外检测器）后，此时整个色谱进程自动停止，停流接口将单个分析物转入核磁共振波谱仪内，此时分析物在核磁共振检测池中进行分析；分析结束后，色谱进程重新启动。具体来说，计算机软件驱动接口自动检测液相色谱出峰过程，当液相色谱

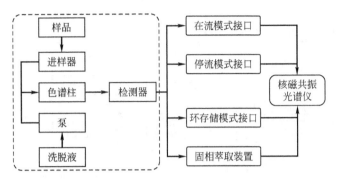

图 4-6 液相色谱-核磁共振波谱的四种联用模式

的一个峰全部转入核磁共振波谱仪后，计算机使液相色谱流动相停止流动，整个色谱过程被暂停；此时检测池内就是洗脱液和待测组分，可采用预饱和的方法来抑制洗脱液中各种溶剂的信号，并可采用常规的核磁共振波谱检测的方法分析待测组分，获得相应结构信息；当核磁共振波谱仪分析结束之后，计算机再启动液相色谱的泵，接着进行下一个峰的测定。如此往复，可实现高效液相色谱分离后的所有待测组分依次进行核磁共振分析。

采用停流模式的最大优点是，该模式可以采用核磁共振的一切手段，通过各种核磁共振谱的测定可获得大量数据信息。停流模式一般用于分析组成简单的样品。但是，如果色谱进程停止和重新启动过于频繁，目标分析物的分析效果会受到影响；同时，待检测物中存在着较高浓度的化合物可能会污染核磁共振检测池（壁记忆效应）。停流模式下，液相色谱与核磁共振波谱联用的参数特性是时间延迟的，其延迟时间为分析物从液相色谱检测器转移到核磁共振检测池所需的时间。延迟时间取决于流动相的体积流动强度以及用于将检测器连接到核磁共振检测池的管道的长度和直径，但一般耗时较长。如果样品中含有多种目标分析物，则需要停流多次，进而测定样品中多个组分的核磁共振谱图，每次停流进行核磁共振波谱测定会花费较长时间，因此整体分析会花费数倍时间。

（2）在流（on-flow）模式　在流模式下，目标分析物通过液相色谱检测器（通常是紫外检测器）后，洗脱液被连续地转移到核磁共振波谱仪的检测单元，此时分析物在核磁共振检测池中进行分析。核磁共振测定过程是连续进行的，从液相色谱流出的洗脱液刚进入其检测池时开始，直至洗脱液最后流出其检测池为止。此过程中，液相色谱可以不使用其他检测器，此时核磁共振波谱仪可相当于液相色谱的检测器。如前文所述，液相色谱-质谱联用时，质谱作为液相色谱检测器可以得到两种图，即整个液相色谱分离过程的色谱图（总离子流图）和运行过程中每一时刻的质谱图（离子强度图）。与其类似，液相色谱-核磁共振联用系统在计算机辅助下，也可以获得两张图，即整个液相色谱分离过程的色谱图（时间 t-H 核磁共振总强度图）和运行过程每一时刻的氢核磁共振谱图（化学位移 δ-H 核磁共振强度图）。因此，在流运行模式中液相色谱-核磁共振波谱联用得到的是二维谱图，也需要计算机技术的支持，以实现快速数据采集。

标准的核磁共振谱图采集是在静态状态下进行样品采集的，而在流模式下，谱图采集是通过液相色谱洗脱液在检测池中流动的情况下采集的。洗脱液的流动会引起磁场的不均匀，进而影响核磁共振谱图分辨率。与此同时，由于分析物在检测池中停留时间短，分析物检测时间受到限制，信噪比很小，因此在流模式下灵敏度较低。降低流动相的体积流量强度，进而延长分析物在检测池中的停留时间，分析时间也更长，则每种化合物的信噪比也会变高。与此同时，如果流动相的体积流动强度太小，则会影响色谱柱中混合物分离为其组分的效果。因此，考虑到色谱柱最佳分离效果所需的流动相速率及核磁共振光谱仪的最佳灵敏度，流动相的体积流动强度需要折衷考虑。即使如此，流动相的体积流量强度通常很小（0.05mL/min）。在流模式下，一般不采用流动相进行梯度洗脱，因为溶剂和分析物的化学位移取决于流动相的组成，至少会形成两种溶剂的峰。当液相色谱使用梯度洗脱时，溶剂和样品的核磁共振波谱信号的化学位移将随洗脱液的组成变化而有所变化，因而样品测定面临的是一个动靶，即使每分钟变化 $1\%\sim2\%$ 的小梯度，也会引起样品信号化学位移的改变，该变化不仅影响核磁共振谱图质量，也影响如何对溶剂信号的抑制。

从联机的角度来看，在流模式是比较理想的联用方式。当然，此时核磁共振测定仅限于氢谱或灵敏度高的其他一维谱，如氟谱。实现连续流动法比停止流动法困难大，可采用下列措施进行改进：①采用选择性激发与脉冲场梯度技术的组合，对样品的射频激发之前，使溶剂峰对应的纵向磁化矢量近于零，或使溶剂峰对应的横向磁化矢量完全地去相；②同时采用选择性低功率的 ^{13}C 去耦，如以乙腈 CH_3CN 和 HDO 的淋洗体系为例，针对乙腈的甲基信号去耦，这使得乙腈在氢谱中的甲基 ^{13}C 卫星峰得到很好的抑制。

（3）环存储（loop-storage）模式　在环存储模式中，洗脱液流出色谱柱后直接与环存储装置相连接，含有各种组分的流动相被转移到环存储装置中，然后分析物被转移到核磁共振检测池中。同时，洗脱液流出色谱柱后也会流入与环存储装置并联的液相色谱的检测器（一般使用紫外检测器），用以监控色谱出峰情况，明确分离效果。依据检测器的信号，确定计算色谱柱分离出的每一个待测组分到达存储环的时间，同时控制相关控件，最终使含有不同待测组分的洗脱液分别进入对应的存储环；不含待测组分的洗脱液无需进行核磁共振测定，可通过相关管路直接排放到废液装置中。通过相关控件的开闭，可以将不同存储环中含有待测组分的洗脱液转移到核磁共振检测池中，可采用常规的核磁检测方法分别离线分析待测组分，获得相应结构信息。

环存储模式可以不干扰传统的色谱分离过程。在该模式下，色谱进程持续进行，因此，保障了良好的色谱分离效果，分析时间也比在停流系统中短。该模式将停流模式和在流模式良性结合，既可避免停流模式引起的色谱峰变宽，又可在不流动状态下测定色谱分离出来的待测组分，实现数据的稳定采集。

环存储模式的一个重要前提是存储环中的存储条件是稳定的。每次测定分析物后，必须用适当的溶剂自动清洗储存回路和核磁共振检测池。同时，必须校准分析物到达存储环的延迟时间以及分析物从存储环到达核磁共振检测单元所需的时间。与停止流动模式相比，环存储模式适用于检测更为复杂的混合物中的目标分析物。

（4）固相萃取（solid phase extraction）模式　为了提高色谱分离后的样品的灵敏度，相关分离和富集技术已经被引入到液相色谱-核磁联用系统中，如固相萃取

（SPE）技术。在液相色谱-核磁共振波谱联用系统中，将 SPE 柱置于液相色谱色谱柱及核磁共振波谱仪之间，可在线连接到液相色谱-核磁共振波谱联用系统中，即得到 HPLC-SPE-NMR。具体来说，液相色谱色谱柱流出的含有各种组分的流动相，直接流入固相萃取柱中，流动相包含的分析物则被保留在其固体吸附材料上。后续的操作流程与传统的固相萃取过程类似，通过适宜的淋洗条件，使分析物保留在 SPE 柱的一端；为了除去其中的溶剂残留，SPE 柱通常选用氮气流进行除溶剂操作；选用氘化试剂将预浓缩的分析物从固相萃取柱中洗脱下来；进而将目标分析物转入核磁共振波谱仪内，此时分析物在核磁共振检测池中进行分析，获得相应的核磁共振谱图。通过在线 SPE 柱后，流动相中的分析物得到富集，因此整个分析过程所需昂贵的氘代试剂的用量大大减少，同时由普通溶剂引起的噪声也会相应降低。

4.2.2　液相色谱-核磁共振波谱-质谱（HPLC-NMR-MS）联用技术

4.2.2.1　液相色谱-核磁共振波谱-质谱联用优势

　　液相色谱、核磁共振波谱和质谱是化学分析中最常用的分析技术。当对有机化合物的化学结构进行分析时，如前文所述，核磁共振波谱和质谱具有不同的分析途径和分析目标。例如 ^1H NMR 可提供有机化合物中氢原子的位置信息，然而该技术并不能判断有机化合物的分子量；质谱在确定有机化合物的分子量方面具有重要作用，无法判断同分异构体中氢原子的具体位置，因此在确定同分异构体的结构信息方面相对欠缺。因此，两种技术在有机化合物的结构分析中，具有强烈的互补作用。基于前文讲述的液相色谱的诸多优势，NMR 和 MS 可分别与 HPLC 联用，即 HPLC-NMR 和 HPLC-MS。HPLC-NMR 可提供确定多组分化合物结构关键的核磁共振数据，而在大多数情况下，仅仅通过核磁共振数据不足以完全确定多组分化合物的结构，尤其对于未知化合物的结构确定。需要通过 HPLC-MS 获得进一步的结构信息，实现多组分化合物的鉴定。因此，二者也同样具有强烈的互补性。表 4-1 列出了液相色谱、核磁共振波谱和质谱的优点及局限性。液相色谱、核磁共振波谱和质谱都有各自的优缺点

表 4-1　液相色谱、核磁共振波谱和质谱的优点及局限性

特点	液相色谱	核磁共振波谱	质谱
优点	①分离效率高,适用于复杂混合物、有机同系物、同分异构体、手性化合物的分析 ②灵敏度高,可以检测出痕量及超痕量的目标分析物 ③分析速度快,一般在几分钟或几十分钟内可以完成一个样品的分析	①能够保持样品的完整性,是一种非破坏性的检测手段 ②操作方法简单快速,测量精确,重复性高 ③定量测定无需标样 ④测量结果受待测样品外观色泽的影响较小,且基本不受操作人员的技术和判断所影响	①质谱是主要的可以确定分子质量的技术 ②可以对气体、液体、固体等进行分析,分析的范围比较广 ③可以测定化合物的分子量,推测分子式、结构式 ④分析速度快,灵敏度高,样品用量小,只需要1mg左右样品,甚至更少
局限性	被分离组分的定性较为困难	不能判断有机化合物的分子量	无法判定分子中 H 原子的具体位置

及局限性，为了能够最大限度地发挥每种分析仪器的优势，可将三者联用来分析样品，联用技术能够克服仪器单独使用时的缺陷，是分析仪器发展的趋势所在。

4.2.2.2　液相色谱-核磁共振波谱-质谱联用模式

一般地，HPLC-NMR 和 HPLC-MS 在多组分化合物结构分析领域经常配合使用，但只能离线分别使用。这两种技术经常被应用于不同研究领域，包括天然产物的分析、药学、药理学等领域。对于使用这两种技术离线分析的复杂混合物，分析物的保留时间可能会由于其具体的检测技术而不同。保留时间上的细微差别可能是由于 HPLC-MS 中的流动相成分是普通试剂，而 HPLC-NMR 中的流动相成分是相应的氘代试剂；即使色谱系统中的所有操作条件都相同，使用不同的色谱仪也可能导致保留时间的细微差异。

为了解决上述问题，研究人员成功地实现了 HPLC-NMR-MS 的在线联用，所有的 NMR 和 MS 数据都可以在一次采集中获得，HPLC-NMR-MS 无疑是一种快速分析复杂混合物中化合物结构的强大且有价值的技术。图 4-7 列出液相色谱-核磁共振波谱-质谱的两种联用模式。

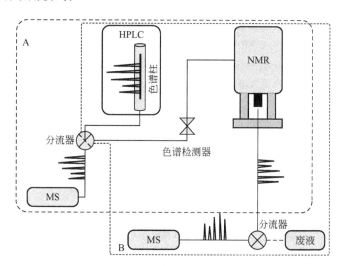

图 4-7　液相色谱-核磁共振波谱-质谱两种联用模式
A—并联模式；B—串联模式

（1）串联模式　HPLC-NMR-MS 可以通过串联模式将液相色谱、核磁共振波谱和质谱在线连接起来。在串联配置中，分流器和质谱顺次安装在核磁共振波谱仪之后。串联模式下，HPLC-NMR-MS 形成了一个简单的分析系统，可以很容易地断开或连接，以便进行单独的 NMR 和 MS 分析。

由于仪器测定手段性质的差别，核磁共振波谱和质谱在样品测定速度和灵敏度等方面差别很大。MS 分析的最低检出限远远低于 NMR；采集质谱图所需时间远远小于得到一张核磁共振谱图的时间，采集时间也与进入核磁共振样品管中的样品量相关。当样品量较少时，则需要通过多次累加获得完整的核磁共振谱图，因此得到一张核磁共振谱图的时间就会变得更长。因此，HPLC-NMR-MS 串联结构的缺点是会形成峰分散或者峰到达质谱时保留时间漂移的情况。

（2）并联模式 在并联模式中，HPLC-NMR-MS 系统利用分流器将液相色谱流出的洗脱液分成两部分，实现待测组分从色谱柱同步转移到核磁共振波谱仪和质谱的目的。分流器在并联模式中具有重要的分流作用，也是实现并联模式的核心组件。由于前文提到的质谱和核磁共振灵敏度的明显差异，分流器可调整其分流比，将大比例洗脱液分配至灵敏度较低的核磁共振波谱仪中，同时将小比例洗脱液分配至灵敏度较高的质谱中，一旦洗脱液转移到核磁共振波谱仪和质谱仪上，即可遵循常规的检测步骤。一般来说，分配比例是不均匀的，流动相的 95％ 会进入核磁共振光谱仪，其余的 5％ 进入质谱仪，即 95∶5 的分离比可以获得使 HPLC-NMR-MS 系统工作的最佳条件，并可保该串联系统能够检测到复杂混合物中的分析物。鉴于并联模式与串联模式的差别，目前大部分 HPLC-NMR-MS 联用时，均通过并联方式联用。

该并联系统内，若采用在流模式，由于 MS 的检出限远远低于 NMR，所以 MS 会采集到更多化合物的信息，而核磁共振仅会采集到含量相对较高化合物的信息。因此，质谱的总离子流色谱图上显示的峰要远多于核磁共振波谱仪检测到的色谱图上的峰。

为了尽可能采集到低含量待测组分的核磁共振信息，可采用停流模式，通过增加核磁共振测量的累加次数，获得更多的低含量组分的核磁共振信息。同时，质谱分析也可利用停流时间进行多级 MS 的分析，以便得到更多的结构信息。

环存储模式可以有效避免在流和停流两种运行模式的弊端。由液相色谱柱流出的流动相可通过分流器将分流出的小比例流动相直接引入 MS 进行分析，不用等待核磁共振分析；分流器将分流出的大比例流动相导入存储环，其中的待测组分可根据其含量高低来决定具体的累加次数，并且不用考虑质谱数据采集的影响。利用环存储模式进行分析时，HPLC-NMR-MS 系统也可将分流器安装在存储环之后，通过存储环相关控件的开闭，可以将不同存储环中含有待测组分的洗脱液同时转移到质谱仪和核磁共振波谱仪中，因此可以同时得到同一组分的质谱和核磁共振谱图。

4.3 色谱-核磁共振波谱联用技术的应用

4.3.1 液相色谱-核磁共振波谱（HPLC-NMR）联用技术的应用

HPLC-NMR 已经应用于不同的研究领域，大多数研究都与药学相关，包括天然产物分析、药物代谢研究、药物开发研究、降解产物分析和杂质表征分析。同时，研究人员也将 HPLC-NMR 应用于食品分析及代谢组学等领域的研究中。

4.3.1.1 在天然药物分析中的应用

如前所述，HPLC-NMR 仍然是一个相对新颖的技术，但自 1997 年以来，在天然药物分析领域已经有了一些成功的应用，这也是目前该技术最主要的应用领域。在天然药物分析中，为了获得最佳的灵敏度，既需要控制液相色谱最低的洗脱体积，又需要使最高量的分离后的分析物进入核磁共振波谱仪进行检测。理想情况下，色谱峰洗脱体积应尽量等于核磁共振流通池体积。一般来说，样品用量比传统的 HPLC-UV 或

HPLC-MS 分析要重要得多，通常需要几毫克样品才可以实现样品分析。这可能会造成萃取物的溶解度问题，因此可以使用强溶解性溶剂来溶解样品。在这种情况下，必须使用相应的氘代试剂，以避免在洗脱的最初几分钟内该溶剂的核磁共振信号的干扰。此时，天然药物提取液的浓度可能会高达 0.5g/mL，进样量一般为 20～100μL，因此需要允许大量进样的色谱柱，如色谱柱 [(250～300mm)×4mm]。

在流模式下，提高灵敏度的方法是使用非常低的流速（<0.1mL/min）进行色谱分离，以便保证每个待测组分获取更长的数据采集时间。Hostettmann 和 Wolfender 通过 500MHz 核磁共振光谱仪进行了许多在流模式下的研究工作，包括鉴定且分离了龙脑香科 *Monotes engleri* 中的黄酮类化合物[3]，番荔枝科 *Orophea enneandra* 中的聚乙炔、木脂素及生育酚衍生物[4]，紫草科 *Cordia linnaei* 中的二萜萘醌类化合物[5]，豆科 *Erythrina vogelii* 根部的多种异黄酮类化合物[6]，红木科 *Erythroxylum vaccini-ifolium* 中的生物碱类化合物[7]，以及眼子菜科 *Potamogeton* 中的多种罗丹苷类化合物[8]。上述所有的研究均通过 C_{18} 色谱柱及统一的流动相（乙腈和 D_2O）实现目标分析物的分离与鉴定；为了保障更大的柱载量，某些研究中使用了较大的色谱柱（100mm×8mm）。总之，在流模式可初步提供有关提取组分的结构信息，通常可以实现主成分分析。由于大部分溶剂有难以从高效液相色谱-核磁共振系统除去的特点，因此乙腈常常被用做有机流动相，当然少部分实验也选用了丙酮或甲醇溶剂作为流动相。通过乙腈和 D_2O 组合作为流动相，使用梯度洗脱模式会影响最终的检测效果。因此降低流动相对核磁共振信号的影响，通常选用柱后溶剂混合，以获得具有固定溶剂比例的混合物，利于核磁共振信号的良好采集。

为了提高检测微量或痕量成分的灵敏度，很多时候需要在停流模式测量植物粗提物中的待确定组分，在给定的时间间隔（如每分钟）内停止 HPLC 流动相的流动，并进行数据采集。停流模式下，大多数研究均使用紫外吸收检测器来确定停止流动的时间点。待测物质可以在核磁共振监测系统中长时间测定，无需考虑流动溶剂的影响。在这种模式下，如果需要进行 50～100 次数据采集，HPLC 分离可能需要 10～20h。此时，所有待测组分可以获得良好的检测效果；HPLC 采用梯度洗脱模式也不会影响检测的灵敏度。此方法与标准的在流模式相比，灵敏度有显著提高。停流模式成功分析鉴定了亚麻籽中的亚麻木酚素同分异构体[9]，也成功地应用于多种植物活性成分的分析鉴定，包括黄酮类化合物[10]、生物碱类化合物[11]、多酚类化合物[12]、糖苷类化合物[13]、鞣花酸衍生物等[14]。由上述报道可以看出，停流模式已成为低流速在流模式的重要补充。

上述研究表明，虽然利用 HPLC-NMR 对各类天然产物进行了分析，但大多数应用都集中在低分子量化合物上。HPLC-NMR 在较大分子的应用报道较少。大部分天然产物的 HPLC-NMR 研究均在 400～600MHz 核磁共振波谱仪上进行；且大多数使用了停流模式或使用在流模式。HPLC-NMR 的灵敏度是浓度依赖性的，浓度较低的大分子很难达到一个满意的检测效果。对于这种复杂分子来说，仅依靠氢谱信息进行结构分析是比较困难的。为了避免停流模式中泵的启动和停止对色谱分离效果的影响，也可选用环存储模式进行天然药物分析。例如 Tseng 等[15]通过环存储模式分析鉴定了阿朴啡类生物碱等化合物；Kabel 等[16]也从热处理过的桉树样品中鉴定了含有乙酰基取代的组分。

4.3.1.2 在农药降解分析中的应用

HPLC-NMR 也可应用于药物代谢及药物降解的分析中，以下主要选取农药降解的相关研究进行讨论。

Sleiman 等[17]选用了停流模式建立相应的 HPLC-NMR 方法，并结合其他分析技术，研究了二氧化钛催化碘甲磺隆除草剂在水溶液中的光降解过程。HPLC-NMR 系统为高效液相色谱（Agilent 1100）和 Bruker 核磁共振波谱仪（DRX 500MHz）。以乙腈和 D_2O（H_3PO_4 调整 pH=2.8）为流动相进行色谱分离，以保证测量条件的稳定；流动相并未选择甲酸而是选择了磷酸调整 pH，用以避免待测组分与甲酸信号在芳香光谱区域的重叠。通过实验对比发现，D_2O 作为流动相的使用和甲酸的替代磷酸没有显著影响洗脱顺序和主要降解产物的保留时间。由于核磁共振检测的灵敏度比质谱低，因此选用高浓度（1000mg/L）样品进行测试，结合固相萃取的富集功能，以保证尽可能多的待测组分进入核磁共振波谱仪进行分析。图 4-8 为停流模式下碘甲

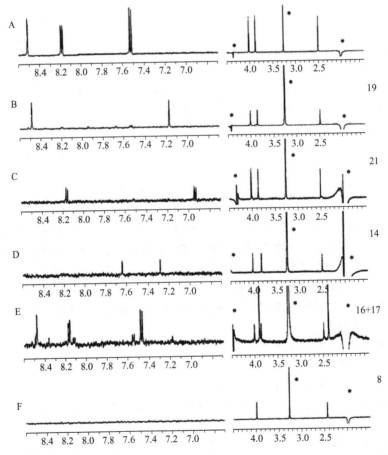

图 4-8　停流模式下碘甲磺隆（A）及其六种降解产物（B～F）的 ^1H NMR 谱[17]
（* 为溶剂残留信号：乙腈，1.93；甲醇，3.30；HOD，4.5）

磺隆及其六种降解产物的[1]H NMR 谱。

HPLC-NMR 结果表明，6 个主要的降解产物（包括同分异构体产物）的分子结构得到了明确鉴定。结合碘甲磺隆及其六种副产物的核磁共振数据分析，最终确定了碘甲磺隆的光催化降解途径，给后续的农药使用提供了指导。

Durand 等[18]利用 HPLC-NMR 联用技术对除草剂硝磺草酮的生物降解途径进行了研究。HPLC-NMR 系统由高效液相色谱（Agilent 1100）和 Bruker 核磁共振波谱仪（Avance 500MHz）组成。该研究对液相色谱试剂有特殊的要求，由于丙腈在氢谱中易形成三重峰和四重峰，因此乙腈溶剂内不应含有丙腈杂质；水选用 D_2O。通过采集硝磺草酮的两种主要的代谢产物的[1]H NMR 谱，分析其代谢产物化学结构，最终明确了除草剂硝磺草酮的生物降解途径。

4.3.1.3　在代谢组学中的应用

Akira 等[19]利用 HPLC-NMR 进行了遗传高血压大鼠的代谢组学研究，鉴定了尿液内源性代谢物。HPLC-NMR 系统采用对极性化合物具有高保留能力的反相色谱柱（100mm×4.6mm）进行色谱分离，以 D_2O（含 0.006％的三氟乙酸）和乙腈为流动相，在流模式下以小流速（0.25mL/min）采集核磁共振信号，数据采集大约持续1h，实现了后续的代谢组学研究。因此，基于 HPLC-NMR 的代谢组学研究在毒性分析和疾病诊断中具有良好的应用价值。

4.3.1.4　在食品分析中的应用

HPLC-NMR 也可应用于食品分析中，对于食品中特定组分的分析及鉴定提供了便利的条件。葡萄酒是许多可能促进健康的芪类化合物的主要饮食来源，Pawlus 等[20]利用 BPSU HP 接口将高效液相色谱（Agilent 1200）和 Bruker 核磁共振波谱仪（Avance Ⅲ 600MHz）联用，构建了 HPLC-NMR 系统。他们通过停流 HPLC-NMR 联用技术对葡萄酒中的芪类化合物进行了深入研究，采集[1]H 核磁共振数据，鉴定了葡萄酒中多种未被确认的芪类化合物。由于在停流模式下，检测过程使用了不影响核磁共振数据采集的梯度洗脱程序，可以实现更好的色谱分离效果。水和乙腈峰的溶剂抑制是通过 NOESY 型预饱和脉冲序列实现的。图 4-9 为停流模式下葡萄酒中芪类化

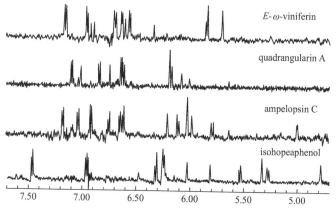

图 4-9　停流模式下葡萄酒中芪类化合物的[1]H NMR 谱[20]

合物的^{1}H NMR 谱，通过 HPLC-NMR 联用技术实现了首次报道葡萄酒中的芪类活性分子，如 E-ω-葡萄素（E-ω-viniferin）、二氢杨梅素（ampelopsin C）、芪类四聚体类化合物（isohopeaphenol）、白藜芦醇二聚体类化合物（quadrangularin A），为后续研究打下了基础。

4.3.2　液相色谱-核磁共振波谱-质谱（HPLC-NMR-MS）联用技术的应用

4.3.2.1　在天然药物分析中的应用

基于 NMR 和 MS 的互补性，利用 HPLC-NMR-MS 技术可同时采集核磁共振数据及质谱数据的优势，HPLC-NMR-MS 已被应用在天然药物分析领域。

Kang 等[21]为了研究白芷所含有的多种成分及其活性，通过 HPLC-NMR-MS 在线联用技术实现了白芷中的呋喃香豆素类化合物的快速鉴定。经 HPLC-NMR-MS 对提取液进行成分分析及结构鉴定，最终确定了五种呋喃香豆素类化合物。其中，液相色谱流动相选用乙腈和 D_2O，色谱柱为 C_{30} 反相柱（250mm×4.6mm），流速为 0.5mL/min；核磁共振数据是通过 500MHz 核磁共振仪器采集的，在流动模式下获得了待测组分的^{1}H NMR 谱。通过采集不同的 m/z（190～450）数据，获得待测组分的质谱信息。为了保证核磁共振流动池中的溶剂组成固定，使核磁共振谱检测具有更好的稳定性，在进行 HPLC-NMR-MS 分析时，色谱分离选用比梯度洗脱模式更稳定的等度模式的条件进行。图 4-10 显示了 HPLC-NMR-MS 的数据采集结果。结合紫外检测数据，最终确定了^{1}H NMR 谱数据和质谱数据。

化合物 1（保留时间 RT＝14.9min）的^{1}H NMR 谱中，芳香区的四个质子形成两对 AB 体系（H-3，δ 6.26，d，J＝10.0Hz、H-4，δ 8.19，d，J＝10.0Hz、H-3′，δ 7.16，d，J＝2.3Hz、H-2′，δ 7.75，d，J＝2.3Hz），呈现典型的线性呋喃香豆素模式。质子（H-4）的位置低磁场位移表明 C-5 存在氧取代。C-1 处的两个质子表现的双子耦合常数^2J 为 11.5Hz（H-1$_a$″，δ 4.26，dd，J＝6.5，11.5Hz 和 H-1$_b$″，δ 4.39，dd，J＝4.6，11.5Hz）。δ 1.07 和 δ 1.18 处的两个甲基分别归属于 H-5″和 H-4″。结合质谱数据提供的分子离子峰 m/z 为 318，综合分析化合物 1 的特征为比克白芷醚。

化合物 2（RT＝16.0min）的^{1}H NMR 谱类似于化合物 1，除了 δ 7.24 处一个宽的单态（H-8，$br\ s$，J＝1Hz）和 δ 7.08 处的双二重峰（H-3′，dd，J＝2.4Hz）。H-3′的双二重峰表明 C-8 上存在氢原子。已知呋喃香豆素的线性骨架很少通过五个键长程耦合，因此化合物 2 为氧化前胡素。

化合物 3～5（RT＝21.4min、25.0min 和 30.0min）分别在 m/z 为 272、302 和 272 处出现分子离子峰。它们的^{1}H NMR 谱也显示了典型的呋喃香豆素结构。与化合物 1 和化合物 2 相比，在 H-1″处未检测到^2J 值，这表明化合物 3～5 中 C-2″和 C-3″处不存在环氧化物。在化合物 3 中，既没有观察到质子（H-4）的低场移动，也没有观察到 H-3′和 H-8 之间的^5J 耦合，因此为欧前胡素。化合物 4 为珊瑚菜素。化合物 5 的质谱数据与化合物 3 相同，表明 H-3′和 H-8 之间存在^5J 耦合，推测为异欧前胡素。

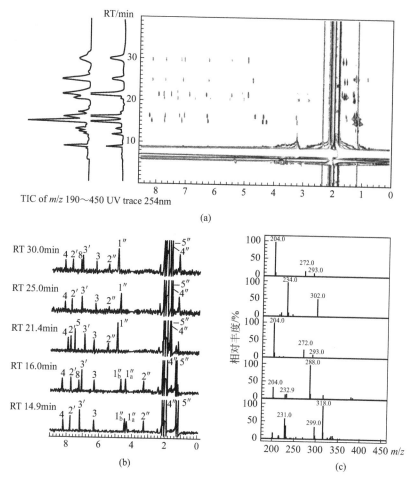

图 4-10　在流模式下 HPLC-¹H NMR-MS 数据采集结果（a）、白芷中的
五种呋喃香豆素类化合物¹H NMR 谱图（b）和质谱图（c）[21]

4.3.2.2　在代谢组学中的应用

Bajad 等[22]通过 HPLC-NMR-MS 联用技术对大鼠尿液中胡椒碱代谢产物进行了研究。胡椒碱是黑胡椒的活性生物碱，广泛存在于多种食物中，在增加人体药物利用率方面具有潜在的临床意义。为了进一步研究其在大鼠和人体内代谢的差异，采用 HPLC-NMR-MS 联用技术，在停流模式下，流速为 1mL/min，即可实现胡椒碱代谢产物的分离及鉴定，最终明确了大鼠的胡椒碱代谢途径。

参 考 文 献

［1］ Watanabe N，Niki E. Direct-coupling of FT-NMR to high performance liquid chromatography［J］. P Jpn Acad B-phys，1978，54：194-199.

［2］ Bayer E，Albert K，Nieder M，et al. On-line coupling of high performance liquid chromatography and nuclear magnetic resonance［J］. J Chromatogr A，1979，186：497-507.

［3］ Garo E, Wolfender J L, Hostettmann K, et al. Prenylated flavones from *Monotes engleri*: on-line structure elucidation by LC/UV/NMR ［J］. Helv Chim Acta, 1998, 81: 754-763.

［4］ Cavin A, Potterat O, Wolfender J L, et al. Use of on-flow LC/^{1}H NMR for the study of an antioxidant fraction from *Orophea enneandra* and isolation of a polyacetylene, lignans, and a tocopherol derivative ［J］. J Nat Prod, 1998, 61: 1497-1501.

［5］ Ioset R, Wolfender J L, Marston A, et al. Identification of two isomeric meroterpenoid naphthoquinones from *Cordia linnaei* by liquid chromatography-mass spectrometry and liquid chromatography-nuclear magnetic resonance spectroscopy ［J］. Phytochem Anal, 1999, 10: 137-142.

［6］ Queiroz E F, Wolfender J L, Atindehou K K, et al. On-line identification of the antifungal constituents of *Erythrina vogelii* by liquid chromatography with tandem mass spectrometry, ultraviolet absorbance detection and nuclear magnetic resonance spectrometry combined with chromatographic microfractionation ［J］. J Chromatogr A, 2002, 974: 123-134.

［7］ Wolfender J L, Verotta L, Belvisi L, et al. Structural investigation of isomeric oxidized forms of hyperforin by HPLC-NMR and HPLC-MS^n ［J］. Phytochem Anal, 2003, 14: 290-297.

［8］ Waridel P, Wolfender J L, Lachavanne J B, et al. *ent*-Labdane glycosides from the aquatic Plant *Potamogeton lucens* and analytical evaluation of the lipophilic extract constituents of various constituents of various *Potamogeton* species ［J］. Phytochemistry, 2004, 65: 945 -954.

［9］ Fritsche J, Angoelal R, Dachtler M. On-line liquid chromatography-nuclear magnetic resonance spectroscopy-mass spectrometry coupling for the separation and characterization of secoisolariciresinol diglucoside isomers in flaxseed ［J］. J Chromatogr A, 2002, 972: 195-203.

［10］ Andrade F D P, Santos L C, Datchler M, et al. Use of on-line liquid chromatography-nuclear magnetic resonance spectroscopy for the rapid investigation of flavonoids from *Sorocea bomplandii* ［J］. J Chromatogr A, 2002, 953: 287-291.

［11］ Iwasa K, Kuribayashi A, Sugiura M, et al. LC-NMR and LC-MS analysis of 2, 3, 10, 11-oxygenated protoberberine metabolites in *Corydalis* cell culture ［J］. Phytochemistry, 2003, 64: 1229- 1238.

［12］ Lambert C, Richard T, Renouf E, et al. Comparative analyses of stilbenoids in canes of major *Vitis vinifera* L. cultivars ［J］. J Agric Food Chem, 2013, 61: 11392-11399.

［13］ Li Y, Wu X F, Li J B, et al. Identification of cardiac glycosides in fractions from *Periploca forrestii* by high-performance liquid chromatography/diode-array detection/electrospray ionization multi-stage tandem mass spectrometry and liquid chromatography/nuclear magnetic resonance ［J］. J Chromatogr B, 2010, 878: 381-390.

［14］ Zehl M, Braunberger C, Conrad J, et al. Identification and quantification of flavonoids and ellagic acid derivatives in therapeutically important *Drosera* species by LC-DAD, LC-NMR, NMR, and LC-MS ［J］. Anal Bioanal Chem, 2011, 400: 2565-2576.

［15］ Tseng L H, Braumann U, Godejohann M, et al. Structure identification of aporphine alkaloids by on-line coupling of HPLC-NMR with loop storage ［J］. J Chin Chem Soc, 2000, 47: 1231-1236.

［16］ Kabel M A, De Waard P, Schols H A, et al. Location of *O*-acetylsubstituents in xylo-oligosaccharides obtained from hydrothermally treated *Eucalyptus* wood ［J］. Carbohydr Res, 2003, 338: 69-77.

［17］ Sleiman M, Ferronato C, Fenet B, et al. Development of HPLC/ESI-MS and HPLC/^{1}H NMR methods for the identification of photocatalytic degradation products of iodosulfuron ［J］. Anal Chem, 2006, 78: 2957-2966.

［18］ Durand S, Sancelme M, Besse-Hoggan P, et al. Biodegradation pathway of mesotrione: Complementarities of NMR, LC-NMR and LC-MS for qualitative and quantitative metabolic profiling ［J］.

Chemosphere，2010，81；372-380.

［19］ Akira K，Mitome H，Imachi M，et al. LC-NMR identification of a novel taurine-related metabolite observed in ^{1}H NMR-based metabonomics of genetically hypertensive rats ［J］. J Pharm Biomed Anal，2010，51；1091-1096.

［20］ Pawlus A D，Cantos-Villar E，Richard T，et al. Chemical dereplication of wine stilbenoids using high performance liquid chromatography-nuclear magnetic resonance spectroscopy ［J］. J Chromatogr A，2013，1289；19-26.

［21］ Kang S W，Kim C Y，Song D，et al. Rapid identifcation of furanocoumarins in *Angelica dahurica* using the online LC-MMR-MS and their nitric oxide inhibitory activity in RAW 264. 7 cells ［J］. Phytochem Anal，2010，21；322-327.

［22］ Bajad S，Coumar M，Khajuria R，et al. Characterization of a new rat urinary metabolite of piperine by LC/NMR/MS studies ［J］. Eur J Pharm Sci，2003，19；413-421.

第5章

色谱-色谱联用技术

色谱-色谱联用技术的出现是由于采用一维（1D）色谱分离技术无法达到既定的分离目标，或者至少不允许实现目标组分的有效分离。1D分离无法达到分离目的的原因归纳起来主要有以下几点：①样品为非均相状态，其中包含成百上千，甚至数万个组分；②样品含有一对或多对化学性质相近的组分；③主成分含量过高，掩盖了微量的目标组分，因而采用1D无法分离该类复杂样品。而采用二维分离技术，在理想状态下，可以使第一维（^{1}D）无法分离的混合物转移到第二维（^{2}D）后实现完全分离。对于主峰所掩盖的痕量组分，可将含有痕量组分的部分主峰切割到第二维的不同色谱柱或不同分离模式中，进行再一次色谱分离，从而达到将主组分和痕量组分分开的目的。

目前二维色谱联用技术主要包括二维液相色谱（2D-LC）、二维气相色谱（2D-GC）、液相色谱-气相色谱联用（LC-GC）、二维薄层色谱（2D-TLC）及薄层色谱-气相色谱联用技术等分离模式。

5.1 二维液相色谱联用技术

5.1.1 概述

一维液相色谱（1D-LC）在各类实际样品测定中已得到了广泛的应用，然而对于一些来源复杂的样品，如食品、环境及生物样品等，采用传统的1D-LC无法实现准确的定性及定量分析。已发展了20余年的全二维液相色谱（LC×LC）目前成为解决该类问题的最佳选择。

最常用的LC×LC系统包括两个色谱泵、两根色谱柱、进样阀、接口和检测器等部件。接口通常是一个高压两位阀，该接口一般被称为调制器或取样装置。

由于LC×LC分离的峰容量是两维（$n_{2D} = n_{D1} \times n_{D2}$）峰容量的乘积，因此，该方法提供了更多的样品组分分离的可能性。另外，通过优化两维的流动相和固定相可以调节正交度，从而可以显著提高二维系统的峰容量，使各种复杂组分的分离成为可能。鉴于二维液相色谱与1D-LC相比的强大的分离功能，该联用技术目前已广泛应用于药物、生物样品、天然活性物质及环境样品的分离中。

图5-1显示了二维液相色谱联用技术的三个主要发展阶段，以及一些在该联用技

术发展道路上的重要里程碑。从 20 世纪 70 年代末期到 2000 年的第一个时代，除了应用于蛋白质组学和聚合物分析领域的全二维液相色谱联用技术外，这一时期主要以"中心切割式"（heart-cut）二维液相色谱联用技术（LC-LC）为主导，即第一维只有部分组分转移到第二维进行分离。在这一时期里大多数联用仪器都是实验室自制的，也有少数高度专业化的商业联用系统。这段时期的研究工作主要集中于 2D-LC 的应用，而不是基础研究。

2000～2010 年的十年是非常重要的发展时期，在这段时间，几个研究小组主要致力于联用技术的基础研究，并发展了该联用技术的相关原理，人们现在应用这些联用原理来指导联用方法的建立，评估 2D-LC 方法的分离效率。显而易见，在分离领域，2D-LC 与 1D-LC 之间存在着竞争关系，而 2D-LC 联用技术在分析复杂样品方面存在显著优势，因而，仪器厂家也开始大量投资开发专用的 2D-LC 仪器。

在过去的近 10 年中，2D-LC 技术又得到了长足发展，主流仪器厂家已经开发了 2D-LC 联用技术的硬件和软件。在某些方面，这些厂家已经解决了 2D-LC 特有的在仪器硬件方面的挑战，2D-LC 的硬件比过去实验室自制的 1D-LC 仪器的硬件更加稳定。现在人们只需购买一台商品化的 2D-LC 仪器，就可以将研究的重点转向 2D-LC 的应用方面。更为重要的是，这一阶段出现了 2D-LC 的"混合模式"，这种模式介于"中心切割式"和"全二维"之间。最终，这类混合模式为用户提供了极大的操作灵活性，可以发挥 2D 分离优势，从而以最有效的方式满足不同的应用需求。

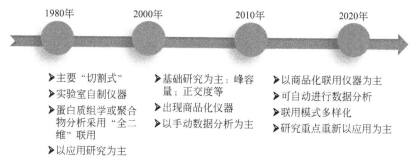

图 5-1　二维液相色谱联用技术的不同发展阶段

5.1.2　二维液相色谱联用原理

高效液相色谱发展至今，在分离技术和分离能力方面有很大提高，分离模式从一维液相色谱发展到二维液相色谱甚至多维色谱，以解决分离复杂样品的需求。然而在当前的技术条件下，已有方法和技术仍然不能满足分离实际复杂样品的需要，二维和多维液相色谱也远未达到理论的分离能力。

Giddings[1,2]定义了多维分离的三条原则：①所有样品组分的色谱分离要经过两种或两种以上的独立模式；②各组分间的分离效率不受后续分离的影响；③两维分离的色谱结果得到保存。也就是说，多维色谱是在不同的分离模式下，即在不相关的保留机理下进行的色谱分离。

根据以上原则，多维液相色谱可以采用不同分离机理的色谱系统进行联用。同时由于在液相色谱的分离是样品在色谱固定相和流动相之间的分配过程，流动相的选择以及组成对液相色谱的分离起着至关重要的作用，因此还可以通过流动相添加剂的作用，影响化合物的保留，产生多种的保留机理，为多维色谱分离提供丰富的组合方式。原则上，只要两维间流动相可以匹配，即两种流动相可以混溶，两种方法在理论上即可联用。流动相互溶问题也是制约二维液相色谱实际应用的一个重要因素，如无法避免这一问题，就需要在两维间设计一个特殊接口，以实现两维溶剂转换。而二维液相色谱相对于二维气相色谱来说，主要的困难是溶剂转换、转移体积和系统峰，以及实验设备和实际操作的相对复杂性。

二维液相色谱按第一维（^{1}D）组分是否直接进入第二维（^{2}D），可以分为离线（off-line）[3]和在线（on-line）二维色谱两大类。在线二维系统具有以下特点：①样品在两种不同保留机理的色谱柱上进行分离；②两维的结合方式能使样品从一根色谱柱在线转移到另一根色谱柱上。在线方法可以降低操作强度，避免人为误差，提高样品的分析通量，具有很高的分离效率。但是在线二维联用也存在仪器设备复杂、操作困难等因素。

根据第一维的馏分是否全部转移到第二维，二维液相色谱又可以分为"中心切割式"（heart-cut）二维液相色谱（LC-LC）[4,5]、停流（stop-flow）二维液相色谱[6,7]和全二维液相色谱（comprehensive LC×LC）[8,9]。通常当^{2}D的分析速度较慢，无法满足^{1}D的采样速率时，就会采用停流模式实现二维分离（见图5-2）。与全二维分离模式相比，停流模式会延长分析时间，同时还会造成谱带展宽现象。切割技术虽然发挥了二维分离的能力，但不能得到第一维洗脱产物全部组分的信息而只是得到切割窗口内组分的信息；与此相比，全二维液相色谱克服了切割技术的弊端，使第一维洗脱产物全部进入第二维模式中继续分析，非常适合分析含有复杂成分的未知样品。全二维分离应满足三个条件：①样品的每一部分都受到不同模式的分离；②第一维的所有样品组分都被转移到第二维及检测器中；③在一维中已得到的分辨率基本上维持不变。"基本"指通过测量全二维中第一维轴上的某个特殊峰所对应的第一维的分辨率与一维情况相比减少不超过10%。其中，第一条和第二条是传统的切割技术与全二维联用技术的显著区别。

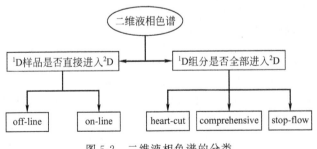

图5-2　二维液相色谱的分类

二维液相色谱的应用范围很广，几乎涉及高效液相色谱的各种分析方法和分析对象。近年来，全二维液相色谱的研究、二维系统中使用细内径微柱或毛细管柱以提高分析灵敏度、整体柱的引入，以及二维系统在常规分析中的应用日益受到关注。

在全二维液相色谱系统中，两维之间的依赖关系在于第二维的分析速度对第一维采样速率的影响，即影响整个二维系统的峰容量。2010 年 Potts 等[10] 报道了第一维的峰容量和梯度时间及第二维的循环时间对整个体系总峰容量的影响。结果表明，在快速的 LC×LC 分离（<1h）中，第二维比第一维对总峰容量的影响更为显著。Fairchild 等[11] 研究发现在 ^{2}D 采用多根色谱柱分离 ^{1}D 的流出物在取样速率方面具有很大的优势，首先是峰容量显著提高，同时缩短了分析时间。

为了解决第二维采样率低的困境以及分离复杂样品的挑战，在 2012 年左右出现了混合 2D 分离模式，并在不同研究领域迅速得到普及。具体而言，多"切割式"[12]（mLC-LC）和选择性"全二维液相"[13]（sLC×LC）联用技术最大限度地发挥了 LC-LC 和 LC×LC 这两种极端模式的优点，同时减少了这两种联用模式的弱点。而这些替代模式的引入，可以开拓使用者的视野，从而选择对其分析问题适合的联用模式。

然而，mLC-LC 联用模式虽然应用更为灵活，但是在分析过程中也存在不可避免的缺陷：首先，在 ^{1}D 的切割体积小于峰体积的情况下，从 ^{1}D 转移到 ^{2}D 柱的待测组分的定量与 ^{1}D 的切割位置和待测组分在 ^{1}D 的保留时间的稳定性密切相关，否则会严重降低待测组分定量的准确性。其次，可以通过增大 ^{1}D 切割体积使其大于峰体积，从而降低对保留时间稳定性的依赖性；然而，这不可避免地导致在转移到 ^{2}D 分析柱之前，待测组分峰与相邻谱峰之间的混合。也就是说，在这种情况下，由于 ^{1}D 样品峰的采样不足严重破坏了 ^{1}D 色谱柱的分离效率。

鉴于 mLC-LC 在应用方面的局限性，随后出现了 sLC×LC 联用模式。mLC-LC 和 sLC×LC 之间的主要区别在于，在 sLC×LC 联用模式下，^{1}D 的每个目标峰或区域中的多个组分都被转移到 ^{2}D 进行分离，这有效地解决了 ^{1}D 保留时间波动产生的待测组分定量问题，保证了定量的准确性[14]，而且避免了 ^{1}D 样品峰采样率低的问题，当 ^{1}D 分离对目标组分的整体分离效率具有重要影响时，这点是非常重要的。

2D-LC 未来有可能成为质量保证和质量控制的重要手段，如果按这种趋势发展，那么在可预见的将来，2D-LC 联用技术将成为重要的主流分离技术。

5.1.3　理论研究

5.1.3.1　二维色谱的正交性评价

二维系统通常采用不同分离模式进行分离，但是在实际的分离系统中各二维体系中或多或少存在分离的相关性，这就使二维液相分离系统的正交性大大降低。

评价二维分离系统的正交性参数有：实际峰容量、保留相关性以及峰展开角。根据每维分离的峰容量，以及正交条件下二维分离空间的峰展开角可以计算出实际峰容量，从而可以评价一个全二维分离系统的实际分离效能。

在采用一维液相色谱进行等度洗脱时，系统的峰容量可采用公式（5-1）进行描述：

$$n_p = \frac{\sqrt{N}}{4R_s} \ln\left(\frac{1+k_\omega}{1+k_a}\right) + 1 \tag{5-1}$$

式中，n_p 为在最小保留因子 k_a 和最大保留因子 k_ω 之间采用相同分离度时可分离的色谱峰个数；R_s 为溶质的分离度；N 为分离柱的塔板数，在公式(5-1)中假设为常数（与分析物无关）。

当采用梯度洗脱时，一维色谱的峰容量相比于等度洗脱有很大提高，见公式(5-2)：

$$(n_p)_G = 1 + \frac{\sqrt{N}}{4}\int_{t_0}^{t_R}\frac{1}{t_0}\frac{1}{k_e+1}\mathrm{d}t \approx \frac{t_G}{4(\sigma_t)_G} = \frac{t_G\sqrt{N}}{4t_m(1+k_e)} \qquad (5\text{-}2)$$

式中，t_G 表示梯度洗脱时间；t_m 表示梯度洗脱起始时间；k_e 表示梯度洗脱保留因子。

而当采用二维液相色谱对复杂化合物进行分离时，系统的峰容量[15,16] 可采用公式(5-3)进行描述：

$$n_{2D} = n_1 n_2 (1-R) + \sqrt{n_1^2 + n_2^2}\,R \qquad (5\text{-}3)$$

式中，R 为权重因子，可衡量二维分离系统的相似度，即两维分离的保留相关性等。

当两维系统完全正交时，$R=0$，此时公式(5-3)转换为公式(5-4)；当 $R=1$ 时，即谱峰完全沿对角线分布，此时公式(5-3)转换为公式(5-5)。因此，在实际应用中要考察两维分离的选择相关性，从而决定实际分离中的峰容量。

$$n_{2D} = n_1 n_2 \qquad (5\text{-}4)$$

$$n_{2D} = \sqrt{n_1^2 + n_2^2} \qquad (5\text{-}5)$$

从公式(5-3)可以看出，只有当两维分离完全正交时［见图 5-3(a)］，才能实现理论的峰容量[17]；当两维分离具有相关性时，实际峰容量只能达到理论峰容量的部分值［见图 5-3(c)］；当两维分离机理完全相似时［见图 5-3(b)］，峰容量大大降低，实际上的分离情况只相当于一维分离的峰容量，色谱峰主要沿对角线分布。现有研究结果表明[18]，多维分离的信息容量是各单维分离的信息量之和减去相关信息。降低相关信息，也就是交互信息，对多维分离非常重要。当交互信息量大时，大部分分离空间都闲置或者无法占据，样品组分主要拥挤在对角线范围内，无法达到理论峰容量，既浪费分析时间，也降低了多维分离的分离效能。因此，降低交互信息量将大大提高多维分离效率。理论上，完全正交的二维分离系统两维分离完全不相关，交互信息为零。因而采用该二维系统，实际峰容量与理论峰容量相同。但是，两维分离机理不相同并不能保证可以构建完全正交的多维系统。还可以把二维色谱的峰容量和相关性用矢量来描述，则实际峰容量可以用矢量积来表述。

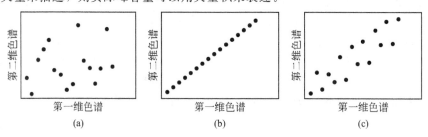

图 5-3　两维分离机理相关性比较

（a）两维分离机理相关性低；（b）两维分离机理相似；（c）两维分离机理具有部分相关性

　　区带重叠的统计理论预测，二维色谱分离重叠谱峰的能力并不与二维峰容量增加呈线性关系，也就是说二维峰容量的增加并不能使复杂混合物的重叠峰完全达到基线分离。谱带的分离还与样品的性质有关，所以 Giddings[19] 引入了"sample dimensionality"的概念，指出峰容量的提高程度和样品组分分布的有序程度有着密切关系，样品维数大于或者小于系统维数都不能发挥多维分离的优势，也就是说样品维数必须与系统维数相匹配。在实际的二维色谱分离中，样品峰的分布并不是像理想状态下的有序分布，而是呈现无序分布的状态。因此，即使实际的二维色谱峰容量有很大提高，以致能够完全容纳所有组分的谱带宽度，但因样品峰的无序分布，仍不能完全满足复杂样品的分离要求。

　　如果 2D-LC 分离的目标是选择高度互补的分离模式和固定相，那么人们面临的挑战是如何根据分离谱图中的数据评估两维的互补程度。早期文献中多采用"正交度"评价 2D-LC 的两维分离模式的互补程度，但在有效评价峰的分布问题方面都存在相应问题，即高估了分离空间使用的有效性。

　　鉴于此，为了有效评价实际样品分析中谱峰在分离空间的覆盖率，引入了"分离空间覆盖率（f_{cov}）"这一参数，因此，提高 f_{cov} 是联用技术发展的重要目标。f_{cov} 也可用来校正二维联用系统的实际峰容量，见公式（5-6）：

$$n_{C,2D}^* = {}^1n_C \times {}^2n_C \times f_{cov} \tag{5-6}$$

考虑到 $n_{C,2D}^*$ 与 f_{cov} 成正比，合理选择互补的 ${}^1D$ 和 ${}^2D$ 分离模式，以及优化洗脱条件，可以有效地提高实际分析系统的峰容量。

5.1.3.2　二维分离系统的分离效能评价

　　二维色谱的分离效能的评价应该考虑被分析化合物在不同分离模式的分离机理的差异，也就是说，要综合考虑切换接口在二维分离的作用，以及溶质的扩散、两相传质的作用等因素。到目前为止，还没有一个公认的方法来评价二维液相分离的总体效率。

　　评价二维分离的效果包括：谱带展宽[20]，溶剂不互溶所造成的系统峰和谱带异常展宽，分离时间，在二维分离平面中可利用的分离空间以及二维系统的分离度[21]。理想条件下的二维系统分离度为：

$$R_{2D} = \sqrt{R_{s1}^2 + R_{s2}^2} \tag{5-7}$$

式中，R_{s1} 为第一维的分离度；R_{s2} 为第二维的分离度；R_{2D} 为二维系统的分离度。公式（5-7）仅适用于小分子化合物的分离，在大分子化合物分离时由于谱带较为拥挤使该公式的应用产生局限性[22]。

　　在液相色谱梯度洗脱过程中，谱带扩散系数可用公式（5-8）进行描述：

$$(\sigma_t)_G = \frac{t_m(1+k_e)}{\sqrt{N}} \tag{5-8}$$

$$\ln k = \ln k_0 - S\varphi \tag{5-9}$$

$$\varphi = A + Bt \tag{5-10}$$

　　在线性梯度洗脱中，k 表示保留因子；k_0 表示溶质在弱洗脱流动相中的保留因子；S 表示溶质相关因子；φ 表示强有机溶剂的体积分数。此时的保留因子见下式：

$$k_e = \frac{k_A}{1 + SB k_A [t_m - (t_D / k_A)]} \tag{5-11}$$

式中，k_A 为梯度洗脱起始时（$\varphi = A$）的保留因子；t_D 为梯度洗脱延迟时间。

除了先洗脱的峰以外，后面洗脱峰的 k_A 都很大，因此上式可以简化为下面的形式：

$$k_e \approx \frac{1}{SB t_m} = \frac{t_G}{S t_m \Delta \varphi} \tag{5-12}$$

通过公式(5-12)可以计算出 k_e，从而算出谱带扩散系数。

通过公式(5-13)可以计算目标化合物在第二维的最大保留时间 $^2 t_R$：

$$^2 t_R = {}^1 \sigma_t = \frac{{}^1 t_R}{\sqrt{N}} = \frac{{}^1 t_m (1 + {}^1 k)}{\sqrt{N}} \tag{5-13}$$

式中，$^1 t_m$ 为流动相在第一维色谱柱内的停留时间；$^1 k$ 为目标化合物在第一维的保留因子。

在实际二维分离中，可根据进样体积和谱带展宽决定二维系统的柱子内径：

$$\sigma_{inj}^2 = \frac{V_{inj}^2}{\delta^2} \tag{5-14}$$

$$\theta_{inj} = \frac{\sqrt{\sigma_{inj}^2 + \sigma_{col}^2}}{\sigma_{col}} \tag{5-15}$$

通过公式(5-14)可以计算进样的谱带展宽，其中 δ^2 为常数，在理想的进样谱带条件下为12，但在实际分离条件下一般为4。在柱子谱带展宽已知条件下，通过公式(5-15)可以计算出进样谱带展宽在色谱展宽中占的百分数。从而根据这些因素确定色谱柱内径、柱子流速及第二维采样体积等参数。

理想的二维分离系统在实际应用中很难获得，通常情况下的二维分离是不太完美的。在很大程度上，一维分离的样品峰分布的有序和无序程度，在实现最佳分离时起着决定性作用。

近年来，二维液相色谱的发展趋势是建立高度自动化的全二维液相色谱系统。但是在实际操作中仍存在争议，即如何进行全二维液相色谱的组分切割。Murphy[23]等强调第一维所有组分都要转移到第二维进行后续分离（包括没有色谱峰的纯流动相洗脱部分），而 Toups 等[24]则认为没有色谱峰的部分没有必要切割到第二维进行分离，这样可以节省分离时间。否则，由于第二维分离时间不足，容易出现谱峰重叠效应，使二维谱峰的定性出现困难。当两维采用不同检测器时，将第一维组分全部转移到第二维进行精细分离，此时可以通过不同的两维检测器提供互补信息，如紫外检测器和质谱检测器，从而增加样品组分定性的准确性。

2009 年之前，在 2D-LC 的大部分分离工作中，^{2}D 的洗脱条件基本是固定的。也就是说，即使在 ^{2}D 中使用梯度洗脱，在分析过程中第二维一直是重复使用该梯度洗脱条件。Bedani[25]等和 Jandera[26]等首次发现，在二维分析中动态调整 ^{2}D 的梯度洗脱条件是可行的。随后他们讨论这种洗脱方式在二维液相色谱联用中的应用价值，发现采用该洗脱模式能够更完整地使用 2D 分离空间，他们的研究成果从根本上改变了优化 2D-LC 分离的方法，从而能够更好地提高 2D-LC 的分离效能。

5.1.4 二维液相色谱的联用模式及检测方法

5.1.4.1 二维液相色谱的联用模式

虽然二维液相色谱有很多联用模式，但基本结构大致相同，一般包括进样阀、两个以上多通二位切换阀、两套流动相输液系统、合适的检测器、一根第一维分离柱、一根或者多根第二维分离柱。根据接口的不同，还需要一些其他的辅助系统。在构建 2D-LC 的早期，大多数仪器都是用现有的 1D-LC 仪器的组件进行实验室组装，而目前已经有了商品化的 2D-LC 仪器，使用者依据分析对象的不同，可以有更多的选择。

在二维液相色谱联用系统中可以采用多种色谱分离模式的组合，包括体积排阻色谱/反相色谱（SEC/RPLC）[27,28]、离子交换色谱/反相色谱（IEC/RPLC）[29~32]、正相色谱/反相色谱（NPLC/RPLC）[8,9,33~36]、体积排阻色谱/离子交换色谱（SEC/IEC）[37,38]、亲和色谱/反相色谱（AC/RPLC）[39,40]、反相色谱/凝胶渗透色谱（RPLC/GPC）[23]、反相色谱/反相色谱（RPLC/RPLC）[41,42]、亲水作用色谱/反相色谱（HILIC/RPLC）[43~46]等联用形式。

然而，由于被测物质的过度稀释或在 ^{1}D 或 ^{2}D 分离步骤中分离效率较低等原因，许多组合模式根本无法达到理论的分离效能。在实际应用中根据分析目的、分析对象的不同，可选择合适的色谱组合方式，表 5-1 对几种组合模式的分离效能进行了比较，以得分率作为评价指标，通过在正交度、峰容量、溶剂兼容性及应用等方面的得分率高低来反映不同组合模式的总效能。

表 5-1 二维液相色谱的不同分离模式比较

分离模式	IEC× RPLC	SEC× RPLC	NPLC× RPLC	RPLC× RPLC	HILIC× RPLC	HILIC× HILIC	AC× RPLC	SEC× NPLC	SEC× IEC
正交度	++	++	++	+	+	－	++	+	+
峰容量	+	+	+	++	+	+	－	+	+
峰容量/时间	－	－	+	++	+	+	－	+	+
溶剂兼容性	+	+	+	+	+	++	+	+	+
应用	+	+	－	++	+	－	+	+	+

注："＋"为正分，"－"为负分。

如果要开发表中溶剂兼容性及应用较低的组合模式（如 NPLC×RPLC），那么该组合模式必须有足够的优势，以克服其在溶剂兼容性及应用等方面的缺陷。RPLC×RPLC 组合是目前应用较广的二维液相联用模式，虽然两维皆为 RPLC 分离模式，理论上正交度较低，但事实上，如果选择两种 RPLC 分离机理差异足够大，可以克服其正交度低的缺点。而且由于 RPLC 分离模式的独特优势，使 RPLC×RPLC 组合非常具有吸引力，如具有分离效率高、峰容量大、两维流动相混溶及与质谱（MS）检测和生物大分子分析的相容性等优势。

在构建二维液相色谱联用模式时，^{1}D 和 ^{2}D 的分离模式的选择是非常重要的，两维分离的选择性方面要相互补充。然而，在建立二维分离系统时，不能为了获得高峰容量，而忽视两维的其他分离效能。从分离选择性考虑，将 RPLC 和 HILIC 结合构建二维液相色谱分离模式是非常具有吸引力的，因为两维的分离机理具有很大差异。但采用该组合模式分离多肽时[47]，当在 ^{2}D 采用 HILIC 分离时，与 RPLC 分离相比，存在谱带展宽现象。因而，RPLC/HILIC 模式的谱峰展宽的缺点超过其正交度高的优势，导致该联用模式与 RPLC/RPLC 联用模式相比峰容量较低。

5.1.4.2 联用接口技术

在 2D-LC 中的接口包括将 ^{1}D 馏分部分或全部转移到 ^{2}D 色谱柱以实现进一步分离的进样阀及相关部件。接口无疑是 2D-LC 系统中最关键的组成部分，通过接口将两维分离系统联系在一起。接口技术显著影响 2D-LC 系统的整体分离效能，如定量准确性、保留重复性、柱稳定性和检测灵敏度等。

（1）捕集柱-阀切换接口模式 捕集柱的作用是在两维分离间形成"重新溶质聚焦"（refocussing）过程，以同时实现样品的采集和浓缩，降低第一维切割组分的体积以及改变溶剂组成等。该接口方式（见图 5-4）可以实现第一维被洗脱物的在线浓缩，因此可以提高样品的检测灵敏度。

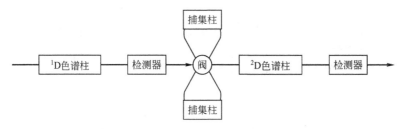

图 5-4 捕集柱-阀切换接口示意

采用捕集柱-阀切换接口技术对第一维流动相以及捕集柱的填料类型都有限制，捕集柱对第一维切割组分的保留能力要大于第一维色谱柱，但是在第二维流动相洗脱条件下还要易于解吸，没有组分残留[48,49]，该接口模式在 IEC/RPLC 联用中应用较广。

（2）定量环-阀切换接口模式 在定量环-阀切换接口模式中（见图 5-5），可以通过改变定量环的体积调节第二维色谱的进样体积。定量环的体积由第一维色谱柱的流速和第二维色谱柱的运行及平衡时间决定。定量环-阀切换接口技术由于操作简单（见图 5-6），在实际二维色谱联用中得到了广泛应用[39,40,50,51]。但是，该接口只适用于流动相互溶的条件。

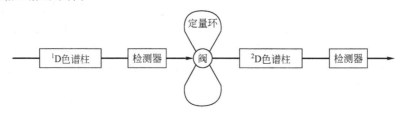

图 5-5 定量环-阀切换接口示意

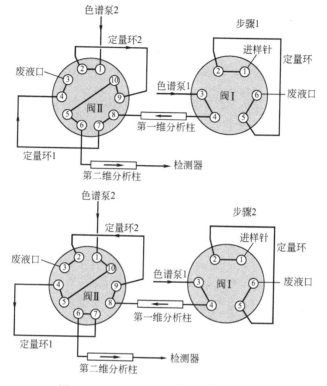

图 5-6　定量环-阀切换接口[52]应用示意

（3）平行柱-阀切换接口模式　该接口方式（见图 5-7）是将第一维样品直接交替转移到第二维两根或者多根色谱柱柱头[52,53]，在第二维柱头实现谱带压缩或者样品富集。第二维可以采用完全相同的色谱柱[52]，也可以采用不同的色谱柱[54,55]，从而对第二维的分离结果进行比较和补充。

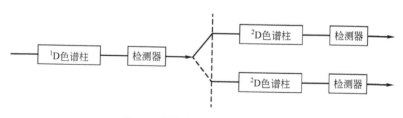

图 5-7　平行柱-阀切换接口示意

实际二维联用中不论采用上述哪种接口技术，都要使两种分离模式相匹配。要控制第二维色谱的进样量，常用分流及溶剂置换等辅助切换技术解决这个问题。Jorgenson 等[56]将分流技术应用到 SEC/RPLC 组成的二维系统中，获得了很好的分离效果，但是分流技术有样品损失和定量误差大的缺点。

（4）真空溶剂蒸发接口　2006 年出现了一种新的 2D-LC 联用接口技术：真空溶剂蒸发接口，该接口技术主要应用于正相色谱与反相色谱联用的二维体系。正相色谱与反相色谱的在线联用要想实现理论上的高选择性、高峰容量，首先要解决两维流动相不相溶的问题，从而导致第一维馏分切割到第二维后谱带异常展宽和歧变问题；其次由于第一维正相流动相为非极性溶剂，在反相分离中洗脱强度大，因此当第一维切割组分进样到第二维柱头后必然造成样品组分在第二维柱头的扩散，使进样谱带严重展宽，柱效严重损失，也影响了检测灵敏度；第三是从第一维切割出的馏分体积往往远大于第二维的容许最大进样体积。

田宏哲等[8,9,34]针对 NPLC 与 RPLC 联用所存在的上述难题，设计了双定量环-阀切换的连接模式，在定量环处施加高温及真空（见图 5-8），蒸发第一维的非极性溶剂，而样品组分被保留在定量环内，从而解决了两维流动相不兼容及第二维的进样量过大等问题。

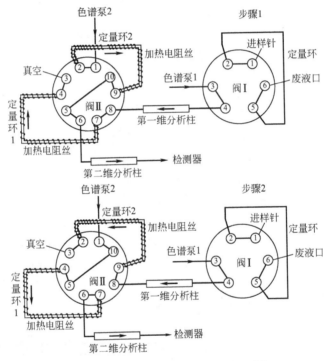

图 5-8 真空溶剂蒸发接口连接示意[9]

图 5-9 描述了溶剂在定量环内静态高温蒸发过程，在溶剂蒸发过程开始时，形成液体前沿，溶剂在半月形的曲面上蒸发。液体的前部在蒸发后逐渐退去。曲面处的蒸气压（p）总是高于定量环出口的压力（p_0），因此即使没有真空，定量环内的溶剂蒸气也会从定量环中排出。然而，定量环的细内径限制了其内部溶剂的蒸发速度。由于定量环内溶剂蒸发过程几乎类似于 GC 毛细管柱的涂层过程，参考 Poiseuille 定律，

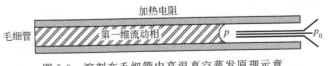

图 5-9 溶剂在毛细管内高温真空蒸发原理示意
p—毛细管内蒸发界面的压力；p_0—毛细管外的压力

以方程式(5-16)计算静态真空溶剂蒸发速率：

$$\frac{\mathrm{d}V}{\mathrm{d}t}=\frac{\pi d_{\mathrm{c}}^{4}(p^{2}-p_{0}^{2})}{256L\eta p_{\mathrm{atm}}}=\frac{\pi d_{\mathrm{c}}^{4}\Delta p(p+p_{0})}{256L\eta p_{\mathrm{atm}}} \tag{5-16}$$

式中，$\mathrm{d}V/\mathrm{d}t$ 表示毛细管外壁所测温度条件下的溶剂蒸发速率；p_{atm} 表示常压；d_{c} 表示毛细管的内径；p 表示毛细管内蒸发界面的压力；p_{0} 表示毛细管外的压力；η 表示蒸气黏度；L 表示溶剂蒸发界面与柱出口处的距离。

在溶剂蒸发过程中，由于溶剂蒸发产生的热量，溶剂前沿的温度与环外温度相比大大下降。因此，考虑到溶剂前沿的温度降低，蒸发曲面上的蒸气压总是低于溶剂的饱和蒸气压，蒸发过程实际上是一种非平衡状态。根据公式(5-16)，可以看出在高温和真空条件下，蒸发速率大大提高；在高温下，p_{0} 和 p 都会增大，而溶剂黏度 η 会下降，从而使 $\mathrm{d}V/\mathrm{d}t$ 增大。在定量环出口处施加真空，可以降低 p_{0}，同时加大 Δp 的差值，也可以达到提高蒸发速率的目的。另外，也可以选用更易挥发的溶剂，增大定量环内的蒸发界面压力 p，提高溶剂蒸发速率。

而在实际二维液相联用过程中，第一维溶剂在定量环内的蒸发是一个动态的蒸发过程，图 5-10 为第一维流动相在接口内的两个定量环（loop，0.25mm i.d.）中的动态真空蒸发过程示意。为减少样品组分的损失，第一维洗脱流动相必须以气体状态而非液体状态离开定量环。原先充满定量环内 1（Loop 1）的第二维流动相在真空条件下被迅速以液体形式抽走，而正相流动相在定量环入口处蒸发形成气体，该气体与残余的第二维流动相之间形成了一个两维流动相的界面。由于该界面的形成保证了第一维流动相与第二维流动相间处于非混合状态，因而确保了第一维流动相以气体形式蒸发而避免了第一维切割组分中的样品丢失。在真空溶剂蒸发过程中两维流动相界面迅速向废液口移动，在移动过程中界面逐渐缩小，界面处的正相流动相逐渐蒸发与反相流动相分离开，而反相流动相挥发成小液滴逐渐消失。第一维组分中的被分析样品由于沸点高、挥发性低而沉积在定量环管壁内。当再次阀转换时，第二维流动相将定

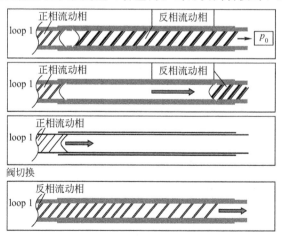

图 5-10　真空溶剂蒸发接口内正相流动相蒸发示意

[1]D：含 5％（体积分数）二氯甲烷/5％正丙醇的正己烷为流动相，8～10μL/min 流速；
[2]D：水/甲醇或水/乙腈为流动相，4mL/min 流速；定量环，25℃

量环内沉积的样品组分脱附到第二维色谱柱上进行反相色谱分离。

　　分别采用非真空 2D-LC 和真空 2D-LC 对不同挥发性的化合物进行分析（除了真空蒸发条件外，其他分析条件完全相同，见表 5-2），然后比较两种分析条件下的待测物峰面积之比，通过该比值反映不同沸点化合物在真空蒸发条件下的回收率。研究发现，随沸点升高样品回收率基本呈增大趋势，对于难挥发化合物，样品回收率在50%以上；而对于半挥发性化合物，沸点越低回收率也越低，其中茴香醛在几种样品中的回收率最低，这主要是由于茴香醛属于挥发油类，沸点低、挥发程度高，在真空条件下也有部分蒸发，因此样品的回收率较低。虽然在所设计接口的真空条件下，被分析物都未达到沸点，但是在真空条件下都具有一定的挥发度，另一方面在两维界面处残余的反相流动相也会带走部分样品，从而造成了采用真空 2D-LC 分离挥发性样品的绝对回收率比较低。因此，真空溶剂蒸发接口，对不同沸点的化合物都有不同程度的损失，而沸点越高的化合物损失越小，因而回收率也越高。

表 5-2　不同沸点化合物采用真空 2D-LC 色谱分离的样品回收率

待测物	沸点/℃	回收率①	相对标准偏差②/%
茴香醛	248	0.15	11.6
菲	340	0.39	3.8
邻二硝基苯	319	0.54	11.6
欧前胡素	467.6	0.67	10.8
异欧前胡素	467.6	0.62	12.3
苯巴比妥	538	0.54	5.0
卡马西平	478	0.53	12.6

① 待测物质在真空 2D-LC 与非真空 2D-LC 分析中峰面积之比。
② 在真空 2D-LC 分析条件下采用峰面积计算相对标准偏差。

　　但是在实际研究中发现，室温 ^{1}D 溶剂蒸发速度较慢。所以，为加速 ^{1}D 溶剂的蒸发速度，在定量环外部采用电阻丝缠绕进行加热，温度控制在大约 85℃，采用该接口技术解决了两维分离流动相不兼容的难题以及第一维馏分在第二维柱头的扩散问题。田宏哲等采用真空溶剂蒸发接口构建了快速全二维液相色谱系统[8,9]，而且仪器操作较为简单，可实现完全自动化的全二维液相分离。Li 等[35]也建立了新颖的真空蒸发辅助吸附接口实现了正相色谱与反相色谱的在线联用，并将该体系应用于分析中华蟾蜍毒素成分的纯化分离，共获得了 19 种纯度较高的组分。

5.1.4.3　二维液相色谱的输液泵

　　除了接口技术外，2D-LC 中的输液泵系统对 2D-LC 分离的整体性能和灵活性的影响也十分显著。在 2D-LC 系统的第二维分析中，分离速度是一个重要的影响因素。如果不考虑柱尺寸和固定相粒径的影响，特别是当第二维采用梯度洗脱时，^{2}D 输液泵的梯度延迟体积是不容忽视的因素。可进行梯度洗脱的输液泵都存在梯度延迟体积，即在达到实际设定的流动相组成之前，从输液泵出口到与其相连接的色谱柱之间需要置换的溶剂体积，与其相对应的置换时间称为延迟时间（t_d）。

　　然而，在 2D-LC 中，比延迟时间本身更重要的是冲洗时间（t_{flush}），即在梯度洗脱结束开始下次分析之前将"强溶剂"（如 RPLC 中的乙腈或甲醇）从输液泵系统及连接管路中冲洗出来所需的时间。根据 Schellinger 等[57]对梯度洗脱的研究，t_{flush} 大约相当于 $2 \times t_d$。当梯度延迟体积为 1mL 时，如用比较老的输液泵系统，是不可能进行快速的 2D 分离的。而当梯度延迟体积 < 100μL 时，可以优先选择目前的输液泵系统实现快速 2D 分离。如果无法实现上述配置，并且在全二维液相系统中 ^{2}D 分离时间非常长，那就会导致 ^{1}D 峰的采样严重不足，从而使二维分离性能比预期的要低得多。在这方面，"切割式" 2D-LC 的联用模式更为灵活，因为每一个 ^{2}D 分离通常会有更多的分离时间。当然可以采用其他措施提高 ^{2}D 分离的通量，如 ^{2}D 采用多个平行的输液泵或色谱柱，但从实用角度考虑，选择高性能的输液泵更为理想。

5.1.4.4　二维液相色谱的检测方法

　　在二维液相色谱联用技术中，对检测器的要求是对流动相的改变响应比较小。大部分的二维液相色谱联用系统都采用 UV 检测（紫外检测）[58~60]，但是紫外检测器只对有生色团的化合物具有响应，没有紫外吸收的化合物的检测受到了限制。鉴于此，红外[61,62]、蒸发光散射检测器[63]、质谱[60,64~67]、荧光检测器[68,69]以及 CD[70]（圆二色检测器）等被应用于没有紫外吸收的化合物的检测中。

　　在二维液相色谱分离中，通常采用峰容量和正交度来评价二维液相色谱的分离效能，除少数研究外[41,46,71]，检测灵敏度作为影响分离性能的重要参数常常被忽略。随着二维液相色谱应用越来越广泛，检测灵敏度被认为是一个越来越重要的问题。而影响检测灵敏度的一个根本问题是，进到二维液相色谱中的样品，无论是在 ^{1}D 还是 ^{2}D，随着样品在色谱柱中的迁移，谱峰都存在扩散现象。因此，无论是在 ^{1}D 色谱柱出口处检测灵敏度多高，在 ^{2}D 柱出口处的灵敏度都会较低，因为目标组分被更大体积的流动相洗脱而使样品峰进一步展宽。

　　当然，通过优化分析条件，可以提高从 ^{1}D 柱洗脱到 ^{2}D 柱入口的分析谱带的"聚焦"或"压缩"性，从而减轻上述影响。如 IEC-RPLC 的联用模式，由于 ^{1}D 的流出液是水溶液，可以大大降低 ^{2}D 的溶剂效应，因此在 ^{2}D 增加进样体积时，仍保持相对较高的检测灵敏度。然而，当 ^{1}D 为 HILIC 或 NPLC 与 ^{2}D 为 RPLC 联用时，溶剂效应要比 RPLC-RPLC 联用更为严重，因而这两种联用模式被认为是"不兼容"的。虽然也有很多文献报道上述联用模式，但都是以牺牲检测灵敏度为代价的。要想避免二维分离效率的恶化，只能减小 ^{1}D 转移到 ^{2}D 的进样体积。除了 ^{1}D 洗脱的有机溶剂/水的组成影响外，^{1}D 流动相中缓冲液的 pH 值及浓度也显著影响 ^{2}D 的分离。在 RPLC-RPLC 联用时，缓冲液中加入羧酸的影响远远大于有机溶剂/水的组成的影响。

　　另外，田宏哲[8,34]和丁坤[72]等报道采用真空溶剂蒸发接口蒸发 ^{1}D 的流动相，可以解决 ^{1}D 样品扩散及两维溶剂不兼容的问题，提高 ^{2}D 的检测灵敏度。而 Verstraeten 等[73]采用温度调控接口可提高 ^{2}D 的检测灵敏度，首先将 ^{1}D 的组分富集在接口进样阀连接的低温捕集柱中，随后升高捕集柱的温度，将富集在捕集柱中的组分解吸到 ^{2}D 进行分离。

　　由于 ^{2}D 分离的速度通常比在 ^{1}D 分离的速度快，因此，无需关注 ^{1}D 检测器的采集速度。而实际上，采集速度慢更有优势，这样可以平滑噪声从而提高信噪比。然而，在^{2}D分析中，采集速度快是非常重要的，尤其是在LC×LC分析中，因为峰宽小于1s的样品峰并不少见。这对于目前比较先进的光谱仪器并不难实现（如紫外、荧光等），而某些类型的质量分析器比其他类型质量分析器采集速率更快，如飞行时间质谱（TOF-MS）和四极杆-飞行时间串联质谱（Q-TOF-MS/MS）更适合快速分离的检测。

虽然^{1}D色谱柱和检测器之间的连接管路和接头会影响^{1}D的色谱峰宽，但是^{1}D的样品峰在检测器部分的展宽并不是特别重要，因为^{1}D的流出物会大量地转移到^{2}D色谱柱，这就导致了一定数量的^{1}D样品峰的再混合。当然这种情况可能在非全二维液相色谱分析中存在例外，根据实验条件不同，该联用模式的^{1}D流出物的色谱峰可能非常窄（<5s），切割体积也可能很小（<5μL）。在这种情况下，就要考虑从^{1}D检测器到接口的连接管路对^{1}D色谱峰宽的影响。另一方面，组分在^{2}D检测器的展宽也对二维系统的分辨率十分不利，所以选择低扩散的小体积检测池是十分重要的。

与1D-LC中使用的常规分离条件相比，在2D-LC中^{2}D分离存在几个极端，例如，通常^{1}D的切割量对于^{2}D色谱柱的死体积具有显著贡献；通常^{1}D的洗脱液与^{2}D的流动相在组成上有很大差异，如有机溶剂和缓冲溶液类型、pH值等；最后，在^{2}D采用梯度洗脱时，梯度洗脱的速度非常快（10~60s）。在梯度洗脱条件下，这些因素会导致明显的检测器噪声波动及基线漂移，这会对^{2}D检测器的信噪比产生显著影响，从而影响样品峰的检测。

如果^{2}D分离的检测灵敏度较低会影响二维液相色谱的整体分离效率，这通常是由两维洗脱流动相的不匹配造成的，而在不损害二维分离性能的条件下，该因素限制了从^{1}D切割到^{2}D的样品体积。目前多采用提高^{2}D分离的信噪比的方式提高检测灵敏度，而在采用紫外检测器为^{2}D检测器时，可通过增加流通池的检测路径长度来提高检测灵敏度[14]。原则上，检测限应随着检测路径长度的增加而相应提高。但实际上随着检测路径长度的增加，检测器的流通池体积也随之增大，而这又会导致样品峰的扩散及峰高的降低。因此，如何优化二维液相的检测灵敏度是一个十分复杂的问题。

5.1.5 其他技术在二维液相色谱联用中的应用

5.1.5.1 微柱液相色谱（μ-HPLC）或毛细管液相色谱（capillary-HPLC）在二维液相色谱中的应用

1967年，Horváth首次采用1.0mm i.d.（内径）的填充柱成功分离了核苷酸，进而提出了微柱液相色谱的概念，随后出现了不同细内径的毛细管柱，但由于没有与之匹配的微柱液相系统，以及色谱柱装填技术造成的柱效较低等原因，微柱液相色谱的发展相对较为缓慢。直到20世纪70年代，由于1.0mm i.d.的微柱获得了高效、快速的分离效果，1976年，日本JASCO公司推出了第一套微柱液相系统——FAMILIC-100（Fast Micro Liquid Chromatograph），从而使μ-HPLC得到快速发展。以下按色谱柱内径（i.d.）不同对液相色谱进行了简单分类，见表5-3，鉴于色谱柱阻力及色谱泵的流量精度等问题，μ-HPLC或capillary-HPLC应用更为广泛。与常规液相色谱（4.6mm i.d.）相比，μ-HPLC或capillary-HPLC具有如下优点：①溶剂消耗量大大降低，比常规HPLC节省97%以上，减小了环境污染；②样品消耗减少

90%，当样品来源有限时尤为重要；③可获得更高的分离效率和检测灵敏度。

表 5-3　液相色谱按色谱柱的内径分类

液相色谱分类	色谱柱内径	流速/(μL/min)	检测池体积/μL
常规 HPLC	2.0～4.6mm	250～1000	<10
μ-HPLC	0.5～2.0mm	10～250	<3
capillary-HPLC	150～500μm	1～10	<1
nano-HPLC	10～150μm	0.01～1	<0.1

　　1995 年，Holland 等[56]采用离子交换色谱（IEC）与反相色谱（RPLC）构建 2D-LC 用于分析生物胺类样品。在 IEC 与 RPLC 之间采用定量环型接口连接，两维色谱皆选用毛细管柱分离，^{1}D：90cm×100μm i. d. 的离子交换色谱柱，流速为 33nL/min；^{2}D：3cm×100μm i. d. 的反相色谱柱，流速为 6μL/min。采用上述联用系统，峰容量可达到将近 1400。Thermo Finnigan 公司也推出了基于 capillary-HPLC 的第一个商业化二维液相色谱系统，用于蛋白质组学研究。第一维采用离子交换色谱［含有磺酸功能团的强阳离子交换柱 SCX，100mm×0.32mm i. d.，5μm，300Å（1Å＝0.1nm）］，第二维为反相色谱，两根平行分析柱（C_{18}，100mm×0.18mm i. d.），通过十通二位阀连接两维色谱。样品首先经 IEC 分离后，采用利用不同浓度的 NH_4Cl 盐溶液将部分样品交替传输到两根平行的反相色谱柱中，经梯度洗脱分离后进入离子肼质谱分析。利用该二维液相联用仪可定性 864 种蛋白质，而一维 HPLC 只能确定 341 种。随后，很多公司都推出了基于 μ-HPLC 或 capillary-HPLC 的商品化二维液相色谱联用仪，主要用于蛋白质组学研究。

5.1.5.2　温度在二维液相色谱中的应用

　　（1）温度在液相色谱中的应用　在过去的几十年中，对色谱分离的优化，主要考虑流动相的组成、离子强度、pH 值以及固定相的类型、粒度、孔径及柱子尺寸等因素。而温度作为一个重要的影响因素，一直被忽略。大约半个世纪以前，Strain[74]首次提出了在液相色谱中采用高温进行分离的理念。而 Tian 等[75]也将低温应用到微柱液相色谱分离中，从此温度作为色谱分离的一个重要影响因素受到了广泛重视。

　　（2）理论基础　温度对色谱分离的影响可以从热力学和动力学两方面进行研究，热力学方面主要是通过范特霍夫方程来研究温度对色谱行为的影响，见下式：

$$\ln k = -\Delta H/RT + \Delta S/R + \ln\beta \tag{5-17}$$

　　式中，k 为保留因子；ΔH 为溶质在两相间转移的焓变；ΔS 为熵变；R 为标准气体普适常数；T 为绝对温度；β 为柱子的相比。分离选择性的变化一般是由于焓变或者熵变引起的。如果两种溶质在不同温度下的焓变是由单一保留机理引起的，则随温度升高分离的选择性降低。

　　众所周知，在等温分离时可以通过调节流动相的线速度来优化塔板高度。范德密特方程从动力学影响因素方面研究了色谱行为，见方程式(5-18)：

$$H = A + B/\mu + C\mu \tag{5-18}$$

　　式中，A 为涡流扩散项；B 为纵向扩散项；C 为传质阻力项；μ 为流动相线速度。

Greibrokk 等[76]探讨了温度对范德密特方程中几个参数 A、B、C 的影响，研究表明，温度变化对参数 A 的影响很小，B 随温度升高而增大，而 C 随温度升高而降低。以上研究的是等温、线速度改变的情况。而在等线速度、温度为变量的情况下[77]，在低温条件下，传质阻力项起主导作用，所以随温度升高，塔板高度降低。而另一方面，在高温时，纵向扩散项占主导作用，随温度升高塔板高度增大。因此可以找到最佳的温度，在该温度下可得到最小的塔板高度，从而获得最大的柱效。

在高温条件下进行液相分离的优势有：①降低了流动相黏度，可以采用多个柱子或者单个长柱子进行分离，获得更高的理论塔板数，而柱压降可以维持在系统最大耐受压力下；②升高柱温可以提高样品的扩散以及传质速率，从而实现较高的分离柱效；③高温降低流动相黏度，可以采用更大的流速，实现快速分析；④由于流动相的介电常数和表面张力随温度升高而降低，化合物的保留时间被大大降低，所以缩短了分离时间[78]；⑤由于降低了二级作用，所以谱峰的对称性有所提高。

早期的高温色谱主要采用常规柱进行色谱分离，由于柱子的热容大，同时冷的流动相进入柱头产生径向温度梯度，从而使谱峰严重展宽。为解决该问题，流动相预热是最好的办法。但是研究表明，预热的流动相与柱温的温度差应小于 7℃，否则会影响分离柱效。当采用微柱进行分离时，由于流动相的流量仅为每分钟微升级，热容量很小，进入色谱柱头过程中就达到柱温，流动相温度与柱温差别对分离的影响几乎可以忽略，因此高温液相分离更适合于微柱。而微柱具有柱热容小、对温度变化反应快等特点，还可以进行程序升温操作。

低温控制也被广泛应用于色谱分离，在低温条件下分离具有以下优点：可以提高样品的富集效率，增加目标化合物在色谱柱上的保留，另外可以降低谱带展宽，提高检测灵敏度等。Greibrokk 等[79]将低温控制应用于反相色谱的大体积进样研究，样品富集部分采用捕集柱或者直接富集在反相分析柱头，富集部分低温（$-15\sim5$℃）采用帕尔贴效应的半导体制冷片进行控制，分析部分温度采用 $25\sim200$℃ 的恒温分离，或者采用程序升温。采用这种低温进样的方法在进样体积增大 $2\sim4$ 个数量级时，分离柱效和检测灵敏度都没有显著降低。

（3）柱温控制在二维液相色谱中的应用　通常的快速分离，大都采用比最佳流速大得多的流速，因而在降低分析时间的同时，也牺牲了部分柱效。而在高温快速分离条件下，化合物的扩散速度、传质速率都增大，因而在分析速度提高的同时，柱效也有所增加。当柱入口压降相同时，温度由 20℃ 升高到 80℃，流动相线速度可以提高 2.6 倍[80]。因此，升高柱温可以实现更快的分离。根据范德密特方程，可以得出以下结论：采用大于最佳线速度的流速进行分离时，在高温分离比在常温下可以获得更高的柱效。

Carr 等[81]详细研究了温度对分离速度的影响，发现在高温条件下进行反相色谱分离可以大大提高流动相的线速度（$3\sim10$cm/s），降低梯度洗脱时间以及色谱柱的平衡时间，而仍能保持较高的分离柱效。鉴于高温分离的优势，他们建立了一种快速的高温离子交换色谱/反相色谱的二维液相分离系统，第一维柱温设定在 35℃，第二维柱温以及流动相温度达到 100℃，第二维分离时间为 21s，总的二维分析时间低于 30min，总峰容量达到 1350。由于分离速度快，被分析化合物在色谱柱内停留时间很短，为 $10\sim20\mathrm{s}$，因此实验中没有发现目标化合物的分解。

Hillestrøm 等[82]设计了一种非放射性的快速阀切换方法与 APCI-MS 联用进行 DNA 诱变剂的检测。当两维色谱柱都在室温条件下进行分离时，出现谱带展宽和峰脱尾现象，导致在第二维色谱柱上保留不足。实验表明，核酸物质在反相色谱柱上随柱温降低保留值增大，因此通过改变两维的柱温，在第二维色谱柱上采用低温分离（$1^{\circ}\mathrm{C}$）可以调整目标化合物的保留以及实现样品的在线浓缩，从而提高样品的检测灵敏度。

Sweeney 等[83]采用低温捕集柱建立了切割模式的二维联用系统，分析聚酯类化合物。通过富集柱在 $0^{\circ}\mathrm{C}$ 捕集第一维所分离的目标化合物，在 $50^{\circ}\mathrm{C}$ 脱附，然后转移到第二维色谱柱上进行分离。捕集柱采用低温富集可以降低第一维切割组分的谱带展宽，增加样品的保留。通过该种联用方式，可以进行样品预处理和样品富集，从而提高目标化合物的检测灵敏度，可以用于微量以及痕量样品的在线富集与分析。

田宏哲等[84]设计了 HTNPLC（高温 NPLC）和 RPLC 的二维液相联用体系，在 $^1\mathrm{D}$ 采用微柱进行高温分离，因流动相流量极低，不必进行预热就能在柱头达到高温，分离柱的径向以及轴向温度梯度相对较小，不影响分离效果。在洗脱液流出第一维色谱柱后也不必采用降温措施，到达检测池时已经降到常温，简化了高温色谱对设备的严格要求。另外，在第一维采用高温正相色谱，根据组分保留因子与温度的关系，随温度升高组分保留值降低。同时随温度升高水的介电常数降低，在 $225^{\circ}\mathrm{C}$ 时水的介电常数与乙腈的介电常数相似，即随着温度升高，水的洗脱能力增强，因而在高温时可以采用有机溶剂含量较低的流动相对化合物进行洗脱。这样既可以实现第一维洗脱组分的低有机溶剂含量，另一方面又不会增加第二维色谱柱的上样量。具体操作为：首先设计了 HTNPLC-μRPLC 联用系统，接口采用"中心切割"模式，$^2\mathrm{D}$ 也采用微柱分离，这样可以在 $^2\mathrm{D}$ 分离时间允许条件下，将感兴趣的组分依次切割到 $^2\mathrm{D}$ 色谱柱中进行分离。在此条件下进行二维分离时，由于两维柱内径相同，因此可以充分发挥

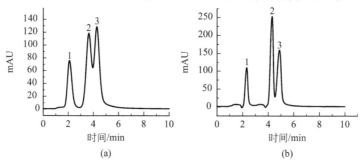

图 5-11　NPLC-μRPLC 联用的第二维分离谱图

(a) 室温 NPLC-μRPLC；(b) HTNPLC-μRPLC

分析条件：(a)$^1\mathrm{D}$，CN 色谱柱（150mm×0.53mm i.d.，Macherey-Nagel），40/60（体积比）水/乙腈，流速 $8\mu\mathrm{L/min}$；$^2\mathrm{D}$，C_{18} 色谱柱（100mm×0.53mm i.d.，Nuclesil），流动相为水（C）和乙腈（D），梯度洗脱，$0\sim10\mathrm{min}$，$60\%\mathrm{D}\sim70\%\mathrm{D}$（体积分数），流速 $15\mu\mathrm{L/min}$；检测波长，254nm；柱温，$22^{\circ}\mathrm{C}$；(b)$^1\mathrm{D}$，70/30（体积比）水/乙腈；柱温，$80^{\circ}\mathrm{C}$；其他条件与 (a) 相同

谱峰：1—苯巴比妥；2—邻二硝基苯；3—卡马西平

HTNPLC 的优势。当分别采用高温以及常温正相色谱进行^{1}D 分离时，在切割体积相同的条件下，^{1}D 采用高温分离，由于切割组分内的有机溶剂含量低，在^{2}D 柱头形成谱带压缩，因而不会对^{2}D 的分离造成负面影响（见图 5-11）。而采用常温分离，由于切割组分内有机溶剂的含量较高，因而切割组分进入^{2}D 后对^{2}D 的分离会造成显著影响，如谱带展宽、分离度降低以及检测灵敏度降低等（见表 5-4）。虽然^{2}D 采用大流速时可以降低谱带展宽，但谱带宽度还是要大于 HTNPLC 条件下的^{2}D 分离谱带。虽然几种分离条件下同一组分的峰面积并不完全相同，但仍可以证实^{1}D 采用高温分离的二维液相联用系统，对^{2}D 谱带压缩具有显著作用。从上面的比较可以发现，^{1}D 采用 HTNPLC 时，由于流动相的有机溶剂含量低，^{2}D 的分离效率未受影响，反相色谱分离的谱峰都很尖锐，没有显著的谱带展宽现象。

表 5-4　室温 NPLC-μRPLC 与 HTNPLC-μRPLC 二维液相联用的分离结果比较

^{2}D 流速/(μL/min)	^{1}D 分离模式	待测物	保留时间/min	半峰宽/min	分离度（峰 2 与峰 3）
15	室温 NPLC	苯巴比妥	2.10	0.400	0.69
		邻二硝基苯	3.64	0.544	
		卡马西平	4.28	0.551	
	HTNPLC	苯巴比妥	2.31	0.237	1.12
		邻二硝基苯	4.29	0.262	
		卡马西平	4.87	0.348	
20	室温 NPLC	苯巴比妥	1.64	0.337	0.73
		邻二硝基苯	3.19	0.420	
		卡马西平	3.70	0.409	
	HTNPLC	苯巴比妥	1.86	0.177	1.02
		邻二硝基苯	3.70	0.206	
		卡马西平	4.11	0.268	

田宏哲等在上述研究基础上进一步设计了 HTNPLC×RPLC 联用体系，采用定量环-阀切换接口（如图 5-12 所示），为提高^{2}D 柱子的分离速度，^{2}D 采用常规整体柱，从而避免了^{2}D 分离速度对总的二维分离速度的限制。图 5-13（a）和图 5-13（b）为分别采用常温和高温正相色谱进行全二维液相分离的第二维分离谱图，^{2}D 的分离条件完全相同。当^{2}D 的流速远远大于^{1}D 的流速，在^{2}D 柱内径远大于^{1}D 柱内径的条件下，^{1}D 采用高温低有机溶剂含量的流动相进行分离时，与常温 NPLC×RPLC 分析相比^{2}D 的分离柱效有显著提高。研究表明，除了谱峰 1 在高温条件下进行二维分离时，半峰宽小于常温条件下二维分离的半峰宽（高温，0.072min；常温，0.079min），其他谱峰的半峰宽没有显著差别（都在 0.06～0.066min），也就是说采用高温色谱与常规整体柱联用形成的 HTNPLC×RPLC 系统，^{1}D 采用常温或者高温分离对^{2}D 的谱带宽度的影响相对较弱。这主要是因为，^{2}D 采用整体柱时，^{2}D 的流速比^{1}D 大 100 倍以上，因此微量的切割组分对^{2}D 分离柱效的影响并不显著（切割组分的体积/第二维流量＝1.2%）。虽然采用常规分析柱作^{2}D 分离柱对谱带宽度影响较小，但是^{1}D 有机溶剂的含量对系统峰（sp）以及不同组分间的分离度（R_s）还是有一定影响。当采用常温分离时，每次切割时所产生的系统峰与样品峰无法完全分开，系统峰对样品组分的定性

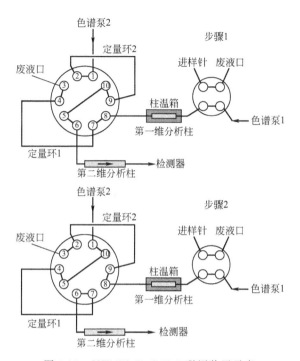

图 5-12 HTNPLC×RPLC 联用装置示意

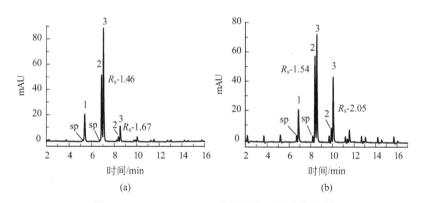

图 5-13 NPLC×RPLC 联用的第二维分离谱图

(a) 室温 NPLC×RPLC；(b) HTNPLC×RPLC

分析条件：(a)^{1}D，CN 色谱柱（150mm×0.53mm i.d.，Macherey-Nagel），流动相，40/60（体积比）水/乙腈，流速 8μL/min；^{2}D，RP-18e 整体柱（50mm×4.6mm i.d.，Merck，Germany），流动相为水（C）和乙腈（D），线性梯度洗脱，0～20min 60%D～80%D（体积分数），流速 1mL/min，检测波长 254nm；柱温 22℃；(b)^{1}D，70/30（体积比）水/乙腈，柱温 80℃；其他条件与（a）相同

以及定量都有影响。而当^{1}D 采用高温进行分离时，由于样品峰在^{2}D 柱头得到浓缩，系统峰与样品峰之间得到了很好的分离，使谱峰的定性以及定量更为准确。另一方面，^{1}D 采用高温进行分离时，由于切割组分在^{2}D 柱上的扩散相对降低，使组分间的

分离度有所提高。因此，^{1}D采用高温正相色谱进行二维液相分离时，能够降低^{1}D切割组分在^{2}D柱头的扩散，从而保持^{2}D的分离效率。

5.1.5.3 整体柱的发展及其在二维液相联用系统中的应用

（1）整体柱的发展 根据整体柱的基质材料可以将整体柱分为两类：有机聚合物基质和硅胶基质。Ross等[85]在1970年首次报道了采用聚氨酯合成气相的整体柱，20年后Hjérten等[86]合成了可用于生物分析的聚丙烯酰胺整体柱，Frechet等[87]采用致孔剂先后合成了聚丙烯酸酯和聚苯乙烯-二乙烯基苯的整体柱。他们所合成的整体柱具有永久的大孔结构。采用有机聚合物基质的整体柱具有和有机聚合物固定相相同的缺点——柱效远远低于硅胶基质的色谱柱。大多数聚合物，特别是交联度低的聚合物柱子在有机溶剂中容易出现溶胀和收缩现象，这将会降低该类整体柱的分离效率，同时影响柱子的稳定性。然而，聚合物整体柱也具有特有的优势——耐腐蚀性流动相的洗脱、pH适用范围广，同时具有很好的生物兼容性。

Nakanishi[88]首次报道了采用溶胶-凝胶技术合成了具有双孔结构（通孔和中孔）的硅胶基质的整体柱，Cabrera等[89]随后证实了这种整体柱可以实现很高的分离效率[90]，柱压降又很低。

（2）整体柱在二维液相系统中的应用 由于整体柱具有通透性好、柱压降低以及可以进行高线速度洗脱的优势，近年来在全二维液相色谱分离系统中得到了广泛应用[40,91,92]。正是由于可以进行快速分离的整体柱的出现，真正意义上的快速切换的"全二维液相色谱"才得以迅速发展。当以填充柱作为第二维色谱分离柱时，由于分离速度的限制无法实现快速"全二维液相分离"。解决的办法是只有建立切割或者停流模式的二维液相色谱；或者第二维采用极短的填充柱以解决两维分离速度的矛盾，但是以牺牲第二维分离柱效为代价。而当采用整体柱作为第二维分离柱时，可以在高线速度条件下进行快速分离，而分离柱效没有显著降低。在这种条件下才可以实现第二维的快速采样[23]，从而提高二维分离的选择性。

5.1.6 选择二维液相色谱或一维液相色谱分离模式的原则

显而易见，当样品非常复杂，分析目的是分离尽可能多的样品组分，而且不受分析时间限制时，二维液相分离模式远远优于1D液相的分离结果。通常情况下，实际样品的复杂性超出了1D液相的分离能力，而且分析时间也是一个令人关注的问题。当样品组分非常简单（1～5个组分），需要快速分析时，1D分析完全可以满足要求。

这就存在一个关键问题：什么条件决定选择1D或2D分离？有两个因素决定选择何种分离模式：峰容量、分析n个样品组分所需时间。当分析目的是分离尽可能多的样品组分，而不是分离某一对特定的化合物，采用峰容量衡量方法的选择是十分有用的手段，此时2D分离成为首选分离方法。而当样品组分不是特别复杂时，通常分析目的是在尽可能短的时间内分离样品中的所有化合物（或者某对特定化合物），那么1D分离完全可以达到分析目的。

5.1.7 二维液相色谱的发展趋势

在流动相兼容的情况下，二维液相系统可以采用多种分离机理组合方式，流路设计以及对仪器的要求都比较简单。而在流动相不互溶条件下，色谱柱的组合比较困难，流路的设计相对要复杂得多，对仪器设备的要求也比较高。

由于样品特性以及分离要求的不同，需要设计不同的二维组合模式。而为了达到理想的分离效果，必须对所建立的联用模式进行优化，而接口技术的设计决定了二维联用系统的实际分离效能。目前二维液相色谱接口技术仍延续了多年前的发展模式，没有很大的突破，在解决蛋白质等大分子的分离问题上，这些接口技术已经比较成熟，但在小分子化合物的分离上，接口技术仍待改进。

另外，将样品组分从第一维切割到第二维有一个重要的因素需要考虑，即切割峰的扩散与稀释。这一因素与所分析化合物的类型以及所采用的二维色谱组合模式有关[93]。

因而，二维液相色谱的接口技术的改进一直是研究热点，未来的研究方向主要包括以下几方面：提高二维检测的灵敏度，易用性，以及可有效耦合并进行实际应用的分离模式。另外，在二维液相系统分离方法的开发方面是：开发少量功能强大及应用广泛的 2D-LC 方法，即通过较低的方法开发投入而获得成功的二维分离。

5.1.8 二维液相色谱的应用

5.1.8.1 小分子化合物分离

为实现生物、食品和环境等复杂样品的定性及定量分析，对"常规"一维液相色谱（1D-LC）方法提出了很高的要求。然而，单一色谱柱往往不具有使复杂样品中的所有组分都达到基线分离的足够能力，而且随着待测组分数目的增加，样品峰重叠程度也随之增大。

虽然在 20 世纪 70 年代末和 80 年代初已经出现了二维液相色谱联用技术，但是该联用技术在大约 25 年前才得到快速发展。20 世纪 90 年代 LC×LC 的应用主要局限于蛋白质组学，随后在多种复杂样品分析中的应用证实了其在分离方面的优势。

与 1D-LC 相比，二维液相色谱具有非常强大的分离能力，目前已被应用于很多领域的复杂样品分离，如农药、天然产物、环境样品及生物样品等中。

（1）脂类分析 脂类化合物由于组成复杂，采用二维系统进行分离可以获得一维分离无法获得的分离效率[16,33]。Dugo 等[94]采用 Ag-LC（银离子色谱）×RPLC-APCI MS 的全二维联用系统对甘油三酯进行了分离，采用 APCI MS 进行样品检测大大增加了组分定性的准确性。分析结果形成的二维平面图，以双键数为横坐标、分配系数为纵坐标，形成族分离特征，采用该方法大致可以分离鉴定样品中的 60 种甘油三酯成分。Mondello 等[95]构建二维液相色谱分析稻米油中的甘油三酯类成分，第一维采用 Ag 离子微柱色谱，进行等度洗脱，然后通过一个配置了两个 20μL 定量环的十通二位阀与第二维的整体柱连接，第二维采用梯度洗脱。由于 LC×LC 的高分离能力及质谱提供的结构鉴定信息，在该样品中确定了 11 种甘油三酯类化合物。Yang 等[96]也采用 Ag-LC×RPLC-APCI MS 测定可食用花生油中的甘油三酯类成分，根据甘油三酯类化合物在两维色谱柱中的保留行为及在 APCI MS 中的质谱碎片信息，确定了花生油中的 28 种甘油三酯类成分。其研究表明，在 ^{1}D 没有得到分离的样品组分，在转移到 ^{2}D 后重叠组分按照其分配系数不同能够达到基线分离，所以，采用该联用模式可以实现甘油三酯类成分的有效分离。

Dugo 等[33]随后构建 NPLC×RPLC 联用模式分离植物油中的甘油三酯类成分，两维分离都采用梯度洗脱，待测组分的分配系数在 36～52 之间，而且采用该模式还可以成功分离不同位置异构体。Van der Klift 等[97]在上述方法基础上进行优化，^{1}D采用银涂层的离子交换色谱柱，甲醇等有机溶剂可以将甘油三酯类成分有效分离，而不需要使用正己烷等强非极性溶剂作^{1}D的流动相，采用该方法确定了棉籽油中 44 种甘油三酯类成分。

Beccaria 等[98]分别采用停流和离线二维液相联用技术分离鱼油中的甘油三酯类成分，第一维采用 Ag-LC 分离，第二维采用非水 RPLC 分离，APCI MS 进行两维检测。研究发现，离线模式能够提供更好的分离效率及更高的峰容量，可以定性及半定量250 种以上的甘油三酯类成分。但与停流或在线联用技术相比，离线二维联用模式分析时间过长。Costa 等[99]也采用上述离线二维液相联用技术分离海洋动物中的甘油三酯类成分，第一维采用紫外和蒸发光散射检测器进行检测，第二维采用 APCI MS 检测，同时将测定数据与二维气相色谱检测结果进行对比和补充，可以对甘油三酯类成分进行准确定性。虽然上述离线联用技术为复杂样品中甘油三酯类化合物分析提供了最高的峰容量，但该方法的缺点是分析时间长，所以不适用于成分相对简单的甘油三酯类的常规质量控制。最近，Wei 等[100,101]对上述离线二维联用技术进行了改进，在分离中采用新型混合模式的色谱柱，该色谱柱兼具 C_{18}/C_8 和 Ag^+ 色谱柱的分离特性，可以在单一色谱柱上实现两维分离。

Narváez-Rivas 等[102]采用离线二维液相分离小鼠血浆及肝脏中的脂类成分，第一维采用硅胶整体柱分离，脂类成分按中性到极性顺序进行洗脱，第二维采用 C_{30} 色谱柱进行反相分离，待测组分按照疏水性进行分离，即按脂类成分碳链的长度及不饱和度分离。该联用技术具有峰容量高的优势，可确定样品中 800 多种脂类成分，因此，该联用方法在复杂生物样品的脂类组学分析中具有很好的应用前景。

(2) 天然植物活性成分分析　由于天然植物组成极其复杂，因此采用一维色谱分离天然植物来源样品是一个十分艰巨的任务，远不能满足不同组分分离的要求。在假定色谱峰均匀分布的条件下，采用一维液相色谱进行分离时，分离 10 个样品峰需要750 理论塔板数，分离 50 个峰需要 22000 理论塔板数，分离 500 个峰则需要 2000000理论塔板数（分离度为 1.5），而目前的主流色谱柱最佳柱效仅能达到 10 万/m 左右。即使采用 1m 甚至更长的色谱柱进行分离，仍然远不能满足分离的要求，而且长柱的压降很高，给仪器的正常使用以及维护带来很大的不便。鉴于此，分离纯化复杂样品需要采用多维色谱以提供足够的峰容量以及高的选择性。二维色谱分离系统的分辨率是分别采用一维模式分辨率的平方和的平方根，峰容量是一维模式峰容量的乘积。因此采用二维液相色谱可以分析仅用一种色谱分离模式无法分离的复杂组分，能够满足复杂样品对分辨率和高峰容量的要求。二维液相色谱由于可以实现不同分离模式的耦联及具有色谱歧视效应小等特点，在天然植物样品的分离分析和制备方面具有非常广阔的应用前景。由于二维液相色谱技术在天然植物样品分离方面具有很大的优势，弥补了传统单一色谱柱在分离性质相近组分及组成复杂样品方面的分离度不足的劣势，在各种天然植物活性成分的分离方面都有相关应用。

①　类胡萝卜素　二维液相系统在天然提取物的组分分离中已得到了广泛应用[40,59,103]，目前常用的分离模式为 NPLC×RPLC 或 RPLC×RPLC。例如，采用 NPLC×RPLC 分离类胡萝卜素，通常采用硅胶或氰基固定相[104,105]。类胡萝卜素属于天然色素，具有抗氧化、抗癌及抗心血管疾病等活性，而柑橘类植物通常富含该类化合物。解析类胡萝卜素的结构非常具有挑战性，因为考虑到该类化合物的结构多样性和不稳定性，天然植物中的类胡萝卜素组成是非常复杂的。Dugo 等首次采用 NPLC× RPLC 分离和鉴定了未处理和皂化后的柑橘样品中的类胡萝卜素类化合物[106,107]。在其研究中，为了对待测组分准确定性，同时采用二极管阵列检测器（DAD）和大气压化学电离源质谱（APCI MS）进行检测，两种检测器能够提供相互补充的定性数据。Cacciola 等[104]采用二维液相色谱法分析了过熟水果中的类胡萝卜素成分，在^{2}D 采用超高压液相色谱法（UPLC）实现了高通量分析。

②　抗氧化物　多酚类抗氧化物广泛存在于水果、蔬菜及植物来源的饮料中，目前已证实该类抗氧化物对人体健康有益，且具有抗癌活性。由于 LC×LC 联用技术具有较高的峰容量、选择性和分辨率，很多研究者利用不同 RPLC 柱的选择性差异，对多酚类抗氧化物进行了有效分离。Blahová 等[108]对几种色谱柱在分离多酚类抗氧化剂时所表现的分离相关性进行了比较，发现 C$_{18}$ 和 PEG-硅胶柱表现出了极弱的相关性，因此当采用这两种色谱柱进行二维联用时，能够建立正交度更高的二维液相分离系统。

考虑到多酚类化合物的化学性质及两维溶剂的兼容性，RPLC×RPLC 被广泛应用于该类化合物的分离中。而在采用 RPLC×RPLC 分离多酚类抗氧化物时，各种类型固定相（如烷烃、氨基、氰基、苯基及聚乙二醇等）对二维分离的选择性及分辨率的影响也受到广泛关注[109]。然而，采用 RPLC×RPLC 联用模式存在的主要缺点是，两维分离具有很大的相关性，即正交度较低。可以通过优化两维洗脱的流动相组成，如有机溶剂类型和 pH 值等，提高两维分离的正交度，从而提高峰容量。

Donato 等[110]研究当两维分离都采用梯度洗脱时，在^{1}D 的整个分离过程中^{2}D 的梯度有所变化，即在^{1}D 的不同分离区间，^{2}D 采用不同的梯度洗脱，而不是在整个^{2}D 分离中都采用同一个梯度洗脱模式，从而能够最大限度地利用 RPLC×RPLC 的分离空间。Leme 等[111]采用上述洗脱模式分离甘蔗叶中的多酚类化合物，更进一步证实^{2}D 采用不同的梯度洗脱方式可以更有效地分离目标组分，提高峰容量，通过 DAD 检测器和 MS 检测器提供的相互补充的检测数据，在甘蔗叶中共确定了 24 种多酚类化合物。

相比于 RPLC×RPLC 联用技术，最近出现的 HILIC 与 RPLC 模式更有应用前景，虽然由于两维所用流动相的相对洗脱强度差异使其联用更为复杂，但该联用技术可以提高两维的正交性。但是 HILIC 中使用大量的有机溶剂进行洗脱，该流动相在 RPLC 中为强洗脱溶剂，因此，如果^{1}D 的流动相被转移到^{2}D，就会出现组分保留值显著降低、色谱峰不对称或分裂的现象，这对二维分离会产生十分不利的影响。可以采用以下三种措施解决上述问题：如在^{1}D 采用微柱分离，一方面有助于降低溶剂效应，另一方面可以兼顾^{2}D 的进样量[112]，但会影响^{2}D 的检测灵敏度；在^{1}D 柱后和^{2}D 前加一个辅助泵，该泵可以向^{1}D 富含乙腈的馏分中加入水稀释^{1}D 的洗脱液[113]；可以在接口部分加捕集柱[114]，捕集¹D的组分，然后用其他溶剂将捕集的组分转移到²D进行分离，这样可以避免两维流动相不兼容的问题。

Kalili等[115]采用上述措施建立了在线HILIC×RPLC联用模式分离绿茶中的多酚类化合物，¹D采用二醇基色谱柱，乙腈中加入水、甲醇和乙酸进行梯度洗脱，每分钟收集50μL馏分，在氮气下蒸发至2μL，然后将其转移到²D的C₁₈色谱柱中进一步分离。Willemse等[116]采用HILIC×RPLC-UV-MS联用技术分析红酒中的花青素类化合物，根据化合物的洗脱顺序、Q-TOF串联质谱提供的精确质量数及碎片信息确定了红酒中含有的94种花青素类化合物。Kalili等[117]采用离线HILIC×RPLC联用技术分离了绿茶中的原花青素类化合物，该离线联用模式更为灵活，分离功能强大，但是存在耗时长、操作繁琐等缺点。

Cacciola等[118]构建了HILIC×RPLC联用体系，为了实现二维系统的快速分析，²D采用短色谱柱（30mm×2.1mm i.d.，1.8μm）的UPLC在70℃进行分离。该联用体系可以在100min内分离甜叶菊（*Stevia rebaudiana*）萃取物中的10种甜菊糖苷和多酚类化合物，有效峰容量可达1850。

③ 黄酮类化合物　Wang等[119]采用SEC和RPLC构建了LC×LC联用系统，该体系是分离具有明显不同分子量的天然产物的较好选择。SEC的分离机制主要是基于待测物质的大小，而RPLC是基于待测物质的疏水性。因此，SEC×RPLC系统具有良好的正交性，是基于化合物的分子量和化学结构进行分离的。¹D采用交联葡聚糖凝胶Sephadex LH-20色谱柱，为避免溶剂效应设计了捕集柱型接口，采用该系统分离了红花（flos carthami）水提液中的多酚、黄酮及黄酮苷类化合物。

Fan等[120]建立了制备级离线NPLC-RPLC联用系统，用于从甘草（*Glycyrrhiza*）干燥根部分离纯化黄酮类化合物。该联用体系¹D采用装填Click TE-Cys固定相的实验室自制正相色谱柱，乙酸乙酯/乙醇为流动相，¹D洗脱组分收集后转移到²D进一步分离纯化。²D采用C₁₈色谱柱，含0.1%甲酸的水/乙腈为洗脱流动相，由于两维色谱为正交体系，在¹D分离较差的共流出组分在²D能获得相对较好的分离效果，从甘草根部提取液中分离出了24种高纯度的黄酮类化合物。

Beelders等[121]采用离线HILIC×RPLC联用技术分离灌木（*Aspalathus linearis*）中的黄酮类化合物，也证实该离线方式更为简单，不需要特殊仪器，两维分离可以单独优化。Li等[122]采用NPLC×RPLC联用模式分离白花蛇舌草（*Hedyotis diffusa*）提取液中的黄酮苷和环烯醚萜苷类化合物，¹D采用氰基色谱柱分离，水/甲醇为流动相，²D采用C₁₈色谱柱，含0.05%的水/乙腈为流动相，²D流出液依次进入DAD检测器和Q-TOF MS进行检测，在该天然植物提取液中发现了5种黄酮苷、3种环烯醚萜苷及4种乙酰黄酮苷，同时还发现几种新的黄酮苷类化合物（化合物结构见图5-14）。

④ 其他活性成分　Dobrev等[69]建立了"中心切割"模式的二维联用系统，¹D采用CN柱，²D采用C₁₈柱，二维皆采用1.84g/L甲酸水溶液（pH 3.0）和甲醇/乙腈（1：1，体积比）的混合溶液为流动相，梯度洗脱，²D的洗脱液依次进入DAD和荧光检测器测定。采用该联用系统可以在¹D将微量的植物激素与其他植物成分分开，而且在¹D的分离中还可以富集含量较低的待测组分，虽然两种植物激素在¹D未达到完全分离，在切割到²D后，两种待测组分实现了完全分离。研究者已从小麦（*Triti-*

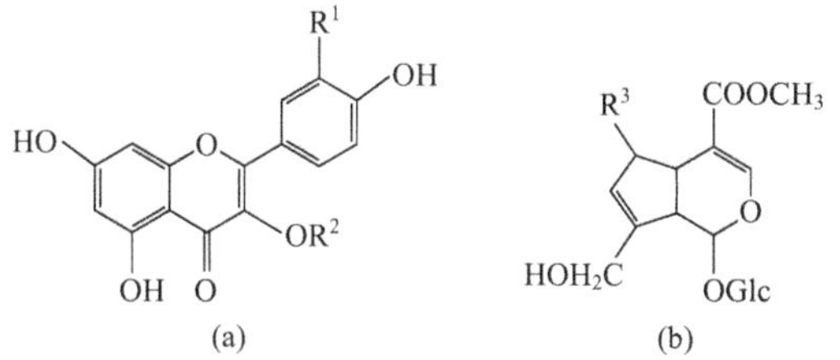

图 5-14　苷类化合物分子结构

(a) 黄酮苷（1~7，11）；(b) 环烯醚萜苷（8~10）

化合物：①R^1＝OH，R^2＝Glc（葡萄糖）-Glc；②R^1＝OH，R^2＝桑布双糖苷（sambubioside）；③R^1＝OH，R^2＝芸香糖；④R^1＝OH，R^2＝葡萄糖（Glc）；⑤R^1＝OH，R^2＝葡萄糖-半乳糖（Gal）-E-sinapoyl（芥子酰基）；⑥R^1＝OH，R^2＝Glc-Glc-E-feruloyl（阿魏酰基）；⑦R^1＝OH，R^2＝Glc-Gal-E-feruloyl；⑧R^3＝6-O-p-coumaroyl（香豆酰）；⑨R^3＝6-O-feruloyl；⑩R^3＝6-O-p-methoxycinnamoyl（甲氧基肉桂酰）；⑪R^1＝H，R^2＝Glc-Gal

cum aestivum L. cv. Jara）和烟草（*Nicotiana tabacum* L. cv. Wisconsin 38）叶片中成功分离了 2 种植物激素：吲哚乙酸和脱落酸（结构见图 5-15）。

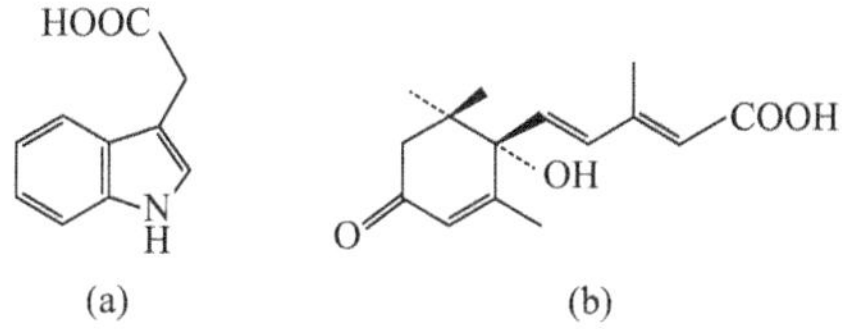

图 5-15　植物激素化学结构

（a）吲哚乙酸；（b）脱落酸

　　Zeng 等[123]为了分析天然植物黄连（*Coptis chinensis* Franch）中的生物碱类化合物，选择 IEC 和 RPLC 构建 LC×LC 联用体系。为了对 ^{1}D 强阳离子交换色谱的洗脱液进行浓缩及脱盐，设计了安装微捕集柱的切换阀为两维接口。在优化条件下，该联用体系可检测到 420 多个样品峰。Dugo 等[124]建立了全二维 NPLC×RPLC 分离系统，第一维采用硅胶基质的微柱，采用正相流动相进行洗脱，第二维采用高渗透性的常规整体柱进行快速分离。Dugo 将该联用系统应用到柠檬油中含氧杂环类化合物的分离分析，这些化合物分子，主要含有羟基、甲氧基、异戊烯基、异戊烯氧基、香叶草氧基、含氧修饰的萜类支链基团，如环氧化合物及邻二醇基团，与 DAD 检测器联用，进一步提高了化合物的检测范围以及定性的可靠性。Wong 等[125]建立了"中心切割"式二维液相色谱，选择定量环形接口连接两维色谱，^{1}D 采用氰基色谱柱，水/乙腈（30∶70，体积比）混合溶液为流动相，^{2}D 为 C_{18} 色谱柱，水/乙腈（40∶60，体积比）为 ^{2}D 的洗脱流动相，采用该联用体系分离纯化了澳大利亚天然植物 *Clerodendrum floribundum* 的提取物，最终产物的纯度＞99%，回收率达到 95%。而在同样进样量，采用梯度洗脱的 1D-LC 分离中，产物的纯度＜95%，回收率＜70%。因而相比于 1D-LC，2D-LC 在植物活性成分的分离纯化中具有不可替代的优势。

　　田宏哲等[52]采用定量环-阀切换接口构建了 NPLC×RPLC 联用系统，用于分离丹参（*Radix Salviae Miltiorrhizae*）正己烷提取液，分别比较了丹参提取液在一维 NPLC、一维 RPLC 和 NPLC×RPLC 等分离系统中的分离差异。图 5-16（a）为丹参提取液的一维正相分离谱图，从中可以发现一维正相色谱的分离效率较低，样品分子的分离主要呈现族分离特征，无法对被分析样品进行精细分离。图 5-16（b）为该样品的一维反相分离谱图，反相色谱比正相色谱具有更高的分离效率，但是由于一维反相色谱的峰容量限制，谱峰重叠仍较为严重，空间利用率较低。图 5-16（c）为该样品的全二维分离谱图，该 NPLC×RPLC 联用系统的分离空间利用率得到显著提高，二维峰容量达到 1200，其中第一维峰容量为 6，第二维平均半峰宽 W_h 为 0.1min，第二维有效分离时间为 40min。因而，采用该联用系统进行样品分离，谱峰分布较为均匀，谱峰重叠现象显著降低，因而更适合于复杂样品的精细分离。同时，全二维液相色谱的强大分离能力，使得大多数低含量组分与高含量组分很好地分离开，避免了被高含

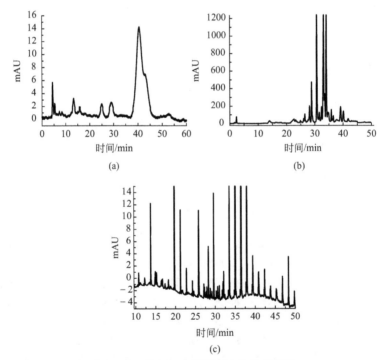

图 5-16　丹参正己烷提取液的分离谱图

（a）一维 NPLC 分离谱图；（b）一维 RPLC 分离谱图；（c）NPLC×RPLC 分离谱图

分析条件：（a）CN 色谱柱（200mm×0.53mm i.d.，Macherey-Nagel，Germany），流动相为 5％二氯甲烷/正己烷，等度洗脱，流速 8μL/min，进样量 0.32μL，检测波长 280nm；（b）C$_{18}$色谱柱（150mm×0.32mm i.d.，Micro-Tech Scientific Inc，USA），流动相 A 为 H$_2$O、B 为乙腈，线性梯度洗脱，0～40min 10％B～80％B（体积分数），保持 9min，然后 10min 内到 95％B，平衡 10min，流速 8μL/min，进样量 0.32μL，检测波长 280nm；（c）^{1}D 为 CN 正相色谱柱（160mm×0.53mm i.d.，Macherey-Nagel，Germany），流动相为 5％二氯甲烷/正己烷，等度洗脱，流速 8μL/min，进样量 0.8μL；^{2}D 为 RP-18e 整体柱（50mm×4.6mm i.d.，Chromonolith Speed ROD，Merck company，Germany），流动相为 H$_2$O 和乙腈，线性梯度洗脱，流速为 4mL/min，检测波长 280nm

量组分所掩盖，因此能有效提高检出灵敏度。

　　田宏哲等[34]采用真空蒸发接口构建了"中心切割"式二维液相色谱（连接装置见图 5-17），第一维为 NPLC，第二维为 RPLC，第一维切割组分转移到接口的定量环内，在高温及真空条件下进行溶剂蒸发，待测组分保留在定量环内，第二维流动相将定量环内保留的待测组分洗脱到第二维反相色谱柱进行分离。采用该联用技术分析了白芷（*Angelica dahurica*）提取液中的活性成分，图 5-18（a）为白芷正己烷提取液的 ^{1}D 分离谱图，从谱图中可以看出，^{1}D 的 NPLC 分离效果较差，只分离得到了 6 个族组分；图 5-18（b）为白芷提取液的一维 RPLC 分离谱图，反相分离的效果与正相分离完全不同。在正相色谱中后流出组分的含量高，而在反相色谱中先洗脱出的组分含量大，这也从侧面证实了正相色谱与反相色谱分离机理的差别，因而采用正相色谱与反相色谱联用模式能够构建完全正交的二维分离系统。从反相分离结果可以看出该提取液中含有非常复杂的组分，而且组分间的含量差别很大。因此，采用一维反相色谱分离时，势必使低含量组分被高含量组分完全掩盖。而在天然植物提取物中，往往低含量组分具有生物活性。

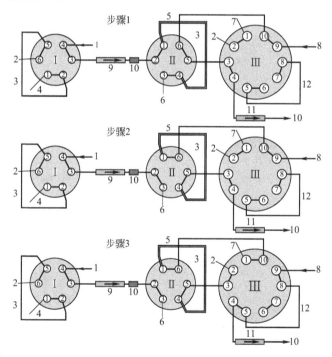

图 5-17　采用真空溶剂蒸发接口的 2D-LC 联用技术示意
1—第一维色谱泵；2—废液口；3—定量环；4—进样针；5—加热电阻；
6—废液口/真空；7—冲洗泵；8—第二维色谱泵；9—第一维分析柱；
10—检测器；11—第二维分析柱；12—毛细管

　　采用真空溶剂蒸发接口所建立的"中心切割"模式的二维联用系统可以对白芷提取液进行比较精细的分离，同时在切割过程中可以避免样品歧视效应，使低含量组分也能得到很好分离。按 ^{1}D NPLC 谱图上检测的色谱峰顺序对 ^{1}D 的组分进行了切割，

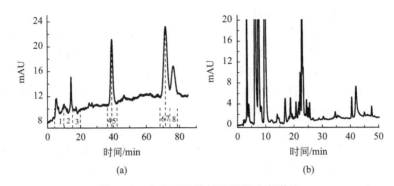

图 5-18　白芷正己烷提取液的分离谱图

（a）第一维正相分离谱图；（b）一维反相色谱分离谱图

分离条件：（a）CN 色谱柱（200mm×0.53mm i.d.，Spherisorb，英国），流动相正己烷，流速 8μL/min，检测波长 240nm，进样量 200nL，柱温 25℃；（b）C$_{18}$色谱柱（150mm×0.32mm i.d.，Micro-Tech Scientific Inc，USA），流动相水/乙腈，梯度洗脱，0～39min 乙腈 40%～95%（体积分数），保持 10min，流速 6μL/min，检测波长 240nm，进样量 180nL，柱温 25℃

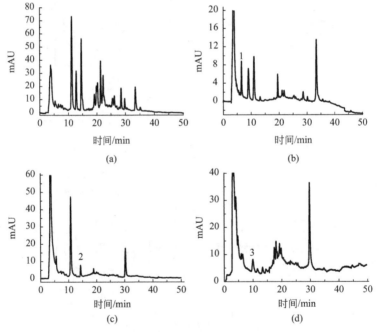

图 5-19　白芷正己烷提取液的^{2}D 分离谱图

（a）^{1}D 切割组分 1；（b）^{1}D 切割组分 3；（c）^{1}D 切割组分 4；（d）^{1}D 切割组分 7

谱峰识别：1—比克白芷内酯；2—异欧前胡素；3—欧前胡素

第二维分离条件：C$_{18}$色谱柱（150mm×0.32mm i.d.，Micro-Tech Scientific Inc，USA），流动相水/乙腈，梯度洗脱，0～39min 乙腈 40%～95%（体积分数），保持 10min，流速 6μL/min，检测波长 240nm，定量环温度 90℃

共切割了8个组分，依次转移到接口内进行溶剂蒸发和转换，然后分别转移到²D进行反相色谱分离，见图5-19。从第二维分离结果可以看出，不同切割部位的组分在第二维的出峰顺序有很大变化，而且各切割组分间没有残留及干扰现象。每个切割组分在第二维都获得了很好的分离，谱峰尖锐，没有明显的谱带展宽现象，而且组分间都得到了最佳的分离，因而确保了第二维具有很高的峰容量。由于切割组分在第二维的分离具有很大差异，因此保证了该方法两维分离间的正交性。通过与标准样品对照，确定了白芷正己烷提取液中含有3种香豆素类活性成分，即比克白芷内酯、欧前胡素和异欧前胡素（结构分别见图5-20）。

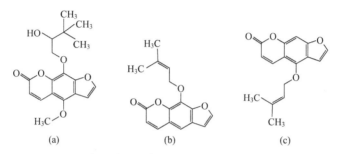

图 5-20　白芷中几种主要香豆素类成分的化学结构
（a）比克白芷内酯；（b）欧前胡素；（c）异欧前胡素

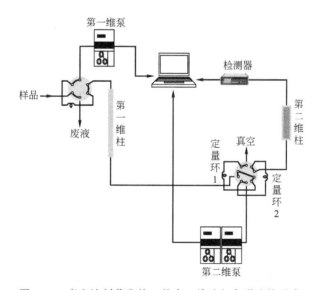

图 5-21　真空溶剂蒸发接口的全二维液相色谱连接示意

　　田宏哲等[9]随后又采用真空溶剂蒸发接口构建了 NPLC×RPLC 联用系统（联用装置示意见图5-21），第一维采用氰基（CN）色谱柱，第二维采用 RP-18e 整体柱进行分离，采用该联用系统分析了蛇床子 [*Cnidium monnieri*（L.）Cuss.] 正己烷提取液。图 5-22(c) 为蛇床子提取液的全二维分离谱图，与一维 NPLC [图 5-22(a)] 及 RPLC [图 5-22(b)] 分离相比，该 NPLC×RPLC 联用系统更具有优势。一维

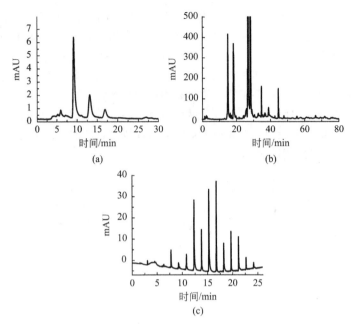

图 5-22 蛇床子正己烷提取液的分离谱图

(a) 一维 NPLC 分离谱图；(b) 一维 RPLC 分离谱图；(c) 全二维分离谱图

分析条件：(a) CN 色谱柱（220mm×0.53mm i.d.，Macherey-Nagel，Germany），流动相为 5% 二氯甲烷/5% 正丙醇/90% 正己烷（体积比），等度洗脱，流速 8μL/min，进样量 0.32μL，检测波长 240nm；(b) C_{18} 色谱柱（150mm×0.32mm i.d.，Micro-Tech Scientific Inc，USA），流动相 A 为 H_2O、B 为乙腈，线性梯度洗脱，0～40min 10%B～80%B（体积分数），保持 10min，然后 10min 内到 95%B，保持 20min，平衡 10min，流速 8μL/min，进样量 0.4μL，检测波长 240nm；(c)[1]D，CN 色谱柱（160mm×0.53mm i.d.），流动相为 5% 二氯甲烷/5% 正丙醇/90% 正己烷（体积比），等度洗脱，流速 8μL/min，进样量 0.4μL；[2]D，RP-18e 整体柱（50mm×4.6mm i.d.），流动相 A 为 H_2O、B 为乙腈，线性梯度洗脱，0～26min 60%B～90%B（体积分数），流速为 4mL/min，检测波长 265nm

NPLC 分离效率较低，而与之相比一维 RPLC 虽然分离效率较高，但由于蛇床子提取液中成分复杂，所以分离时间较长（约 80min），而且组分之间含量差异较大，高含量组分的谱峰分布较为集中。而全二维液相系统分析时间显著降低（25min），主要的组分都得到了很好分离，谱峰尖锐，具有更高的分离效率。

该联用系统也被应用于丹参提取液的全二维色谱分离[126]，图 5-23（a）和图 5-23（b）分别为丹参提取液的一维 NPLC 和 NPLC×RPLC 分离谱图。在一维正相色谱分离中，采用正己烷/二氯甲烷/正丙醇的混合溶剂为流动相，可以在 20min 内完成正相分离。虽然一维正相色谱的分离效率比反相色谱低，但采用正相色谱作为第一维色谱可以起到"族分离"的作用，可以将丹参提取液中极性差异较大的组分初步分离，然后再依次转移到第二维按照样品疏水性差异进行分离。而当采用 NPLC×RPLC 分离丹参提取液时，在分离空间利用率上大大提高，谱峰分布更为均匀，谱峰重叠现象降低，谱图更为清晰易于解析。尤其对于低含量组分，用该联用系统时，由于系统峰显著降低，低含量组分更容易定性以及定量。通过与标准样品对照，该联用系统确定了丹参提取液中的 3 种活性成分：丹参酮 I、隐丹参酮及丹参酮 II$_A$（图 5-24）。

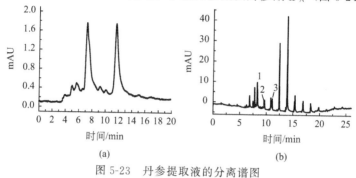

图 5-23　丹参提取液的分离谱图

（a）第一维 NPLC 谱图；（b）全二维分离谱图

谱峰识别：1—丹参酮 II$_A$；2—丹参酮 I；3—隐丹参酮

　　分析条件：（a）CN 色谱柱（160mm×0.53mm i.d.，Macherey-Nagel，Germany），流动相为 5%二氯甲烷/5%正丙醇/90%正己烷（体积比），等度洗脱，流速 8μL/min，进样量 0.4μL，检测波长 265nm；（b）^{1}D，CN 色谱柱（160mm×0.53mm i.d.），流动相为 5%二氯甲烷/5%正丙醇/90%正己烷（体积比），等度洗脱，流速 8μL/min，进样量 0.4μL；^{2}D，RP-18e 整体柱（50mm×4.6mm i.d.），流动相 A 为 H_2O、B 为乙腈，线性梯度洗脱，0~26min 60%B~90%B（体积分数），流速为 4mL/min，检测波长 265nm

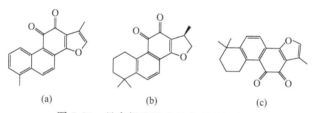

图 5-24　丹参提取液中的主要活性成分

（a）丹参酮 I；（b）隐丹参酮；（c）丹参酮 II$_A$

　　该系统充分发挥了正相色谱与反相色谱的分离优势，构成了正交度高的在线全二维液相系统。在线真空溶解蒸发接口解决了正相色谱与反相色谱流动相不互溶的问题；另一方面通过采用该接口技术，大幅度减少了第一维切割馏分进入第二维柱头的体积，降低了谱带宽度，解决了正相色谱与反相色谱联用时第一维切割组分在转移到第二维柱头时体积过大和谱峰扩散现象。该二维分离系统在 ^{2}D 分离时间为 25min 时，二维峰容量可达到 625。

　　该全二维系统具有分离速度快、分离效能高、两维分离的保留相关性低、每一维单独优化条件而互不干扰的特点。同时由于降低了系统峰的强度和缩短系统峰的出峰时间，减少了对分离的影响，在分析复杂样品时更易于谱峰的定性以及定量。

　　田宏哲等[84]采用双定量环-阀切换接口构建了 HTNPLC×RPLC 联用系统，并将该系统应用于甘草（*Glycyrrhiza uralensis*）提取液的全二维分离。第一维采用高温正相色谱，可以降低第一维洗脱流动相中的有机溶剂含量，从而可以避免第一维洗脱后的组分在第二维柱头的扩散，降低半峰宽，提高分离度以及分离效率。图 5-25（a）

和图 5-25(b) 分别为甘草提取液的一维 HTNPLC 和全二维分离谱图，在高温正相色谱条件下，甘草提取液在水/乙腈比为 70/30（体积比）的等度条件下可以被完全洗脱，但一维正相色谱的分离柱效低，不能使主要组分得到很好分离。而采用 HTNPLC×RPLC 对该类样品进行分离，能够提高系统的分辨率，使重叠峰得到更好的分离，与一维 HPLC 相比具有高峰容量及高选择性的优势。由于第一维洗脱流动相有机溶剂含量较低（30%），因而避免了第一维切割组分在第二维柱头的扩散，第二维谱峰尖锐，峰形较好。另一方面，采用该全二维液相系统进行分离，分析速度快，因而该方法适合于含有复杂组分样品的快速分离分析。

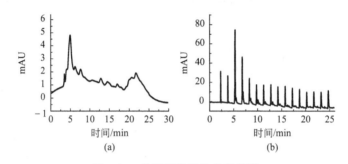

图 5-25　甘草提取液的分离谱图

（a）第一维 HTNPLC 分离谱图；（b）全二维分离谱图

分离条件：（a）CN 色谱柱（150mm×0.53mm i.d.，Macherey-Nagel），流动相为 70/30（体积比）水/乙腈，流速 8μL/min，柱温 80℃，检测波长 240nm；（b）¹D，CN 色谱柱（150mm×0.53mm i.d.，Macherey-Nagel），70/30（体积比）水/乙腈，流速 8μL/min，柱温 80℃；²D，RP-18e monolithic column（50mm×4.6mm i.d.，Merck，Germany），流动相为水（C）/乙腈（D），线性梯度洗脱，0~25min 60%D~85%D，流速 1mL/min，柱温 22℃，检测波长 240nm

（3）农药残留分析　为了提高新烟碱类农药膳食风险评估的准确性，降低农产品中复杂基质成分对待测农药定性及定量分析的干扰，Muhammad 等[127]构建了全二维液相色谱联用体系分析 6 种农产品（蜂蜜、番茄、黄瓜、苹果、姜、榴莲）中的吡虫啉和噻虫胺（见图 5-26）。两维皆采用离子色谱法分离，²D 洗脱液经柱后光化学反应装置进行衍生，随后荧光检测器进行待测组分的测定。该联用体系可实现在线样品净化，从而提高检测灵敏度，消除基质效应，降低分析时间和分析成本。

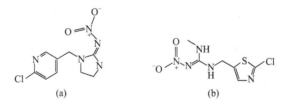

图 5-26　新烟碱类农药的化学结构

（a）吡虫啉；（b）噻虫胺

Ouyang 等[128]采用 RPLC×RPLC 二维色谱分离污水中的环境污染物，¹D 采用

C$_{18}$色谱柱（150mm×2.1mm i.d.，1.8μm），乙腈/水为流动相，流速 0.1mL/min；^{2}D 采用五氟苯基色谱柱（50mm×4.6mm i.d.，2.6μm），0.1％甲酸水溶液/乙腈为流动相，流速 2.0mL/min，采用高分辨 TOF MS 进行样品测定。该二维联用模式可实现高正交度及保留时间重现性，采用该联用体系可同时分离废水样品中的 20 种环境污染物，通过 TOF MS 确证其中包括 3 种农药：异丙隆、特丁净及二嗪农。

（4）代谢组学分析　随着基因组学、转录组学及蛋白质组学的深入研究，代谢组学也随之诞生，并用其来进一步解释和了解生物的基因功能。20 世纪 90 年代末，代谢组学的概念最先出现在微生物领域。之后，1999 年 Trethewey 提出了植物代谢组学的重要性。

代谢组学研究主要是应用高灵敏度和高通量的检测技术，对大部分代谢物进行定性和定量分析，以便进一步研究生物体不同部位和不同时期所产生代谢物的种类与含量变化，随后通过这些变化来推测与代谢物相关的代谢途径或代谢网络。基因表达的终产物是代谢产物，这就使得基因表达水平的极微小变化也会导致代谢产物的大幅改变。于是不同研究者开始利用代谢组学方法来检测代谢物的变化，并从中判断出基因表达水平的变化，这样就能进一步推断基因的功能以及其对代谢途径的影响。二维液相色谱联用技术由于具有以不同色谱联用模式相耦合所能提供的高峰容量及高选择性等优势，在代谢组学研究中也得到了广泛应用（见表 5-5）。

表 5-5　应用于代谢物分析的二维液相色谱方法

待测物质	联用模式	^{1}D	^{2}D	检测器	参考文献
大肠杆菌（Escherichia coli）代谢物	On-line	RPLC	RPLC	UV，MS	[129]
甘草（Glycyrrhiza glabra）代谢物	On-line	HILIC	RPLC	UV，MS	[130]
水稻植株代谢物	On-line	HILIC	RPLC	MS	[131]
三七（Panax notoginseng）叶片代谢物	Off-line	HILIC	RPLC	UV，MS	[132]
甘草（Glycyrrhiza glabra）代谢物	On-line	RPLC	RPLC	UV，MS	[133]

Montero 等[130]构建了 HILIC×RPLC-DAD-MS 联用系统，用于不同地域来源的洋甘草（Glycyrrhiza glabra）代谢图谱分析。^{1}D 采用 HILIC 微柱分离（150mm×1.0mm i.d.，3.5μm），乙腈和乙酸铵混合溶液为流动相，流速 15μL/min；^{2}D 为 C$_{18}$色谱柱（50mm×4.6mm i.d.，2.7μm），0.1％甲酸/乙腈为流动相，流速 3mL/min，进行^{2}D 快速分离。采用该联用系统可以同时分离 89 种不同代谢产物，三萜皂苷类化合物是其中丰度最大的代谢物，其次是糖基化黄烷酮和查耳酮类化合物，确认其中代谢主成分是甘草酸。采用该联用系统可以确定不同地域的洋甘草代谢物分布，从而能够对未知或可疑的洋甘草样品确认其地域来源或样本真实性。

Pandohee 等[134]采用离线的二维液相色谱与 DAD 检测器联用，研究了紫外光暴露对蘑菇（Agaricus bisporus）代谢图谱的影响。为提高二维联用体系的正交度，^{1}D

采用氰基色谱柱，^{2}D 采用 C_{18} 色谱柱。采用该联用系统在一次分析中可同时检测 158 个样品峰，分别为糖、氨基酸、脂肪酸、有机酸及酚类化合物，但只确认了其中 51 种化合物。

Fairchild 等[135]构建了离线的 SCX×HILIC 二维联用色谱，采用串联质谱检测，分析大肠杆菌（Escherichia coli）和酿酒酵母（Saccharomyces cerevisiae）培养液中的水溶性代谢物。该联用模式的峰容量可达到约 2500，在一次分析中，无论是采用正离子化还是负离子化模式进行检测，都可同时测定 141 种代谢组分，其中 92 种是大肠杆菌中特有的代谢物，酿酒酵母中 95 种，另有 46 种是它们的共同代谢物。

5.1.8.2 生物大分子或聚合物的分离

（1）低聚物的分离　在分离聚合物以及共聚物方面，二维液相系统所具有的强大分离功能已引起了普遍关注[23,30,96,97]。Gray 等[136]建立了 RPLC×RPLC 全二维色谱，对低聚苯乙烯混合物进行了分析。Jiang 等[63]采用硅胶柱与体积排阻色谱联用分析聚甲基丙烯酸甲酯聚合物，采用紫外和蒸发光散射双检测器对聚合物进行在线检测。采用该方法分析了分子量对羟基化聚甲基丙烯酸甲酯在液相色谱上保留行为的影响。

（2）表面活性剂的分离　已有多项研究[137,138]将二维液相色谱应用于表面活性剂的分离中，Haefliger[54]采用全二维液相系统分离表面活性剂的混合物，第一维采用二醇基键合色谱柱，第二维采用平行的 C_4 柱和 C_2 柱。在第一维所选择的分离条件下，阳离子以及两性离子表面活性剂根本不保留，非离子表面活性剂保留较弱，而阴离子表面活性剂具有较强的保留。因此在第一维分离条件下，几种类型的表面活性剂以族分离的形式被切割到第二维，然后根据化合物的疏水性进行精细分离。

（3）蛋白质和多肽的分离　二维液相色谱发展至今，在蛋白质和多肽的分离中应用最广（见表 5-6）。尤其是随着蛋白质组学的迅速发展，二维甚至多维色谱的应用越来越受到重视。与二维凝胶电泳相比，二维液相色谱降低了样品歧视效应，解决了低丰度蛋白质的分离难题；二维液相色谱可以直接与质谱实现在线联用，从而避免了样品处理过程中的污染以及人为误差；采用二维液相色谱进行蛋白质组学分析可实现自动化操作，降低了工作强度，提高了样品检测通量。

表 5-6　应用于蛋白质和多肽分析的二维色谱方法

待测物质	联用模式	^{1}D	^{2}D	检测器	参考文献
11 种蛋白质及其酶解物	On-line	SCX	RPLC	UV,MS	[139]
蛋白质（Escherichia coli）	On-line	IEC	RPLC（12 根平行反相色谱柱）	UV	[140]
酶解多肽（Saccharomyces cerevisiae）	On-line	SCX	RPLC	MS	[32]
多肽	On-line	RPLC	RPLC	DAD,MS	[141]
	On-line	RPLC	RPLC	DAD	[41]
	On-line	SCX	RPLC	MS	[142]
	On-line	RPLC	RPLC	MS	[143]

已证实，二维液相色谱具有分离复杂样品的强大分离能力，更令人兴奋的是粒度 $<2\mu m$ 的多孔固定相被引入到液相色谱分离中，即超高压液相色谱（UPLC）。UPLC采用高效、高渗透性及热稳定性的新型色谱柱进行分离，分离速度较常规液相色谱有显著提高。将 UPLC 应用于二维液相联用技术中，使 ^2D 可以在更宽的压力及更高的温度下进行快速分离，在实际应用中具有极大的发展潜力。

5.2　二维气相色谱联用技术

5.2.1　概述

随着毛细管色谱柱在气相色谱（GC）中的应用，GC 已成为重要的分离手段，被广泛应用于不同领域的挥发性/半挥发性化合物的分离中。目前的 1D-GC 具有很好的分离效率以及定量准确性及稳定性等优势，在很多领域已成为首选的分离方法。但是，现有的高灵敏度检测器提供的检测能力表明，在很多情况下，食品、石油、生物及环境等样品远比人们认为的更为复杂。

为了使复杂样品获得完全分离，理论上应该提高分辨率，即增加高于 1D-GC 所能提供的分离或检测能力。通常 1D-GC 只能提供一种分离机理，性质相近的待测组分在 1D-GC 中就会共流出，无法分开。如果再加入第二种分离机理完全不同的分离方法，那么共流出组分就会得到很好分离。如果将每个应用于混合物分离的分离机理定义为"维"，则可以将不同分离机理的联用技术称为多维方法。因而，由几种分离机理不同的 GC 分离方法进行适当组合，将会形成不同的二维气相色谱（2D-GC）分析方法，为分离分析复杂样品提供准确信息。

目前的二维气相色谱分析方法已经从传统的多维气相色谱（MDGC 或 GC-GC）向全二维气相色谱（GC×GC）转变，二维气相色谱技术的分离潜力也得到了显著提高。

5.2.2　基本原理

从色谱分析的角度来看，分析的目的是在尽可能短的时间内分离尽可能多的组分。GC×GC 联用技术在两个维度上的分离是互补的，能够提供相对全面的分离，因而能实现上述目的。这种情况下，在 ^1D 的重叠峰在 ^2D 就有机会分开，而 GC×GC 的分离能力在很大程度上取决于仪器的设计和性能，可以从不同角度对 GC×GC 进行适当优化。

GC×GC 的峰容量越大，可以获得的样品信息就越多。而如果色谱峰的峰宽较窄，则可以相应地提高峰容量，同时也可以改善色谱峰的其他特性，如改变信噪比（S/N）。但是，还有其他方法可以优化 ^1D 和 ^2D 的峰宽，这与通过调制器（modulator）控制 ^1D 的采样频率（sampling density）有密切关系[144]。采样频率是 ^1D 的峰宽除以 ^2D 的分析时间，即调制周期（P_M）[145]。

GC×GC 的成功应用要考虑很多关键因素，如色谱柱的选择、载气及其流速的选择、程序升温的设置等。又比如色谱柱的选择，要考虑固定相的组成、色谱柱的内径及长度、固定相的膜厚等因素。目前存在很多种类的固定相，如最新出现的离子液体固定相，而不同类型的固定相进行组合，完全可以形成正交度高的二维气相色谱。最常见的组合方式是 ^1D 为非极性色谱柱，^2D 为极性色谱柱[146,147]。在 GC×GC 分离中，色谱柱内径及膜厚会显著影响分离效率及色谱柱的承载量。而最佳流速要根据色谱柱的内径和长度进行优化，程序升温与流速要相互调整以实现最佳的二维分离。

与 1D-GC 相比，2D-GC 分析中的每一组分都有两个独立的保留时间而不是一个保留时间。不同组分在二维平面等高线图上的位置不同，等高线图的两个坐标轴分别对应于两维的保留时间。很明显，以二维分析数据对待测组分进行定性，其结果与1D-GC 相比也更加可靠。

在 GC×GC 分离中，通常需要对从 ^1D 色谱柱洗脱的相对较小的馏分在第二维进行单独分析，目的是要维持 ^1D 分离所获得的分辨率。通常为实现上述目的，在两维色谱柱之间有一个低温装置，即接口，用于捕集、浓缩或释放随后要转移到第二维的馏分。

5.2.3 二维气相色谱联用模式

5.2.3.1 GC-GC 联用模式

1968 年 Deans[148] 首次提出了"中心切割"式（heart-cutting）二维气相色谱（GC-GC）联用模式，在其分析中只选择 ^1D 中含有待测组分的部分馏分，然后将这些馏分依次转入 ^2D 进行再次分离。GC-GC 虽然在 20 世纪 90 年代得到广泛应用，但随后并未流行起来。这可能归于其仪器设置，在目前看来虽然比较简单，但在当时的科技条件下还是十分复杂，不足以成为常规分析的方法。该联用模式的主要优势在于可以根据待测组分的性质不同选择最佳的 ^2D 色谱柱，而且分析时间不受限制，即 ^2D 的分析时间不受 ^1D 分离时间的限制，因而 ^2D 可以采用相对较长的分析时间提高分离选择性及分辨率。

GC-GC 在应用上也有一定的局限性，其主要问题是对一个或两个以上的馏分进行第二次分析会显著延长二维的分离时间。每个二维分析都很容易将运行时间增加 $30\sim45min$。即使使用的是 $30\sim60s$ 峰宽的一维洗脱组分，对整个样品的分析将涉及 $30\sim60$ 次重新分析。换句话说，这将需要 $25\sim30h$。

因而，GC-GC 联用模式的优缺点十分明显，该联用技术主要适用于分析高度复杂样品中的有限的几个目标组分，也就是所谓的"heart-cutting"。该技术在对待测样品的总体监控或是未知物质的筛查方面并不具有优势，要想解决这类分析问题必须设计 GC×GC 联用技术，该技术可以对 ^1D 的所有馏分进行 ^2D 分析。

5.2.3.2 GC×GC 联用模式

在二维气相色谱中使用毛细管柱与其他色谱柱技术相比显著提高了 2D-GC 的峰容量，目前在一维一次分析中可以分离 $100\sim150$ 个色谱峰，如果再加入第二维分离，那么可分离的色谱峰数目会显著增加。考虑到这一点，如果要对高度复杂的样品进行有效分离，一个措施就是采用接口将两种独立的色谱柱联用，从而提高分离能力。对不同类型样品的分析已证实了 GC-GC 联用技术的实用性。

而 GC-GC 联用技术的主要限制在于它主要采用"切割"式，只将^{1}D 的少量馏分转移到^{2}D 进行进一步分离，也就是说，只有待测组分十分明确时，这种分析技术才能成功。另一方面，如果要对样品进行全面筛查，采用 GC-GC 技术将十分耗时，而且操作复杂，因而，必须采用 GC×GC 联用技术。在这种情况下，^{1}D 的所有洗脱液都会被切割成相邻的体积相对较小的馏分以维持^{1}D 的分辨率，然后依次转移到^{2}D 进行进一步分离。

GC×GC 分析方法的高分辨率，使其适合于分析许多能够采用 GC 分离的实际样品。为了实现 GC×GC 的有效运行，必须采用合适的接口技术以便进行连续的样品切割和再进样过程，否则无法实现 GC×GC 分析。与 GC-GC 相比，GC×GC 是对所有样品组分都进行两种不同机制的分离，其强大的分离能力使 GC×GC 技术成为分析高度复杂样品的首选方法，尤其是与质谱或串联质谱联用更增加了其检测能力。

5.2.4　仪器装置

2D-GC 的仪器装置通常包括分离选择性不同的两根色谱柱，在两根色谱柱之间有一个接口装置，也称为调制器，一个柱温箱，一个或两个检测器（见图 5-27）。如果两根色谱柱要分别控温，则需要两个独立的柱温箱。在 GC×GC 联用技术中，通常首选非极性色谱柱×极性（中等极性）色谱柱的联用，非极性柱为^{1}D 色谱柱的优势在于^{1}D 分析可以直接选用常规 1D-GC 的分离方法。此外，在^{1}D 中主要基于待测组分的挥发性不同进行分离，而^{2}D 分离只取决于组分与固定相间的特定相互作用，即两维分离机理完全是独立的。

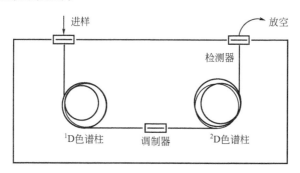

图 5-27　二维气相色谱联用示意

随后研究发现，^{1}D 采用极性色谱柱分离，^{2}D 采用非极性色谱柱也能达到很好的二维分离效果，这种联用方式尤其适合含有强极性或离子型化合物的样品分析。

5.2.4.1　接口技术

2D-GC 的接口技术相比于 2D-LC 更为复杂，种类繁多[149]。理想状态中，通过接口脉冲进样到^{2}D 的样品组分应该在下次脉冲进样之前完成分离，以避免不同脉冲进样的色谱峰之间产生重叠，因而，^{2}D 多采用短的细内径色谱柱，分析速度更快（基本上可以达到^{1}D 分析速度的 100 倍以上）。

在 2D-GC 中加入调制器的目的是将^{1}D 组分有序地转移到^{2}D，从而提高分离效率，除了接口的电子控制要求外，调制器还需要满足以下要求：样品的转移、生成

^{1}D和^{2}D谱图的软件,及通过信号采集得到的3D曲线。

(1)GC-GC的接口技术   在GC-GC联用技术中,通常采用的接口技术为以下三种:阀切换、无阀气动切换及在线冷阱。20世纪50年代开始使用阀切换接口,通常采用一个或多个切换阀连接两维色谱柱,从而实现"切割"式二维气相色谱联用。由于切换阀在柱温箱内,存在样品污染及吸附等问题,而且切换阀的稳定性及结构等因素也影响GC-GC联用的分离效果,从而限制了该类接口技术的应用。

1968年出现了无阀气动切换接口,该接口的设计是依据Deans的压力平衡原理[144],通过稳压器、电磁阀和调流阀等阀件控制系统的柱前压力及载气流向,样品并不通过这些部件,所以构建了无阀切换技术。无阀切换接口由于存在无样品污染及死体积小等优势,随后在GC-GC联用中得到广泛应用。

在线冷阱是在两维色谱柱之间连接一个低温捕集器,里面可以填充吸附剂,将^{1}D中含有目标组分的馏分凝聚在该捕集器中,待样品全部凝聚后,再将冷阱迅速升温,使被捕集组分瞬间气化,进入^{2}D进行分离。采用在线冷阱进行GC-GC分离可以避免^{1}D切割组分在进入^{2}D色谱柱之前的谱带展宽,同时还可以对痕量待测组分起到在线富集的作用。

(2)GC×GC的接口技术   调制器是一种硬件,它的作用是以重复的脉冲形式将^{1}D柱尾的流出液转移到^{2}D的色谱柱头进行分离。归因于调制器的使用,可以将多种类型的^{1}D和^{2}D分离方式进行组合。目前在GC×GC联用中有多种接口技术,调制方式为阀调制、低温调制、热调制及气动调制等,在GC×GC联用技术发展的早期热调制方式得到了广泛应用。

相对于GC柱温箱温度,所有使用加热装置的调制器,统称为"热调制器"。1991年Liu等[150]首次设计了GC×GC联用的热脱附式调制器,随后出现了停流式[151]及微型调制器[152]。第一个商品化的热调制器由Philips等[153]设计,它是一种旋转热调制器,由一个移动的金属开槽加热器和一个允许毛细管柱通过的间隙连接而成。两维色谱柱通过一个富集装置连接,中间有膜厚较厚的毛细管柱,可阻碍样品组分在这部分的迁移,还有一段短的空毛细管,以降低待测组分在进入^{2}D色谱柱之前的保留,避免谱带展宽。分析物被保留在富集部分的毛细管柱内,随后在高于色谱柱温100℃左右的温度下将富集部分的组分脱附,进样到^{2}D进行分析。

热调制器可以保证^{1}D的分辨率,但也牺牲了常规GC的简单性,其中一个关键问题是所有调制器部件需要正确对齐,以避免与移动加热器接触;该系统不适合高挥发性化合物,而且柱温须限制在最高操作温度以下100℃。调制器中采用的固定相也限制了其应用范围。

在1998年出现了低温调制器,如径向冷调制器,通常采用CO_2低温冷阱捕集^{1}D的馏分,然后该冷阱沿毛细管柱移动,将先前冷却点暴露在柱温箱中,从而将被捕集的化合物快速脱附,以一条非常窄的谱带进样到^{2}D进行分离。该类接口位于^{2}D毛细管柱头,是一种空心套管结构。与热调制器相比,低温调制器更易于捕集高挥发性组分。通常冷阱温度比GC正常分析温度低100℃,即可有效捕集大部分的组分,温度过低会阻碍组分的脱附速度。而且,该类接口技术还存在由于冷阱的连续运动而造成的磨损问题。

　　鉴于此，2000 年 Ledford 对低温调制器进行了改进，设计了冷喷调制器，该类接口是由相互垂直的两股冷气和热气的喷口组成，接口结构简单，易于操作及维护。其工作原理是热气和冷气周期交替作用在接口的毛细管柱上，可实现对 ^{1}D 组分的聚焦，随后快速脱附，及再进样到 ^{2}D 分离。

　　与热调制器相比，阀式调制器应用并不广泛。然而，阀式调制器操作简单、成本低，并且不需要额外的耗材。阀式调制器上的样品环起到将两维体系连接到一起的作用，调制过程十分简单，可以在 ^{2}D 的入口进行。

　　考虑到低温调制器的制冷剂消耗的高成本，随后又出现了流量或气动调制器（FM）。早期，该类调制器采用四通或六通二位阀连接两维，设计了一个"在线"接口。在调制期的大部分时间里，^{1}D 的馏分被排到废液；之后，该二位阀进行短暂切换，由一个流速相对较高的辅助气（15mL/min）将 ^{1}D 馏分快速推进到 ^{2}D 色谱柱。因此，^{1}D 和 ^{2}D 采用了不同的气体流量。该类接口的缺点在于二位阀的温度限制及切换周期影响，从而造成灵敏度损失。近年来，随着二位阀的使用温度及切换周期的提高，上述问题得到了改善。2004 年 Bueno[154] 等设计了无阀的"离线"接口，通过 4 个"T"形装置连接两个样品环组成调制器。进入到调制器的 ^{1}D 的馏分的流动方向由辅助气调节，该辅助气由 1 个位于柱温箱外的电磁阀控制。当 ^{1}D 馏分被直接引入到 1 个样品环中（填充模式）时，另 1 个样品环中的馏分就会被释放到 ^{2}D（冲洗模式）。在最后一刻，在"填充"（或"冲洗"）期间，电磁阀被激活，导致流向反转（例如，先前"冲洗"的样品环转换到"填充"状态）。该类接口由于不使用二位阀，因此不受切换周期和温度限制。随后有很多研究者对该类接口进行了不断改进，如采用含内部累积装置的金属板为接口，或采用由 7 个端口组成的晶体芯片构成的接口等。该类接口具有成本低及热稳定性高等优势，适于分析易挥发及高分子量的组分。但另一方面，该类接口也存在样品组分无法富集，优化过程十分复杂的劣势。

　　很多仪器公司也先后推出了商品化的 GC×GC 系统，其中美国力可公司在其开发的 GC×GC 系统中设计了两种接口技术：冷喷调制器和免消耗调制器。美国 ZOEX 公司的 GC×GC 系统采用低温调制器，以液氮为制冷剂，最低温度可达 $-189℃$。而最受欢迎的调制器是美国安捷伦公司开发的 CFT（微板流路控制技术）调制器，主要采用气流调制，CFT 具有以下优点：不需要低温捕集装置；从 ^{1}D 色谱柱收集样品，将色谱峰切割成多个馏分；将每个馏分聚焦为一个窄的谱带；然后将样品谱带快速进样到 ^{2}D 进行分离。

5.2.4.2　检测技术

　　在 GC×GC 分析中，检测的作用与经典的 GC 分析一样，主要是用于记录样品的响应信号。所以在 GC×GC 联用中，也必须仔细评价检测器的性能。实际上，由于检测所衍生的谱带展宽也会严重损害两维分离所产生的强大分离能力。

　　由于在 GC×GC 联用中 ^{2}D 的分析速度非常快，峰底宽仅为 $50～600ms$，因此，必须使用响应时间短、内体积小的检测器。在 GC×GC 的早期，通常采用氢火焰离子化检测器（FID）进行测定，其内体积可忽略不计，数据采集率为 $50～300Hz$。FID 是通用型检测器，其响应值与待测组分的碳原子数目呈线性关系，可以用于样品的定量分析。FID 可以精准定位不同族的化合物，然后采用标准物质进行定量。

目前 GC×GC 联用技术中，通常采用选择性的检测器进行样品测定，如 μ-ECD、NPD 等，可以分别对含电负性基团的有机化合物、农药或其他挥发性成分进行测定。而对一些在 FID 中无响应或响应较弱的样品组分，也可以采用氦离子化检测器进行测定，其原理是由 He 放电室产生的高能光子使样品离子化，从而对其进行检测。与 FID 相比，氦离子化检测器会使样品谱带展宽近 20%，线性范围较窄，而检测灵敏度相似。

随后，出现了商品化的质谱检测器，从单四极杆质谱（qMS）、飞行时间质谱（TOF MS），到三重四极杆质谱（QqQ MS），采集速率不断提高，^{2}D 快速分析的色谱峰的重建也不存在问题。为了提高样品中待测组分的定性准确性，采用 GC×GC-MS 联用技术是十分必要的。多反应监测模式（MRM）是最常见的 QqQ MS 的测定模式：第一级和第三级四极杆（Q1 和 Q3）在选择离子监测模式下分析，而碰撞诱导的解离反应发生在第二级四极杆中（q2）。通常，在分析中要选择 2～3 个子离子，一个用于定量，其他子离子用于定性。在复杂样品中，可能存在同一子离子来自相同或不同的母离子的情况。所以选择母离子与子离子构成的离子对，可以排除相同母离子或子离子的存在对待测组分定性及定量的干扰。QqQ MS 是高灵敏及高选择性的检测器，在农药、兽药及其他有机污染物测定中得到了广泛应用。

最近，在低温调制 GC×GC 的联用中采用一种真空紫外（VUV）检测器进行样品测定[155]，该检测器可检测 125～240nm 波长范围内的吸收光谱。通常 VUV 检测器可以区分异构体化合物（即顺反异构体），因此，VUV 的检测信息与 MS 信息可起到互补作用。

5.2.5 二维气相色谱联用技术的优化

在二维气相色谱（2D-GC）联用技术中，仪器配置相对简单，但方法的优化十分繁琐，成为限制该技术应用的瓶颈。其中主要优化的参数为：调制参数（温度和周期）、固定相种类、毛细管柱尺寸、气体流量、程序升温、柱出口压力及检测器的设置等。

5.2.5.1 调制参数

如前所述，调制参数的优化在 2D-GC 联用技术中非常重要，必须根据调制器的类型或特定应用进行仔细调整。其中 P_M 是接口技术中需要优化的重要参数，该参数必须足够低，以保持 ^{1}D 色谱柱的分辨率，但还要足够高，以避免灵敏度的损失，并保证在下次进样前 ^{2}D 色谱能够完成分离，从而避免样品间的重叠。相对于 ^{1}D 峰宽，适当的 P_M 选择对于提供足够的采样频率至关重要，同时还可以使二维分离的峰容量最大化。通常 P_M 的选择应该使采样频率在 2～3 之间，采样频率过小会导致 ^{1}D 的采样率低，色谱峰展宽，同时会降低 ^{1}D 的分辨率，以及可能造成定量精度减小等问题。

一种同时优化二维峰容量和采样频率的方法是首先优化 ^{1}D 的峰容量，产生 2～6s 的窄的 ^{1}D 峰宽，然后采用相对较短的 P_M（1～2s），以达到最佳采样频率（2～4）[147,156]。然而，许多二维应用仍然可以受益于通过使用相对长的 P_M（5～8s）的方式来提高 ^{2}D 峰容量[157,158]。但是采用较长的 P_M 时，由于采样率低，^{1}D 的谱峰相对较宽（10～20s），从而会降低 ^{1}D 峰容量和 2D 的总峰容量。

对于低温调制方式，主要优化的参数是捕集和释放的温度及周期。必须仔细调整捕集温度，避免待测组分释放延迟。而释放过程可以通过在未涂覆毛细管中捕集或延长释放时间的方式加速。采用 FM 调制方式，其优化过程比低温调制更具有挑战性。在 FM 调制方式中有三个压力需优化，即入口、出口和调制器压力。累积和再进样周期，及 ^{1}D 和 ^{2}D 的流速也必须仔细调整。实际上，累积时间高度依赖于 ^{1}D 的气体流量和收集定量环体积，其中定量环的过度填充（或突破）必须在收集步骤中避免。而再进样过程必须能有效冲洗累积回路；再进样过程的重要参数是其持续时间和 ^{2}D 的气体流量。对于累积和再进样过程，考虑定量环长度（而不是体积）以及两个阶段的环内气体线速度更为方便[159]。

5.2.5.2　固定相组合

开发 GC×GC 联用技术的主要目的是最大限度地开拓分离空间，可以通过适当的固定相组合实现该目的。也就是说，两维必须采用不同的分离机理，从而获得所谓的"正交"分离。理论上，考虑到两维色谱柱的不同选择性及其独立的优化条件，GC×GC 的峰容量应该等于两维峰容量的乘积。然而，上述的峰容量是过高估计，因为在实际应用中是无法完全实现上述分离条件的。实际上，完全不同的分离机理是不存在的，因为待测组分的蒸气压在所有气相色谱分离过程中起着主要作用；此外，GC 的优化是每维的最佳分离条件之间妥协的结果。

通常情况下是根据分析目的选择色谱柱类型。在 2D-GC 中，最流行的正交组合方式为非极性柱（例如，100%二甲基聚硅氧烷或 5%二苯基＋95%二甲基聚硅氧烷）作为 ^{1}D 分析柱和极性柱（如 100%聚乙二醇）为 ^{2}D 分析柱。在这种情况下，^{1}D 的洗脱顺序是依据样品的沸点，而 ^{2}D 分离则依赖于特定极性的相互作用（氢键、偶极作用、色散力等）。根据特定的相互作用，样品组分在两维色谱柱上进行分离，而即使是化学性质相近的化合物也可以根据二维谱图进行组分识别。使用这种正交组合，非极性化合物位于二维等高线图的下部，而极性更大的化合物由于在 ^{2}D 色谱柱中保留更强，因此位于等高线图的上部，这种就可以通过 2D-GC 联用技术将不同样品组分分开。

然而，2004 年 Adahchour[160] 等研究了所谓的"反向"组合模式，即 ^{1}D 为极性色谱柱、^{2}D 为非极性色谱柱，研究发现该组合模式也可以很好地满足特定的研究目的，比如研究柴油样品或食品香料等。对于柴油样品，待测组分按完全相反的顺序进行有序排列，即样品组分按类别不同（如烷烃、单芳烃、二芳烃等）紧密排列在一起，这对于依据样品类别定性时具有一定优势。而对食品香料进行分析时，非正交的组合方式可以改进极性化合物的峰形，如脂肪酸和醇，从而改善色谱图中组分的排布。因此，传统的和反向的 2D-GC 组合方式的选择都必须是考虑用于确定复杂基质中的目标化合物和未知化合物。

5.2.5.3　载气线速度

通常情况下，低温调制的 GC×GC 联用中 ^{1}D 的载气线速度接近最佳值（通常稍慢），^{2}D 的载气线速度远不理想（通常要高得多）。而在非最佳色谱条件下分析会导致总分离效率的损失，为解决该问题可以采用不同措施：①^{1}D采用粗内径的色谱柱（如0.15～0.25mm i.d.），可以在相对较低的线速度下分析，虽然可能导致分辨率的损失；②通过降低入口压力使^{1}D和^{2}D的线速度降低，这种措施会对^{1}D的分离产生负面影响，因为待测组分会在较高的温度下被洗脱，减弱了由于^{2}D线速度降低所带来的优势；③^{2}D采用较长的色谱柱分析可以降低线速度，然而，^{1}D不同馏分间的谱峰重叠概率将增加，需要延长调制周期改善上述情况，随之会造成^{1}D分辨率的损失。所以，上述三种措施都存在各自的优势与弊端。

早期的低温2D-GC联用中，采用载气分流的方法优化两维的载气线速度，然而该措施在随后的研究中被大多数研究者放弃。直到2007年，Tranchida等[161]构建了分流模式的GC×GC联用技术，采用一个短的分流装置连接两维色谱柱，然后，该分流装置与安装在柱温箱顶部的手动针型阀相连接，分流^{1}D的馏分，从而调节两维的气体流速。而且，采用分流方式也可以避免^{2}D色谱柱的超载，但另一方面，也不可避免地造成检测灵敏度降低。

对于流量调制方式，如前所述，入口、出口和调制器压力在分析过程中都必须优化。由于存在可以调节调制器压力的可能，人们可能认为^{1}D和^{2}D载气流速的优化可以分别进行。尽管这样的结论在某一点来说是正确的，但实际上也可以认为累积气流等于^{1}D流量，而再进样流量等于^{2}D流量。因此，在每维的FM参数和载气流速之间存在相当复杂的相互作用。

5.2.6 数据分析

在GC×GC分析中，采用先进的采集软件对数据进行处理，可以分别得到^{1}D和^{2}D的一维色谱图、二维轮廓图及三维曲线图。其中二维轮廓图及三维曲线图能够更为直观地反映二维分离中样品在分离空间中的分布情况，从而能够明确二维分离空间的利用率。

在GC×GC中，单个化合物的信号通常被分成几个峰（脉冲或调制），这些谱峰的信息必须结合起来才能重建完整的GC×GC峰。因此，在GC×GC分析中，二维谱峰检测，是一个具有挑战性的问题，特别是在涉及大量样本和许多分析物质的情况下。

实际上，相比1D-GC，在GC×GC中谱峰检测是非常复杂的问题。而其他化学计量学技术，如保留时间比对、特征分析，如代谢组学研究、可视化、优化、背景校正等，也比1D-GC更为复杂。

5.2.6.1 GC-GC数据分析

在GC-GC分析中，^{2}D色谱柱连接到^{1}D色谱柱的出口，使^{2}D分离具有不同的选择性。在两柱之间插入一种装置，该装置能捕获和释放从第一柱中洗脱的化合物。从^{1}D色谱柱上洗脱的30～60s长度的单个馏分被捕获，然后转移到^{2}D柱上重新分析。^{2}D分离的色谱图与正常的一维色谱图相同，因此，可以用常规方法进行数据分析。

如果样品中存在一些彼此不容易分离的关键成分和/或有干扰的基质成分，则GC-GC方法是比较适合的分析手段。然而，采用该方法分析存在两个主要缺点：

①在捕获含有待测组分的馏分时，会造成^{1}D分辨率的丢失；②如果在^{2}D必须分析多个^{1}D的馏分，则分析过程非常耗时和复杂，也就是无法对非目标组分进行筛选。

5.2.6.2　GC×GC 数据分析

GC×GC通常由常规的GC系统组成，其中两个色谱柱由一个调制器串联而成。调制器主要用于捕获、浓缩和释放从^{1}D色谱柱中分离的化合物。通过优化^{1}D馏分的体积，可以显著降低^{1}D分辨率的损失。因此，采样率必须足够高，以便能够对^{1}D的每个谱峰进行多次测量。

在15～30m长的常规毛细管柱上进行的一维GC分离的谱峰的峰宽通常为10～30s，因此，如果希望在^{1}D的谱峰上至少有四个取样点，则^{2}D分离应在2～8s内完成。这种快速分离只能在1～2m长的短毛细管柱上实现，而且最好是在窄内径和膜厚比较薄的毛细管柱内分析，以便最大限度地增加理论塔板数。所有样品组分都要根据相互不同的保留机理进行两种分离，对于进样到^{1}D柱上的每一个化合物，在二维色谱图中都会出现几个离散的峰。在数据分析方面，这种色谱峰的分裂是1D-GC和GC×GC的主要区别。

GC×GC分析的结果是许多短的^{2}D色谱图的集合，原则上，每个^{2}D运行都可以存储为一个单独的数据文件。然而，由于大多数软件都是为一维色谱开发的，所以通常的做法是将所有简短的色谱图按顺序记录在一个文件中，并且谱图解析也将非常困难，因为从原始数据看，很难分辨出哪个色谱峰属于同一个化合物。此外，色谱图中没有任何有助于化合物结构解析的信息。这些特征只有在经过所谓的解调之后才会出现，基本上，解调意味着将连续的GC×GC数据按调制时间长度切割成不同部分。然后，这些部分相互叠在一起，即将一维数据（向量）转换为2D矩阵，由此可以通过专用的GC×GC软件将数据转化为等高线或轮廓图，根据色谱峰的位置和峰体积，得到各组分的定性和定量信息。

色谱数据分析中的一个关键过程是谱峰检测，即区分不同组分及来自背景信号的响应。谱峰检测也称为"谱峰分辨"（谱峰识别）、"峰积分""峰拾取"或"去卷积"等。

5.2.7　新技术在二维气相色谱中的应用

近年来离子液体（IL）作为气相色谱的固定相已受到广泛关注[162]，离子液体是由不同的阳离子和阴离子经过组合所形成的在室温或近于室温呈液体状态的有机盐。第一个离子液体硝基乙胺是在1914年首次被发现，但直到1992年，四氟硼酸1-乙基-3-甲基咪唑鎓由于其相对较高的稳定性，才引起各国科学家的广泛关注，随后大量离子液体相继被合成。离子液体的重要优势是可通过改变组成离子液体的阴阳离子的化学结构从而可调节其物理化学特性，如蒸气压、黏度、化学及热稳定性等，从而形成结构可控的离子液体。与传统的固定相相比，离子液体具有不可燃性、热稳定性及化学稳定性高、不易挥发及对环境污染小等优势，因而作为一种新型的具有独特分离选择性的固定相在GC分析中具有极大的潜力。

2006年，Lambertus等[163]首次将离子液体固定相的色谱柱应用于GC-GC联用中，在其研究中采用咪唑离子液体为固定相的双色谱柱，在两个色谱柱之间采用一个气动阀连接，采用停流模式，对 20 种不同有机化合物进行二维分离。研究发现，采用该类离子液体为固定相的气相色谱比常规色谱柱分析速度更快，在 150s 内可以将待测样品中共流出组分完全分离。随后，基于离子液体固定相的色谱柱在 2D-GC 分析中得到广泛应用。

IL 色谱柱由于其极性较强，已广泛应用于复杂基质（如游离和甲基化脂肪酸、香料、精油和农药）中的强极性化合物的分析中[164]。在过去的几年里，随着更多具有独特选择性和惰性的 IL 色谱柱以及更灵敏和选择性更强的检测器出现，在 GC-GC 应用方面取得了很大的进展。基于 IL 的色谱柱的 GC-GC 分析技术已成功地用于从复杂基质，如食品、石化、环境和农产品等样品中分离和检测待测组分。

5.2.8 二维气相色谱联用技术存在的问题

尽管在过去 20 年中联用技术已取得了很大的进展，但在实际应用中，人们还远不能建立根据 Giddings 估计的基于已知的分离技术的多维组合所能形成的 $10^4 \sim 10^6$ 数量的二维组合模式。毋庸置疑，主要的障碍在于不同分离模式之间是否兼容，从而能够形成合适的联用技术。即使对于最为简单的两种 GC 分离方法的联用，特别是全二维联用方式，仪器的设计及选择最佳的联用接口也是一个非常具有挑战的工作。

5.2.9 二维气相色谱的应用

GC×GC 联用技术已经成功地应用于许多领域，如石化、生物及环境样品和食品污染物等中，特别是与 MS 检测器联用使其在定性及定量方面有了更大的提高。

5.2.9.1 脂类分析

脂类是构成细胞膜的主要成分之一，具有信号转导及能量储存作用。脂类是一大类结构复杂的化合物，包括非极性的疏水基团和极性的亲水基团，因此具有两亲性。一般将脂类成分分为可皂化和非皂化两类。鉴于其结构的复杂性，GC×GC 联用技术成为分离脂类成分的重要手段之一，在研究不同来源样品中脂肪或油脂成分的分子量分布方面日益受到重视。

2001 年 de Geus 等[165]首次将 GC×GC 联用技术应用于脂肪酸类样品的分析，在其研究中采用热调制方式（P_M 为 5s），^{1}D 采用聚二甲基硅氧烷（HP-1）色谱柱，^{2}D 采用聚乙二醇（CP-Wax 52）色谱柱，采用 FID 检测器对不同蔬菜和鱼油样品中的脂肪酸类化合物进行了测定。

为了测定不同样品中的脂肪酸种类及含量，通常需要对样品进行预分离，即族分离，然后将脂肪酸类化合物通过衍生反应转化为极性较小、挥发性较高的待测组分，主要是甲酯类化合物。要完全分离各类脂肪酸化合物或其异构体，通常需要采用较长（约 100m）的强极性分析柱（如双氰丙基聚硅氧烷固定相），Ragonese 等[166]采用新型的离子液体（IL）固定相分离脂肪酸类样品。此外，虽然采用 MS 检测器有利于谱峰的识别，但脂肪酸类化合物的定性工作仍十分复杂，因为采用 MS 很难区分脂肪酸异构体，而针对该类样品的复杂性，采用 GC×GC 联用技术可以很好地解决上述问题。

在脂肪酸甲酯类样品分析中通常以等效链长（ECL）和 FCL（fractional chain length）取代 Kovats 的保留指数进行待测组分的快速定性。其中 ECL 可根据直链饱和脂肪酸甲酯同系物的保留时间的对数与脂肪链中的碳原子数目计算，而 FCL 是 ECL 的分数，取决于双键数目和位置及取代基团。在脂类样品分析中要考虑"样品维度"和"分离维度"两方面的影响，其中"样品维度"是脂类成分的化学性质，如碳链长度、双键数目、支链位置及官能团等信息；而"分离维度"是样品所采用的不同分离方法的数量。在 GC×GC 分析中，通常采用 ^1t_R 和 ^2t_R（分别为第一维和第二维的保留时间）描述待测组分的分离情况，其中待测组分的碳链长度决定了 ^2k（第二维的保留因子）和 ^2t_R，而双键数量影响 FCL 值。上述参数可用于预测已知样品中脂肪酸类成分在二维分离空间中的分布，也可用于从 GC×GC 谱图中获取"未知样品"中脂肪酸类化合物的基本化学信息。

脂肪酸可与甘油相结合形成甘油三酯，该类化合物不易挥发，通常采用 HPLC 分析。de Koning 等[167]采用三步法分析甘油三酯类化合物，首先采用银离子色谱法分离待测组分，然后在线衍生，衍生后进行 GC×GC 分离。^{1}D 采用 CP-Wax 色谱柱，样品组分根据链长、双键的位置和数目进行分离，^{2}D 采用 VF-23 MS 色谱柱，可以很好地分离顺反异构体。采用组成相对简单的氢化植物油对该联用方法进行优化，总分析时间只需 2h。

鉴于 GC×GC 联用技术所能提供的高峰容量及待测组分在色谱图中的有序分布，随后该技术在脂肪酸类样品分析中得到了广泛应用（见表 5-7）。从表 5-7 中可以发现，在采用 GC×GC 技术分析脂类样品时，^{1}D 通常采用弱极性色谱柱，^{2}D 采用相对极性较高的色谱柱，但在 Delmonte[168,169]的研究中两维采用了相同固定相的色谱柱进行样品分离。在其研究中，以氢气为载气，在 ^{1}D 柱尾和调制器之间放置催化剂。在该条件下，不饱和脂肪酸甲酯被还原为饱和脂肪酸甲酯，从而降低了"样品维度"，该方法可以保持脂类化合物独特的烷基链结构。该分析方法可获得有序的二维谱图，其中同一碳数的脂肪酸甲酯排布在平行水平线上，而随着待测组分的链长增加，向谱图上部移动。因而，采用该分析方法可以得到待测组分有序排列的二维谱图，从而有利于脂类成分的定性分析。然而，这种脂类成分的鉴定方法还需要质谱检测、银离子色谱及标准物质进行对照以便确证。

表 5-7　GC×GC 联用技术在脂类化合物分析中的应用

样品类型	^{1}D 固定相	^{2}D 固定相	检测器	参考文献
食用油	HP-1(9m×0.2mm×0.33μm)	CP-Wax 52(0.3m×0.1mm×0.2μm)	FID	[165]
海洋样品	BPX-5(30m×0.25mm×0.25μm)	BP 20(0.8m×0.1mm×0.1μm)	FID	[170]
	HP-1(25m×0.22mm×0.2μm)	BPX-70(1m×0.1mm×0.2μm)		
天然油脂	BPX-5 MS (30m×0.25mm×0.25μm)	Supelcowax-10 (1m×0.1mm×0.1μm)	FID	[171]
	Supelcowax-10 (30m×0.25mm×0.25μm)	SPB-5 (1m×0.1mm×0.1μm)		

样品类型	1D 固定相	2D 固定相	检测器	参考文献
牛乳	CP 7420(100m×0.25mm×0.25μm)	HP-5 MS(1.5m×0.1mm×0.1μm)	FID	[172]
	CP 7420(100m×0.25mm×0.25μm)	HP-1(1m×0.1mm×0.1μm)		
	HP-1(30m×0.25mm×0.25μm)	Cyano Col(1m×0.1mm×0.1μm)		
	HP-1(30m×0.25mm×0.25μm)	DB-Wax(1m×0.1mm×0.1μm)		
橄榄油	CPSil 8(10m×0.25mm×0.25μm)	BP20 Wax(1m×0.1mm×0.1μm)	FID	[173]
	BP20 Wax(25m×0.32mm×0.25μm)	BPX-35(1m×0.1mm×0.1μm)		
鳕鱼肝油	BPX-5(30m×0.25mm×0.25μm)	BP20(0.8m×0.1mm×0.1μm)	FID	[174]
微生物样品	HP-5 MS(30m×0.25mm×0.25μm)	BPX-70(1m×0.1mm×0.1μm)	FID	[175]
动物脂肪	SLB-5 MS(10m×0.1mm×0.1μm)	DB-Wax(0.5m×0.1mm×0.1μm)	TOF-MS	[176]
动物脂肪	DB-5 MS(30m×0.25mm×0.25μm)	DB-Wax(1m×0.1mm×0.1μm)	TOF-MS	[177]
鲱鱼油	SLB-111(200m×0.25mm×0.2μm)	SLB-111(2.5m×0.1mm×0.08μm)	FID	[168]
	SLB-111(100m×0.25mm×0.2μm)	SLB-111(2m×0.1mm×0.08μm)		[169]
植物油	Rxi-5Sil MS (8m×0.25mm×0.25μm)	Rxi-17Sil MS (1.5m×0.15mm×0.15μm)	FID/MS	[178,179]
海洋动物样品	SLB-5 MS (30m×0.25mm×0.25μm)	Supelcowax-10 (1.5m×0.1mm×0.1μm)	qMS	[180]

5.2.9.2 天然植物挥发性成分分析

天然植物中含有大量的挥发性成分，其中很多挥发性成分具有药理活性，但由于其组成较为复杂，采用 1D-GC 分析该类成分，由于分辨率较低，待测组分的谱峰重叠严重，从而严重影响待测组分的定性及定量分析结果。而 2D-GC 联用技术由于其高峰容量及强大的分离能力，在天然植物活性成分分析方面具有明显优势。

"切割式"二维气相色谱（GC-GC）最早被应用于天然药物活性成分分析中，Fuchs 等[181]采用 GC-GC 联用技术测定薄荷（*Mentha piperita* L.）中的挥发性成分，其研究证实在薄荷中存在长叶薄荷酮转化为薄荷呋喃的生物合成反应，该反应严重影响薄荷油的品质。随后，该联用技术被应用于其他植物来源样品中挥发性成分的分析。但 GC-GC 联用技术只对部分组分进行分离测定，峰容量及分离空间未得到显著提高，无法对复杂样品中挥发性成分进行有效分离，因而限制了该联用技术的发展。

与 GC-GC 联用技术相比，GC×GC 联用技术可提供更高的分辨率和峰容量，在天然植物活性成分分析方面受到广泛关注。Jiang 等[182]采用 GC×GC 分离藏红花（*Crocus sativus* L.）中的挥发性成分，为了提高待测组分的定性准确性，采用Q-TOF MS 进行色谱峰的识别。通过构建烷烃的等挥发度曲线确定第二维保留指数（^2I）值，根据第一维保留指数（^1I）和^2I，以及质谱匹配分数（≥750，分子离子的质量精度＜$20×10^{-6}$）等数据，初步确定了样品中的 114 种化合物。

王楠等[183]采用 GC×GC 联用技术分析川芎（*Ligusticum chuanxiong* Hort）中的萜类和酚酸类挥发性成分，采用 TOF MS 进行样品测定，构建了不同样品的指纹图谱，通过质谱谱库检索数据及保留指数验证等方法确定了其中 43 种化合物。Cao 等[184,185]采用 GC×GC-TOF MS 联用技术分别测定了薄荷及硫黄熏蒸前后菊花中的挥发性成分，采用该联用技术可以有效地分离薄荷中的萜类对映异构体，也可以明确硫黄熏蒸对菊花中挥发性成分的影响（熏蒸前菊花中测定了 209 种挥发性成分，熏蒸后只检测到 111 种成分）。

Zini 等[186]分别采用 GC×GC 与 1D-GC 分离桉树（*Eucalyptus* sp.）叶片中挥发性成分，比较发现，GC×GC 联用技术可以分离约 580 个色谱峰，而 1D-GC 只能分离约 60 个色谱峰。在其研究中将固相微萃取技术与 GC×GC 技术联用，可以有效改善桉树中挥发性成分的分离情况。因而，GC×GC 联用技术在分析挥发性成分方面具有很好的应用前景，目前已经广泛应用于植物中挥发油或香味成分的分析中（见表 5-8）。

表 5-8　GC×GC 联用技术在天然药物挥发性成分分析中的应用

样品类型	¹D 固定相	²D 固定相	联用方式	参考文献
橄榄油挥发性成分	Sol-Gel-Wax (30m×0.25mm×0.25μm)	OV1701 (1.0m×0.1mm×0.1μm)	GC×GC-MS	[187]
柑橘挥发油	SLB-5 MS (30m×0.25mm×0.25μm)	Supelcowax-10 (1.0m×0.1mm×0.1μm)	GC×GC-qMS	[188]
香根草挥发油	VF-5 MS (30m×0.25mm×0.2μm)	DB-Wax (1.25m×0.1mm×0.1μm)	GC×GC-FID/MS	[189]
柑橘香味成分	HP-5 MS (30m×0.25mm×0.25μm)	VF-17 MS (1.5m×0.15mm×0.15μm)	GC×GC-Q-TOF MS	[190]
茶树油挥发性成分	Astec CHIRALDEX B-PM (30m×0.25mm×0.12μm)	Supelcowax-10 (1.0m×0.1mm×0.1μm)	GC×GC-FID	[191]
	MEGA-DEX DET-Beta (25m×0.25mm×0.25μm)	Supelcowax-10 (1.0m×0.1mm×0.1μm)		
		SLB-IL59 (1.0m×0.1mm×0.08μm)		
		SLB-IL61 (1.0m×0.1mm×0.08μm)		
		BPX-5(1.0m×0.1mm×0.1μm)		
茶叶香味成分	DB-5 MS (30m×0.25mm×0.25μm)	DB-17 ht (1.9m×0.1mm×0.1μm)	GC×GC-TOF MS	[192]
薄荷、薰衣草挥发油	SE52 (30m×0.25mm×0.25μm)	两根平行柱:OV1701 (1.4m×0.1mm×0.1μm)	GC×GC-FID/MS	[193]
胡椒挥发油	DB-5 (60m×0.25mm×0.1μm)	DB-17 MS (2.15m×0.18mm×0.18μm)	GC×GC-TOF MS	[194]
柴胡疏肝散中挥发油成分	Rtx-5Sil MS (30m×0.25mm×0.25μm)	BPX-50 (2.5m×0.1mm×0.1μm)	GC×GC-qMS	[195]

样品类型	¹D 固定相	²D 固定相	联用方式	参考文献
灯笼果和蓝莓中挥发性成分	Equity 1 (30m×0.25mm×0.25μm)	Sol-Gel-Wax (1.6m×0.1mm×0.1μm)	顶空 SPME-GC×GC-TOF MS	[196]
水果中香味成分	Sol-Gel-Wax (30m×0.25mm×0.25μm)	OV1701-vi (0.15m×0.15mm×0.15μm)	顶空 SPME-GC×GC-qMS	[197]

5.2.9.3　农药残留分析

通常采用 GC 与选择性检测器或 MS 联用测定样品中非极性或中等极性的农药残留，为了降低分析成本，提高分析速度，多残留分析方法近年来受到广泛关注。多残留分析方法是鉴定农产品、食品及环境样品中农药残留污染的重要方法，然而，目前的研究中主要关注目标污染物的分析，这也就意味着在分析中会丢失许多非目标物质及其代谢物的残留情况。因此，需要提供快速、可靠的分析方法对大量污染物质进行筛查。

鉴于 1D-GC 峰容量较低，无法分离复杂样品中的多残留成分，GC-GC 或 GC×GC 联用技术具有的强大分离功能使其在农药多残留分析方面具有独特的优势。在一次分析中，该联用技术可以同时分离测定数百个浓度较低的残留物质。而且，通过低温捕集、降低色谱柱的固定相流失等措施，GC×GC 联用技术还可以降低待测组分的检测限。

因而，GC×GC 联用技术在农药残留分析方面的优势主要是可以排除基质及共萃取的杂质成分对目标物质的干扰，从而提高微量或痕量残留物质的检测灵敏度及分辨率。相比于 1D-GC，GC×GC 联用技术在农药残留分析方面具有无可取代的优势。

李淑静等[198]采用 GC-GC 联用技术分析了鲫鱼中的 14 种有机磷及拟除虫菊酯类农药残留，¹D 采用 15m×0.25mm×0.1μm DB-5 MS 色谱柱，FID 检测器进行¹D 测定，²D 采用 30m×0.25mm×0.25μm DB-17 MS 色谱柱，²D 采用 qMS 检测。该联用技术采用中心切割方式，只将含待测组分的馏分切割到²D 进行分析，仪器配置相对简单灵活，但并不适合未知样品的分析。

Matamoros 等[199]首次采用 SPE-GC×GC-TOF MS 联用技术分析河水中 97 种残留物质，其中有 9 种酸性除草剂、8 种三嗪类农药、19 种有机磷杀虫剂及 5 种苯基脲类农药。当¹D 采用非极性固定相、²D 采用极性固定相时，目标组分获得最好的分离效率。而当¹D 为极性固定相、²D 为非极性固定相的联用组合时，²D 的保留值具有很高的相关性。采用该方法对 4 种河水样品进行了测定，在其中检测到了西玛津和甲草胺等农药的微量残留。

Engel 等[200]以 41 种农药为待测组分，其中包括有机磷类杀虫剂、拟除虫菊酯类杀虫剂及杀菌剂等。在其研究中比较了 GC×GC 联用技术中选择不同检测器（FID、μ-ECD、NPD 及 FPD）对农药多残留测定的影响，研究发现，采用选择性检测器与FID 相比，检测灵敏度更高（提高 3～7 倍）。Liu 等[201]也研究了 GC×GC-FID/FPD（S 或 P）联用技术在农药残留分析中的优势，发现 FPD（P）是 GC×GC 联用技术中比较理想的检测器，其检测灵敏度高，色谱峰形对称，谱峰宽度较窄。

Jia 等[202]建立了同时测定绿茶保健品中的 423 种农药、异构体及其代谢物的 GC×GC-TOF MS 多残留分析方法。在其研究中比较了不同二维色谱柱组合对待测组分分离的影响：非极性-极性（A）、非极性-中等极性（B）及极性-非极性（C）的配置，其中 B 组合方式，色谱峰存在严重的重叠和共洗脱的现象，当^{1}D 柱的极性接近^{2}D 柱时，分离空间利用率显著降低，几乎所有的待测组分都排列在分离空间的对角线上，因而表明 B 组合几乎完全缺乏二维分离。而 C 组合分离空间也严重不足，只有 A 组合方式中二维分离空间利用率最高，从而可以避免组分间的共流出及重叠，可对复杂样品进行全分离。采用 A 组合方式构建的联用系统，待测组分的检测限为 $0.04\sim4.15\mu g/kg$。采用该方法筛查了 124 种绿茶保健品中的农药残留，在几个样品中检测到了甲胺磷、联苯菊酯、残杀威、甲氰菊酯等 9 种农药残留。

Banerjee 等[203]比较了 GC-MS 和 GC×GC-MS 两种联用技术对葡萄中 50 种农药残留的分离效率，研究发现，采用二维联用技术检测灵敏度可提高 11.7 倍。而在随后的研究中，在 GC×GC-MS 联用中采用低温调制方式，与 GC-MS 相比，信噪比可提高 $10\sim15$ 倍[204]，可使待测组分的定量限降低 10 倍左右。

新型离子液体固定相，如 SLB-IL59 或 60 等离子液体色谱柱也被引入 GC×GC 联用系统中，用于白酒、番茄、水及挥发油中的农药残留分析[164,205]。该类固定相与传统固定相相比，具有不同的氢键结合作用，从而可提供不同的选择性及正交性，在 GC×GC 构建中具有极大优势。

目前 GC×GC 联用技术在农药残留分析方面尚未受到广泛关注，如 GC×GC-串联质谱仪（如 QqQ MS）联用还未广泛应用于农药残留分析领域，因而，未来发展趋势是将 GC×GC 与串联质谱仪、更为先进的样品制备技术及检测技术结合，并将其应用于实际样品中农药残留分析，提高农药残留定性及定量分析的精度。从仪器结构方面看，虽然 GC×GC 联用技术似乎已得到很好发展，但是在快速分析、降低检测限和成本方面仍然存在极大的挑战。因此，发展更快、更高正交性的 GC×GC 系统，与更高分辨率的检测器联用是一项需持续努力的工作。

5.2.9.4 代谢物分析

由于对复杂样品具有良好的分离能力，GC×GC 越来越多地用于代谢物分析和代谢组学分析。特别是与一维气相色谱（GC）相比，采用 GC×GC 可以检测多达 3～10 倍的样品峰，因此 GC×GC 联用技术已逐渐应用于微生物、植物、动物和人类的代谢组学研究中。

由于代谢体的复杂性以及生物体内部和生物体之间存在的异质性，许多代谢组学研究最初使用相对简单的模型（例如细胞培养），然后趋于更复杂的模型系统（例如动物模型）、生物物种（例如尿液、血液、组织），最终是自然和人工环境中的生物。虽然体外实验可能缺乏对本地环境中生物体水平代谢的直接反应，但确实提供了关于代谢基本原理的重要信息，而且成本低廉，具有广泛的可行性。Bean 等[156]率先将 GC×GC 联用技术与体外实验相结合用于非靶向细菌挥发性代谢组学研究，用于识别铜绿假单胞菌 PA14 中的挥发性物质，已检测到与该细菌相关的 56 个色谱峰，使这一受广泛研究的生物体中的挥发物质数量与文献报道相比几乎增加了一倍。

GC×GC 也被用于研究植物中的复杂代谢物，作为其自然防御系统的一部分，植物产生代谢物，阻止其他生物的攻击。Wojciechowska 等[206] 研究了两种番茄 [Schmuck-tomate（ST）和 Resi] 的代谢差异，它们对常见的真菌病原体——互链孢菌（*Alternaria alternata*）具有不同的抗性。研究者对 ST 和 Resi 的极性代谢物进行了非靶向 GC×GC 代谢组学研究，从番茄中重复检测出 267 种代谢物。通过数据分析，他们发现 21 种代谢物在 ST 中显著升高，绿原酸（CGA）是最具识别性的。实验证实，CGA 以剂量依赖性的方式保护番茄免受病原菌侵染。

Hantao 等[207] 采用固相微萃取与 GC×GC-qMS 联用确定桉树（*Eucalyptus globulus*）真菌感染的生物标志物，比较了桉树叶斑病菌（*Teratosphaeria nubilosa*）感染前后的挥发性有机物差异，鉴定出 40 多种挥发物质是该类真菌感染的生物标志物。

多数已报道的 GC×GC 代谢组学研究都是描述性的，其主要目的是在样本、生物体或生物体相互作用中发现先前未识别的代谢物。虽然对这些分析的需求是无限的，但当人们能够将代谢物与产生或调节其产生的细胞机制联系起来时，代谢组学的研究数据将获得它们最大的意义，目前已有研究者将 GC×GC 代谢组学数据与其他化学、生物、行为和统计分析联系起来。例如，体外消化实验结合 GC×GC 代谢组学已被用于研究多酚在体内的生物转化。Aura 等[208] 用带有粪便微生物的结肠模型测定了 Syrah 红葡萄、Syrah 红葡萄酒和提取的原花青素（PA）中多酚的代谢途径，他们观察到葡萄酒比葡萄或 PA 在结肠中更易于 $C_1 \sim C_3$ 酚酸形成。

Cordero 等[209] 采用固相微萃取与 GC×GC-qMS 联用研究薄荷植物（*Mentha spp.*）之间多营养相互作用的代谢体以及它们的昆虫捕食者薄荷甲虫（*Chrysolina herbacea*）。该研究探讨了薄荷甲虫如何能够耐受植物产生的以抵御昆虫食草动物的单萜类化合物。他们测量了三类薄荷中的挥发性代谢物，两种易感和一种对害虫有抵抗力，除了 76 种来自叶片的额外挥发物之外，还鉴定了四种特征的薄荷萜类化合物。通过将甲虫粪便（排泄物）挥发物与饲养它们的薄荷物种进行比较，能够确定昆虫在消化过程中主要通过氧化和乙酰化将有毒萜类化合物进行生物转化。随后 Pizzolante 等[210] 研究了肠道微生物在甲虫中将萜类化合物 [薄荷（*Mentha aquatica*）] 代谢为性别特异性挥发物中的作用。他们在薄荷叶和甲虫粪便中鉴定出 60 种挥发物，包括 9 种几乎不存在于叶片中的萜类化合物，但在粪便中含量丰富，从而表明植物成分在消化过程中发生了生物转化。此外，他们还观察到雄性和雌性粪便中挥发性代谢物之间的显著差异，这与在它们的肠道中发现的可培养细菌种类的差异相对应。为了确定肠道微生物能够代谢和生物转化薄荷挥发物，他们在薄荷提取物上培养了 16 株肠道细菌分离物（10 株来自雌性，6 株来自雄性），并测量了产生的挥发物质。研究证实，雌性和雄性肠道微生物以独特的方式生物转化薄荷代谢物，他们推测这可能有助于薄荷甲虫性信息素的产生。

GC×GC 在代谢组学分析中越来越受欢迎，并显著扩大了微生物、植物、动物和人类的代谢名录。然而，尽管 GC×GC 在表征复杂混合物方面提供了明显的分析优势，特别是在非靶向代谢组学研究中，但其应用的一个重大障碍是目前缺乏方便用户使用的软件，该软件可以处理和管理大量的代谢组学研究数据。采用 GC×GC 联用技术进行代谢组学研究只是将化学数据与生物学联系起来的第一步，而且由于未来的研究旨在将代谢组学与转录组学、蛋白质组学和基因组学信息结合起来，所以，数据处理工作至关重要，开发用户友好、易于操作的软件平台是目前的发展趋势。

5.3　液相色谱-气相色谱联用技术

5.3.1　概述

1980 年，Majors[211]首次报道了 LC-GC 的联用技术，随后的研究主要集中于 NPLC 或 RPLC 与 GC 联用的不同类型的接口技术。1987 年，Ramsteiner[212]首次设计了自动化的 LC-GC 联用装置，用于分析生物样品中的农药残留。早期主要采用 NPLC 与 GC 联用，因为 NPLC 的流动相易挥发，通过简单的定量环接口可与 GC 实现联用。但在这一研究阶段，只能采用"切割"方式将^{1}D 的样品组分转移到^{2}D 进行分析，并未对^{1}D 的全部馏分进行二维分离。

LC-GC 联用技术具有非常强大的分离能力，可以充分利用 LC 的不同分离机理和高分离效率的 GC 相结合，使峰容量有极大提高。早期采用离线模式更容易实现两种分离技术的耦合，但存在耗时长、操作繁琐、样品易污染及重现性低等问题。与离线联用相比，在线联用方式操作更加方便可靠，特别是在分析大量样品、样品量有限或需要更高的检测灵敏度的情况下。事实上，采用在线分离模式分析速度更快，可实现完全自动化，灵敏度更高（因为从 LC 柱中被洗脱的组分全部转移到 GC 柱中），并且具有很高的重现性，与样品操作有关的风险（由于大气中的氧气或水分而造成的样品丢失、污染及人为因素等）被最小化，并且溶剂用量少。

直到 2000 年 Quigley 等[213]首次设计了 LC×GC 联用技术，推动了 LC 与 GC 联用技术的进一步发展。虽然 LC 与 GC 联用技术在样品净化或样品组分实现"族分离"方面十分高效，因而对于要求高分离效率及高灵敏度的简单或复杂样品分析都非常适用，但是，由于分析样品不同，需要设计不同的接口技术，从而使联用装置相对较为复杂，这限制了该联用技术的广泛应用。

5.3.2　接口技术

LC 与 GC 联用的主要挑战是处于不同物理状态下的两种分离技术的耦合，以及 LC 柱尾流出的大量溶剂气化后进入 GC 色谱柱而存在的两维兼容问题。因此需要接口装置将^{1}D 样品中的溶剂去除，将剩余组分以尖锐的谱带引入到^{2}D 色谱柱头。

LC 的作用取决于所采用的分离类型，通常情况下，在 LC×GC 联用中^{1}D 的作用是将样品组分从复杂基质中简单分离，但是 LC 柱的分离效率和选择性有一定要求，必须能对样品组分实现选择性净化、浓缩和/或分馏。为了使得流动相与 GC 系统兼容，^{1}D 通常采用 NPLC 和 SEC，而 RPLC 与 GC 的联用较少，这归因于 RPLC 的流动相不易挥发，与 GC 系统不易兼容。

5.3.2.1　保留间隙接口

柱上接口（on-column interface）主要由一个保留间隙（retention-gap）组成，通

常 5～10cm 长，内径较粗（0.53mm），可以承载更大的溶剂量，并可以采用较高的载气流速加快溶剂蒸发。如样品挥发性较大时，该接口是最好的选择。^{1}D 的洗脱液在低于溶剂沸点下被引入接口，然后在载气带动下沿接口进行扩散。

易挥发组分通过溶剂捕集效应可以再聚焦，而高沸点组分通过固定相聚焦效应实现组分的再浓缩。后一种行为包括相比聚焦（基于保留间隙和分析柱之间的保留性能差异）和冷捕获（保持较低的柱温箱温度，可以使待测组分在分析柱的柱头聚焦）。为了在 LC-GC 联用中能够引入大量的溶剂，"部分同时洗脱蒸发"的技术被应用到 LC-GC 接口部分，它可以使大部分溶剂在转移过程中蒸发。传输温度（确定蒸发速率）和 LC 流量（确定传输速率）必须相互优化：传输速率必须略高于蒸发速率。关闭 SVE（溶剂挥发出口）可以最大限度地减少挥发性化合物损失。

为避免记忆效应，在 2009 年柱上接口被 Y 形接口（Y-interface）取代[214]（相当于柱上接口转让量的 0.5%～3%）。事实上，缓慢的转移使液体在传输线的出口形成液滴，从而接触柱壁，毛细管张力迫使液体向后拉进传输线和柱前壁之间的狭小间隙。这种液体在停止传输时，被载气推回，较低比例的组分回到传输线内，液体在那里干燥留下较高沸点组分，因而，在随后的分析中造成记忆效应。这一问题可以通过使用一个 Y 形接口解决，如图 5-28 所示，采用该接口可以将 HPLC 的洗脱液和载气连接在一起。Y 形接口位于 GC 柱温箱外，以确保管路连接的密封性，载气通过柱上进样装置引入。事实上，在传输结束时，传输线会被载气反冲吹扫，从而在毛细管壁上留下一层可能含有待测组分的洗脱液；而且，该洗脱液也沉积在位于 GC 柱温箱外的毛细管中。留下的洗脱液源自馏分的末端，所以几乎不含待测组分。采用该接口技术，记忆效应可降低至 0.02% 以下。

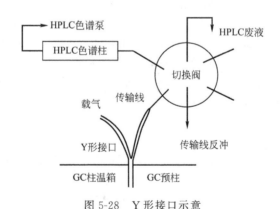

图 5-28　Y 形接口示意

5.3.2.2　定量环型接口

在定量环型接口中，^{1}D 洗脱液的馏分被收集在与一个多位阀相连的具有与馏分相同体积的定量环内。然后，切换该多位阀，载气将储存在定量环内的样品带入 GC 中，在接近或高于洗脱液沸点的温度下进行分离。在样品引入过程中同时蒸发溶剂，并以与通过 SVE 的蒸发速度相对应的速率进行传输。载气将洗脱液推到它自己的蒸气压力以上，蒸气压力必须超过色谱柱入口压力，并阻止洗脱液进入气相色谱柱。通过这种方式，流速可根据蒸发速率自动调节。

　　基本上，仅柱温箱温度在传输过程中需要优化。通常在 SVE 之前会连接一个 2～3m 长的保留间隙和一段 1～2m 的短色谱柱，在分析高沸点组分时不需要这种预柱设置。通过使用相对较短的保留间隙可以传输大量的溶剂，但会造成挥发性化合物的损失。事实上，通过 SVE 挥发物与溶剂会共蒸发，或者，如果延迟排气，则在溶剂蒸发结束之前，易挥发性组分就会到达检测器（见图 5-29）。为了降低上述缺点的影响，可以采用"共溶剂捕集技术"，即向流出液中加入少量的高沸点共溶剂。该共溶剂留在保留间隙中形成一层液膜，可以使挥发性组分形成溶剂捕集效应[215]。

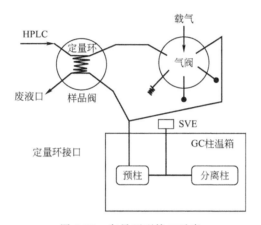

图 5-29　定量环型接口示意

5.3.2.3　在线蒸发/溢流接口

　　1995 年，Grob 等[216] 对 LC-GC 的接口进行了改进，该接口除了可以蒸发溶剂外，还可以提高食品中矿物油的检测灵敏度。该接口将 ^{1}D 的洗脱液转移到由一个短的 0.32mm i.d. 的毛细管组成的蒸发室中，毛细管加热温度为 250～350℃。为防止蒸发过程中的溶剂喷射，一条长度约为 4cm 的导线被引入蒸发室。在其上，一个 T 形连接件允许载气通过切换阀引入，而在样品传输时载气停流，蒸气通过位于预柱和分析柱之间的 SVE 排出。除了多了一个加热室外，该接口与 Y 形接口配置非常相似。由于易挥发组分能获得较好的保留，该接口比定量环接口更有优势。而且该接口可以避免样品组分在定量环中的混合，^{1}D 的样品切割体积也更为灵活。

5.3.2.4　程序升温气化接口（PTV）

　　1999 年，Sandra 等[217] 设计了 PTV 接口，^{1}D 的流出液通过一个大体积的自动进样注射器引入到 PTV 接口中，该接口配备有填充惰性材料或吸附剂的衬垫，溶剂传输可以通过以下几种方式进行：PTV 分流，PTV 大体积不分流，PTV 蒸气溢出分流或不分流方式等。

　　与柱上接口相比较，PTV 接口具有如下优势：填充的内衬可以保留更大体积的液体，而且填料不需要可润湿性的材料。与保持间隙管相比，填充材料也更加稳定，特别是在有水和非挥发性副产物的情况下，从而可以防止高沸点组分进入 GC 色谱柱。该接口的主要缺点是不利于热不稳定组分的分离，因为该接口的入口温度必须高于柱温，以确保完全释放出接口填充的吸附剂中的挥发性组分，因而会造成样品中热不稳定性组分的丢失。

5.3.2.5 RPLC-GC 的传输接口

与 NPLC 相比，RPLC 与 GC 的联用难度更大。上述 PTV 等接口并不合适，或者要对上述接口技术进行重大调整以实现样品迁移。RPLC 流动相中的水不能润湿保留间隙管或者溶剂捕集装置，而且水、甲醇或乙腈的蒸发速率非常慢。水还会造成固定相中硅氧键的水解，破坏预柱的去活，降低分析柱的柱效。

RPLC-GC 的解决方案可分为两种方法：直接（①）和间接（②）引入水[218]。

① 直接接口　是将[1]D 的流出液切换到接口后，将溶剂蒸发，然后加热接口，采用载气将接口处的样品组分转移到 GC 柱中进行分离，其接口的主要作用是样品组分在接口处的吸附剂中吸附和脱附的过程。

② 间接接口　在[2]D 气相色谱中转移[1]D 含水洗脱剂的方法是在有机溶剂中进行溶剂转换，间接法主要有固相萃取法（SPE）、液-液萃取法（LLE）和开管柱捕集法（OTT）。

5.3.3 展望

作为一种联用技术，LC-GC 充分利用了这两种分离方法的最新技术。最新的 LC 色谱柱（整体柱、熔融柱、亚微米柱等）的应用，提高了[1]D 的分离效率，而新的气相色谱固定相，提高了联用系统的整体分离效率。LC-GC 或 LC×GC 都有其强大的功能，非常适于样品净化和样品富集。然而，该联用技术需要熟练的操作人员，因为在 NPLC-GC 和 RPLC-GC 中，需要充分了解两维的分离机理，以便仔细选择和优化联用的接口及分析条件。

5.3.4 液相色谱-气相色谱联用技术的应用

5.3.4.1 甾醇类化合物分析

Miller 等[219]采用定量环型接口进行溶剂蒸发，构建了在线 LC-GC 联用技术，快速分离大米脂类中的 γ-谷维素。采用高效液相色谱-紫外分光光度法可以测定总 γ-谷维素含量，在线与气相色谱法联用可确定 γ-谷维素组分的分布。该方法可实现待测组分的高通量分析，可为不同水稻品种的 γ-谷维素含量及其组成的自然变化提供信息。Kamm 等[220]采用在线的 LC-GC 技术分析牛奶脂肪样品中的 β-谷甾醇类成分，脂肪样品首先进行酯交换反应，然后从脂类成分中分离甾醇类组分，在线将样品组分转移到 GC 中进行分析。采用该方法可以避免复杂的样品制备过程，而且可以定量测定牛奶脂类中的胆固醇含量。该联用方法样品制备速度快，适合于大量样本的筛选。它也被用于分析可可黄油中的甾酯类成分，[1]D 的 LC 可以去除大量的甘油三酯类成分，并将待测组分粗分离，从而可以避免在 GC 分析前的复杂且耗时的样品制备过程。LC 的馏分通过 GC-MS 分析，可以对待测组分进行准确定性。采用该方法，在商品化的黄油样品中甾酯成分的检测限和定量限分别为 3mg/kg 和 10mg/kg，不同地域来源的样品中甾酯成分含量略有不同，因此该方法可以用于食品安全评估。

Esche 等[221]采用 PTV 接口构建了在线 NPLC-GC 联用方法，用于分析不同坚果和花生中的脂类成分。该方法可同时分析游离甾醇/甾烷醇和对应的甾醇/甾烷醇脂肪酸酯，并可同时分析生育酚和角鲨烯。研究发现，不同坚果中的主要成分为谷甾醇，而且不同类型坚果中待测组分的含量和组成都有很大差异。该联用技术也被应用于谷物中的游离甾醇/甾烷醇及其相应脂肪酸酯的测定[222]，研究发现甜玉米中待测组分的含量最高，糜子含量最低，而且待测组分在不同样品中具有明显的分布差异。

Toledano 等[223]采用吸附-解吸接口（TOTAD）构建在线的 RPLC-GC 联用方法，分析食用油中的游离甾醇或其酯化物。为了确定样品中的游离甾醇含量，稀释后的食用油被进样到液相色谱中，游离甾醇与甘油三酯在 RPLC 中分离，分离后的甾醇组分被自动进样到气相色谱中进行分析，待测组分的检测限低于 8.5mg/kg。采用皂化反应确定食用油中总甾醇含量，与欧盟官方检测方法的结果进行了比较，发现除菜油甾醇外，这两种方法具有很好的一致性。该方法在分析之前只需稀释和过滤步骤，操作简单、分析快速，适合食用油中甾醇成分的常规分析，如在 RPLC-GC 分析前加入在线衍生方法，可以解决菜油甾醇定量准确性较低的问题。

5.3.4.2　天然植物成分分析

Caja 等[224]以 PTV 接口构建了在线 RPLC-GC 联用技术，分离了水果饮料中的内酯类挥发性成分，确定其中含有 2-甲基丁酸乙酯和 γ-壬内酯的外消旋混合物，从而表明该饮料中添加了人造香料，采用该方法可以评价饮料样品的真实性。Ruiz del Castillo 等[225]也采用上述联用技术分析了不同样品（柑橘香精、柑橘精油及饮料）中的手性萜烯类成分：α-蒎烯、柠檬烯、芳樟醇和 α-松油醇等。

Zoccali 等[226]采用离线 LC-GC 联用技术分析了不同柑橘挥发油中的倍半萜成分，^{1}D 采用正相色谱分析，将倍半萜成分与氧化物分离，收集待测组分的馏分，然后将该部分组分引入到 GC 或 2D-GC 中进行浓缩和分析，确定了至少 275 种以上的倍半萜类成分。采用离线联用方式不需要复杂的接口技术及溶剂去除技术，联用相对灵活，但由于倍半萜类成分极性相近，在 ^{2}D 的分离相对有限。

关亚风等[227]设计了 μ-HPLC-GC 在线联用技术（微柱液相色谱-气相色谱联用，联用装置见图 5-30），该联用系统的接口使用的是保留间隙技术，使用内通道 0.25mm 的十通阀实现 μ-HPLC 族组成的切割和之后的气相色谱进样功能，利用双路多位阀实现多位存储环，将微柱液相分离后的族组成分段切割，依次转移到采样管中储存，然后顺序转移到气相色谱中进行分离分析。为减小样品残留和死体积的影响，接口中使用了辅助溶剂冲洗技术，使整个系统对每个样品的残存损失≤0.3%，并可以完全消除样品记忆效应。第一维 μ-HPLC 根据脂肪族以及单取代、多取代芳香族化合物对样品组分进行族分离，通过接口依次转移到 GC 中进行分离。该联用技术实现了对 μ-HPLC 流出的微升级液体准确切割、存储、无损失转移传输和对气相色谱进样，可以解决复杂天然产物中活性成分的定性定量分析。

5.3.4.3　农药残留分析

Sanchez 等[228]采用吸附-解吸接口（TOTAD）建立在线 RPLC-GC 联用方法，用

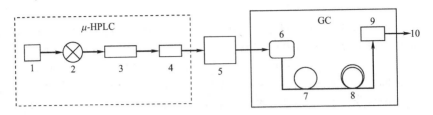

图 5-30 μ-HPLC-GC 联用体系示意
1—液相色谱泵；2—进样阀；3—液相色谱柱；4—紫外检测器；5—联用接口；6—进样器；
7—保留间隙；8—气相分析柱；9—FID 检测器；10—废气口

于分析橄榄油中的农药残留（有机磷、有机氯、氨基甲酸酯及三嗪类除草剂等）。^{1}D
以 HPLC 进行预分离，甲醇/水为流动相，LC 的洗脱组分自动转移到^{2}D 进行 GC 分
离，采用火焰离子化检测器进行^{2}D 检测，待测组分的检测限在 0.18～0.44mg/L 之
间。该方法简单快速，除过滤外不需任何样品处理过程，而且可以实现不同类型农药
的多残留测定。Pérez 等[229]采用 PTV 接口构建了在线 RPLC-GC 联用方法，分离水
中的农药残留（三嗪类除草剂和有机磷类杀虫剂）。采用该接口技术，溶剂去除率
几乎达到 100%。采用该联用体系分析时，待测组分的保留时间无波动，且该方法
的检测灵敏度高，在实际样品中待测组分的检测限为 0.04～1.5ng/L（采用氮磷检
测器）。

5.4 二维薄层色谱联用技术

5.4.1 二维薄层色谱联用技术原理

二维薄层色谱（2D-TLC）的命名一直以来比较混乱，传统上，2D-TLC 将样品
点在薄板的一边，在单层薄板上采用两种不同的展开剂将样品组分按直角（正交）顺
序展开，在两维分析之间需通过干燥完全去除第一维的展开剂，然后进行^{2}D 展开，
而且这两种展开剂要提供不同的保留机制和选择性。薄层色谱（TLC）属于平面色
谱，很容易构建二维分离模式，提高分离区域的峰容量。2D-TLC 理论上的峰容量大
约为构成该二维体系的两个 1D-TLC 的峰容量的平方，因而可以有效地分离更为复杂
的样品。

目前制备 TLC 薄板的吸附剂包括以下类型：硅胶、氨基、氰基、纤维素、二醇
基、烷基及聚酰胺等。但是采用硅胶为吸附剂时，很难找到足够改变组分洗脱顺序的
真正不同的两维分离机理（如正相和反相）。而在硅胶基质上键合氨基、氰基或二醇
基等吸附剂具有混合分离机理，因此可通过改变两维的展开剂组成从而达到两维分离
机理不同的目的。

样品可通过微量注射器手动点样，或采用自动点样机点样。为了实现二维分离，
需要优化两维的展开剂，可以根据样品中待测组分的运动规律，在 1D 条件下分别独

立优化两维的展开剂，然后再构建二维分离条件，实现待测组分的有效分离。

在 2D-TLC 中"正交性"这一术语包括两方面：①两维流动相在直角方向展开，即以正交方式展开；②两维采用具有不同选择性的展开剂进行展开，即流动相采用正交方式。

2003 年 Poole 等[230]也提出了提高二维薄层色谱（2D-TLC）正交性的方法，最简单的方法是两维采用不同的展开剂，但两种展开剂的选择性具有互补性。但是，两种真正正交的溶剂体系几乎是不存在的，所以很难通过该方法提高 2D-TLC 的二维分离容量。

5.4.2　二维薄层色谱的最新进展

Hawryl 等[231]设计了微型二维薄层色谱联用体系（micro 2D-TLC），其主要特点是薄板为 5cm×5cm，其他与常规 2D-TLC（20cm×20cm）相同。该联用技术可以使用更少量的展开剂进行分离，缺点是理论塔板数减少，分辨率降低。

2D-TLC 的可视化检测也是十分重要的，尽管"传统"的检测方法，如染色或标记，提供了与斑点位置和延迟因子有关的信息，但 MS 通过识别分离化合物的同位素质量，为分离增加了另一个维度。2004 年解吸电喷雾电离（DESI）接口被引入质谱检测中[232]，通过扫描模式可以将薄层色谱的检测灵敏度提高到预期值[233]。

在制备 2D-TLC 薄板时，要考虑的因素如疏水性、多孔性、分离效能及机械强度等，使上述条件能够与其应用相匹配。目前已有文献报道将整体聚合材料（monolithic）用于薄板制备[234]，例如，在反相条件下分离多肽，必须考虑薄板的疏水性。可以调节甲基丙烯酸丁酯/乙二醇二甲基丙烯酸酯共聚物的整体聚合薄层的化学选择性，或在聚合过程中调节致孔剂的比例改变其多孔性，从而改变整体聚合薄层的疏水性。

光接枝技术也被用于 2D-TLC 的薄板制作，在玻璃表面制备疏水薄板，在该薄板上通过光接枝技术构建具有离子交换特性的虚拟的亲水通道，从而构建了具有两种不同分离机理的 2D-TLC，样品组分在亲水通道内进行 ^{1}D 离子交换法分离，然后在其余的薄板内进行 ^{2}D 的反相分离。

5.4.3　薄层色谱与其他色谱法联用

Križman 等[235]提出了采用顶空进样方式的 TLC-GC 联用方法，用于分析蔬菜油中的脂类成分，其中包括将甘油酯通过酯交换反应转换成脂肪酸甲酯的过程。该方法采用正相 TLC 与 GC 联用，提高了两维的正交度，分析过程中有足够的时间用于衍生化反应，而且实验成本远远低于传统的 LC×GC。当第一维的 TLC 进样量为 1mg 时，线性范围可达两个数量级，而且方法的准确度及精密度都比较合理。

Mroczek 等[236]设计了一个十通二位阀为接口，该接口将 2D-TLC 中常用的 TLC-MS 接口直接连接到 HPLC-DAD-MS 体系用于分离不同植物提取物中的 AChE（乙酰胆碱酯酶）抑制剂（联用装置见图 5-31），与 TLC-MS 联用方法相比，该联用技术可以避免 TLC 的酸性展开剂对 MS 离子化的抑制作用，提高质谱检测的灵敏度，而且该技术可以对复杂生物样品中的乙酰胆碱酯酶抑制剂实现定性及定量分析。采用该方法从水仙属植物提取物中分离了 9 种生物碱类化合物，对其抑制活性进行了测定，研究发现该类化合物是最有效的 AChE 抑制剂之一。

图 5-31　2D-TLC-HPLC-DAD-MS 联用体系示意

5.4.4　现有问题

在 2D-TLC 分离中如果样品以斑点或样品带分离，在将薄板旋转 90°进行 ^{2}D 分离时，分离效果可能会有所不同。在 1D-TLC 分离中如样品以样品带形式分离，较窄的样品带会大大提高分离效果。当 ^{1}D 的样品以此展开，对二维分离十分有利。但将薄板旋转 90°后，在 ^{2}D 进行展开，几乎所有样品带都可能被扭曲，向谱带底部迁移，而最先溶解在展开剂的样品带会向薄板前端移动，从而迁移到该谱带前。这种样品带的重新调整随薄板和展开剂的类型不同而有所变化，但会损害二维分离的最终分辨率，因为在 ^{1}D 样品带的分离效率的优势在 ^{2}D 展开中有所损失。

5.4.5　展望

在采用更为先进的分析技术对待测组分进行准确定性及定量分析前，2D-TLC 与 MS 联用可以快速筛查混合物中的待测组分，从而可以减少大量样本检测的工作量及成本。在 2D-TLC 中采用整体聚合薄层技术使同时平行检测多个样品成为可能，该技术在高通量检测、易于操作、静态检测以及可在不同的时间或地点进行分离和检测等方面具有很好的发展前景。可以预期，在不远的将来，2D-TLC 可能像二维凝胶电泳一样，在蛋白质组学研究中得到广泛应用。

5.4.6　二维薄层色谱的应用

5.4.6.1　脂类分析

Petkova 等[237]采用 2D-TLC 分离了南瓜种子中的磷脂类成分，以 1%（NH$_4$）$_2$SO$_4$ 水溶液饱和的硅胶为吸附剂，^{1}D 采用氯仿/甲醇/氨水的混合液为展开剂，^{2}D 采用氯仿/丙酮/甲醇/乙酸/水的混合液为展开剂，样品显色后采用紫外光谱法进行检测，通过比移值（R_f）对待测组分进行定性，检测到的磷脂成分主要为磷脂酰肌醇（19.7%～29.4%）、磷脂酰胆碱（38.4%～48.6%）和磷脂酰乙醇胺（16.0%～23.7%）。Guan 等[238]也采用硅胶 60 为吸附剂构建 2D-TLC，用于分离从冷冻细胞中提取的嗜冷芽孢杆菌（C. psychrophilum）中的极性脂类成分。两维分别采用氯仿/甲醇/氨水/水和氯仿/甲醇/乙酸/水的混合液为展开剂，样品采用钼蓝、茚三酮、α-萘酚等试剂进行显色，检测到主要成分为心磷脂、磷脂酰乙醇胺及磷脂酰甘油，而磷脂酰丝氨酸及溶血磷脂酰乙醇胺含量较低。Rodríguez 等[239]研究以糖脂类成分为主的海藻糖对结核杆菌的毒力影响。从氧化分枝杆菌的细胞中提取糖脂类成分，然后通过液-液分配和硅胶柱色谱净化。细胞壁中磺化和二酰基海藻糖/聚酰基海藻糖的分布采用2D-TLC确定，以硅胶 60 为吸附剂、氯仿/甲醇/水为展开剂在直角方向进行展开，1％蒽酮和10％乙醇磷钼酸为检测试剂。结果表明，在潜伏感染过程中磺化产物减少，二酰基海藻糖/聚酰基海藻糖的前体化合物可在结核杆菌内累积，并可能用于再激活过程。

5.4.6.2　蛋白质和多肽分离

Zhang 等[240]采用 2D-TLC 分离由胰蛋白酶/糜蛋白酶处理的山羊乳酪蛋白水解物中的二肽基肽酶Ⅳ抑制肽。以硅胶 60 制备薄板，水解物（＜5kDa）先后采用氯仿/甲醇/25％氨水和正丁醇/乙酸/水的混合液在直角方向展开，薄板干燥后用 0.05％茚三酮乙醇溶液显色后检测。采用该方法分离并鉴定出了 5 种新的抑制肽以及 4 种分子量较大的寡肽，由此可见，该联用技术简单快速，实验成本相对较低，且能够与LC-MS/MS联用技术兼容。

5.4.6.3　天然植物活性成分分析

Matysik 等[241]描述了一种新的 2D-TLC 联用方法分离杜松和麝香草精油中的主要成分，吸附剂为硅胶 60，第一维展开后在第二维短期聚焦，然后用梯度洗脱进行多次展开。点样后，以甲苯/乙酸乙酯混合溶剂进行 ^{1}D 展开，在 6～10cm 范围内，然后蒸发流动相，将薄板旋转 90°，用强挥发性溶剂（如甲苯或乙酸乙酯、甲醇或水/甲醇）在离起点 0.8～2cm 的范围内对分离区进行预浓缩。随后干燥薄板，两种挥发油在 ^{2}D 用不同的甲苯/乙酸乙酯的浓度梯度进行展开，与 1D-TLC 分离相比，两种挥发油的分离组分数目都增加了 2.5 倍以上。Hawryl 等[231]采用 micro 2D-TLC 分离从不同薄荷种提取的 11 种精油样品，^{1}D 采用甲苯/乙酸乙酯展开，^{2}D 在低温蒸气饱和的展开腔内（4℃）采用乙酸乙酯/庚烷进行展开，以避免挥发性成分的损失，采用该方法可以识别不同的精油成分。

Lu 等[242]以聚酰胺为吸附剂构建 2D-TLC，采用该技术建立了天然植物铁筷子（*Helleborus thibetanus* Franch）的指纹图谱及质量控制方法。两维展开剂分别为氯仿/乙酸乙酯/甲醇混合液，及添加 0.28mol/L 十二烷基硫酸钠的异辛烷/正丙醇/水混合液。采用相关性分析方法计算了样品二维色谱图之间的相似度，并确定了方法的重复性、稳定性和坚固性。

Hawryl 等[243]采用氰基为吸附剂的 2D-TLC 分离大麻叶泽兰（*Eupatorium can-nabinum*）中的酚类抗氧化物，通过优化两维展开剂（两维展开剂分别为异丙醇/正庚烷和甲醇/水或者乙酸乙酯/正庚烷和甲醇/水）构建了两种正交度高的 NP-RP 的二维系统。在衍生化前，采用光密度计扫描薄层，可以得到该类抗氧化物的三维图谱，提高了待测组分的定性准确性。

Tuzimski 等[244]采用 2D-TLC 分离腺毛唐松草（*Thalictrum foetidum*）根萃取液中的生物碱类化合物，Multi-K CS5 双层薄板分别连接 C_{18} 和硅胶薄层为固定相，^{1}D 反相分离，采用甲醇/二乙胺水溶液为展开剂，^{2}D 正相分离，甲醇/丙酮/1％氨水的二异丙基醚混合液为展开剂，根据待测组分的比移值、选择性、斑点的对称性及分离效率优化流动相。采用该联用方法，确定了该植物萃取液中含有小檗碱和木兰碱。

Cid-Hernández 等[245]采用 2D-TLC 分离螺旋藻（*Spirulina platensis*）甲醇提取物中具有抗氧化活性的化合物，通过生物自显影技术检测到有 6 个斑点具有抗氧化活性，该方法简单快速，可作为活性化合物初筛的重要手段。

5.4.6.4　激素类化合物分离

Zarzycki 等[246]以 C_{18} 为吸附剂构建 micro 2D-TLC，采用该技术建立环境水样品中内分泌干扰物的指纹图谱，两维展开剂分别为纯甲醇和甲醇/水的混合溶液，该方法可以分离极性范围较宽的样品组分，而且即使样品在 −20℃ 保存 4 年，其指纹图谱仍很稳定。

Stütz 等[247]采用"生物效应引导的污染物识别技术"（EDA）与 2D-TLC 技术联用分析环境样品中的有毒物质，识别其中主要的效应化合物。在 ^{1}D 只将存在效应化合物的区域通过洗脱萃取的方式切割到 ^{2}D 进行进一步分离。以乙酰胆碱酯酶（AChE）抑制试验为例，利用 2D-TLC-EDA 对地表水加标样品（加入甲草胺等 35 种标准化合物的水溶液）进行分析，确定了具有神经毒性物质的分离区域。由此可见，采用 2D-TLC 分离可大大降低样品分离的复杂性，从而有助于对环境有影响的效应化合物的识别。

参 考 文 献

[1] Giddings J C. Two-dimensional separations：concept and promise [J]. Anal Chem，1984，56：1258A-1270A.

[2] Giddings J C. Concepts and comparisons in multidimensional separation [J]. J High Resolut Chrom Chrom Comm，1987，10：319-323.

[3] Reyes L H，Encinar J R，Marchante-Gayón J M，et al. Selenium bioaccessibility assessment in selenized yeast after "*in vitro*" gastrointestinal digestion using two-dimensional chromatography and mass spectrometry [J]. J Chromatogr A，2006，1110：108-116.

[4] Cassiano N M，Barreiro J C，Oliveira R V，et al. Direct bioanalytical sample injection with 2D LC-MS [J]. Bioanalysis，2012，4：2737-2756.

[5] Simpkins S W，Bedard J W，Groskreutz S R，et al. Targeted three-dimensional liquid chromatography：A versatile tool for quantitative trace analysis in complex matrices [J]. J Chromatogr A，2010，1217：7648-7660.

[6] Kalili K M，de Villiers A. Systematic optimisation and evaluation of on-line，off-line and stop-flow comprehensive hydrophilic interaction chromatography × reversed phase liquid chromatographic analysis of procyanidins. Part II：application to cocoa procyanidins [J]. J Chromatogr A，2013，1289：69-79.

[7] Hou X F，Ma J，He X S，et al. A stop-flow two-dimensional liquid chromatography method for determination of food additives in yogurt [J]. Anal Methods，2015，7：2141-2148.

[8] Tian H Z，Xu J，Guan Y F. Comprehensive two-dimensional liquid chromatography（NPLC× RPLC）with vacuum-evaporation interface [J]. J Sep Sci，2008，31：1677-1685.

[9] 田宏哲，徐静，关亚风. 真空溶剂蒸发全二维液相色谱接口及其应用 [J]. 分析化学，2008，36：860-864.

[10] Potts L W，Stoll D R，Li X P，et al. The impact of sampling time on peak capacity and analysis speed in on-line comprehensive two-dimensional liquid chromatography [J]. J Chromatogr A，2010，1217：5700-5709.

[11] Fairchild J N，Horváth K，Guiochon G. Theoretical advantages and drawbacks of on-line，multidimen-

sional liquid chromatography using multiple columns operated in parallel [J]. J Chromatogr A, 2009, 1216: 6210-6217.

[12] Zhang K, Li Y, Tsang M, et al. Analysis of pharmaceutical impurities using multi-heartcutting 2D LC coupled with UV-charged aerosol MS detection [J]. J Sep Sci, 2013, 36: 2986-2992.

[13] Groskreutz S R, Swenson M M, Secor L B, et al. Selective comprehensive multi-dimensional separation for resolution enhancement in high performance liquid chromatography. Part I: Principles and instrumentation [J]. J Chromatogr A, 2012, 1228: 31-40.

[14] Pursch M, Buckenmaier S. Loop-based multiple heart-cutting two-dimensional liquid chromatography for target analysis in complex matrices [J]. Anal Chem, 2015, 87: 5310-5317.

[15] Jandera P. Column selectivity for two-dimensional liquid chromatography [J]. J Sep Sci, 2006, 29: 1763-1783.

[16] Jandera P, Novotná K, Kolářová L, et al. Phase system selectivity and peak capacity in liquid column chromatography-the impact on two-dimensional separations [J]. Chromatographia, 2004, 60: S27-S35.

[17] Machtejevas E, John H, Wagner K, et al. Automated multi-dimensional liquid chromatography: sample preparation and identification of peptides from human blood filtrate [J]. J Chromatogr B, 2004, 803: 121-130.

[18] Venkatramani C J, Xu J Z, Phillips J B. Separation orthogonality in temperature-programmed comprehensive two-dimensional gas chromatography [J]. Anal Chem, 1996, 68: 1486-1492.

[19] Giddings J C. Sample dimensionality: A predictor of order-disorder in component peak distribution in multidimensional separation [J]. J Chromatogr A, 1995, 703: 3-15.

[20] Schoenmakers P J, Vivó-Truyols G, Decrop W M C. A protocol for designing comprehensive two-dimensional liquid chromatography separation systems [J]. J Chromatogr A, 2006, 1120: 282-290.

[21] Fraga C G, Bruckner C A, Synovec R E. Increasing the number of analyzable peaks in comprehensive two-dimensional separations through chemometrics [J]. Anal Chem, 2001, 73: 675-683.

[22] Shellie R A, Haddad P R. Comprehensive two-dimensional liquid chromatography [J]. Anal Bioanal Chem, 2006, 386: 405-415.

[23] Murphy R E, Schure M R, Foley J P. Effect of sampling rate on resolution in comprehensive two-dimensional liquid chromatography [J]. Anal Chem, 1998, 70: 1585-1594.

[24] Toups E P, Gray M J, Dennis G R, et al. Multidimensional liquid chromatography for sample characterisation [J]. J Sep Sci, 2006, 29: 481-491.

[25] Bedani F, Kok W T, Janssen H G. Optimal gradient operation in comprehensive liquid chromatography × liquid chromatography systems with limited orthogonality [J]. Anal Chim Acta, 2009, 654: 77-84.

[26] Jandera P, Hájek T, Česla P. Comparison of various second-dimension gradient types in comprehensive two-dimensional liquid chromatography [J]. J Sep Sci, 2010, 33: 1382-1397.

[27] Opiteck G J, Jorgenson J W, Anderegg R J. Two-dimensional SEC/RPLC coupled to mass spectrometry for the analysis of peptides [J]. Anal Chem, 1997, 69: 2283-2291.

[28] Stroink T, Wiese G, Lingeman H, et al. Development of an on-line size exclusion chromatographic — reversed-phase liquid chromatographic two-dimensional system for the quantitative determination of peptides with concentration prior to reversed-phase liquid chromatographic separation [J]. Anal Chim Acta, 2001, 444: 193-203.

[29] Millea K M, Krull I S, Cohen S A, et al. Integration of multidimensional chromatographic protein separations with a combined "top-down" and "bottom-up" proteomic strategy [J]. J Proteome Res, 2006, 5: 135-146.

[30] Mawuenyega K G, Kaji H, Yamauchi Y, et al. Large-scale identification of caenorhabditis e legans proteins by multidimensional liquid chromatography-tandem mass spectrometry [J]. J Proteome Res, 2003, 2: 23-35.

[31] Vonk R J, Wouters S, Barcaru A, et al. Post-polymerization photografting on methacrylate-based monoliths for separation of intact proteins and protein digests with comprehensive two-dimensional liquid chromatography hyphenated with high-resolution mass spectrometry [J]. Anal Bioanal Chem, 2015, 407: 3817-3829.

[32] Vonk R J, Gargano A F, Davydova E, et al. Comprehensive two-dimensional liquid chromatography with stationary-phase-assisted modulation coupled to high-resolution mass spectrometry applied to proteome analysis of *Saccharomyces cerevisiae* [J]. Anal Chem, 2015, 87: 5387-5394.

[33] Dugo P, Kumm T, Crupi M L, et al. Comprehensive two-dimensional liquid chromatography combined with mass spectrometric detection in the analyses of triacylglycerols in natural lipidic matrixes [J]. J Chromatogr A, 2006, 1112: 269-275.

[34] Tian H Z, Xu J, Xu Y, et al. Multidimensional liquid chromatography system with an innovative solvent evaporation interface [J]. J Chromatogr A, 2006, 1137: 42-48.

[35] Li J F, Fang H, Yan X, et al. On-line comprehensive two-dimensional normal-phase liquid chromatography × reversed-phase liquid chromatography for preparative isolation of toad venom [J]. J Chromatogr A, 2016, 1456: 169-175.

[36] Wang X Y, Li J F, Jian Y M, et al. On-line comprehensive two-dimensional normal-phase liquid chromatography × reversed-phase liquid chromatography for preparative isolation of *Peucedanum praeruptorum* [J]. J Chromatogr A, 2015, 1387: 60-68.

[37] Lecchi P, Gupte A R, Perez R E, et al. Size-exclusion chromatography in multidimensional separation schemes for proteome analysis [J]. J Biochem Bioph Methods, 2003, 56: 141-152.

[38] Suzuki K T, Sunaga H, Yajima T. Separation of metallothionein into isoforms by column switching on gel permeation and ion-exchange columns with high-performance liquid chromatography—atomic-absorption spectrophotometry [J]. J Chromatogr A, 1984, 303: 131-136.

[39] Hata K, Morisaka H, Hara K, et al. Two-dimensional HPLC on-line analysis of phosphopeptides using titania and monolithic columns [J]. Anal Biochem, 2006, 350: 292-297.

[40] Hu L H, Li X, Feng S, et al. Comprehensive two-dimensional HPLC to study the interaction of multiple components in *Rheum palmatum* L. with HSA by coupling a silica-bonded HSA column to a silica monolithic ODS column [J]. J Sep Sci, 2006, 29: 881-888.

[41] Sarrut M, D' Attoma A, Heinisch S. Optimization of conditions in on-line comprehensive two-dimensional reversed phase liquid chromatography. Experimental comparison with one-dimensional reversed phase liquid chromatography for the separation of peptides [J]. J Chromatogr A, 2015, 1421: 48-59.

[42] Vanhoenacker G, Vandenheede I, David F, et al. Comprehensive two-dimensional liquid chromatography of therapeutic monoclonal antibody digests [J]. Anal Bioanal Chem, 2015, 407: 355-366.

[43] Jandera P, Hájek T, Staňková M, et al. Optimization of comprehensive two-dimensional gradient chromatography coupling in-line hydrophilic interaction and reversed phase liquid chromatography [J]. J Chromatogr A, 2012, 1268: 91-101.

[44] Montero L, Herrero M, Prodanov M, et al. Characterization of grape seed procyanidins by comprehensive two-dimensional hydrophilic interaction × reversed phase liquid chromatography coupled to diode array detection and tandem mass spectrometry [J]. Anal Bioanal Chem, 2013, 405: 4627-4638.

[45] Kalili K M, Vestner J, Stander M A, et al. Toward unraveling grape tannin composition: application

of online hydrophilic interaction chromatography×reversed-phase liquid chromatography-time-of-flight mass spectrometry for grape seed analysis [J]. Anal Chem, 2013, 85: 9107-9115.

[46] Gargano A F, Duffin M, Navarro P, et al. Reducing dilution and analysis time in online comprehensive two-dimensional liquid chromatography by active modulation [J]. Anal Chem, 2016, 88: 1785-1793.

[47] D'Attoma A, Heinisch S. On-line comprehensive two dimensional separations of charged compounds using reversed-phase high performance liquid chromatography and hydrophilic interaction chromatography. Part II: Application to the separation of peptides [J]. J Chromatogr A, 2013, 1306: 27-36.

[48] Millea K M, Kass I J, Cohen S A, et al. Evaluation of multidimensional (ion-exchange/reversed-phase) protein separations using linear and step gradients in the first dimension [J]. J Chromatogr A, 2005, 1079: 287-298.

[49] Tyan Y C, Wu H Y, Lai W W, et al. Proteomic profiling of human pleural effusion using two-dimensional nano liquid chromatography tandem mass spectrometry [J]. J Proteome Res, 2005, 4: 1274-1286.

[50] Hu L H, Chen X G, Kong L, et al. Improved performance of comprehensive two-dimensional HPLC separation of traditional Chinese medicines by using a silica monolithic column and normalization of peak heights [J]. J Chromatogr A, 2005, 1092: 191-198.

[51] Chen X G, Kong L, Su X Y, et al. Separation and identification of compounds in Rhizoma chuanxiong by comprehensive two-dimensional liquid chromatography coupled to mass spectrometry [J]. J Chromatogr A, 2004, 1040: 169-178.

[52] 田宏哲, 徐静, 关亚风. 全二维液相色谱 (NPLC×RPLC) 接口及其应用 [J]. 高等学校化学学报, 2007, 28: 630-634.

[53] Wagner K, Miliotis T, Marko-Varga G, et al. An automated on-line multidimensional HPLC system for protein and peptide mapping with integrated sample preparation [J]. Anal Chem, 2002, 74: 809-820.

[54] Haefliger O P. Universal two-dimensional HPLC technique for the chemical analysis of complex surfactant mixtures [J]. Anal Chem, 2003, 75: 371-378.

[55] Machtejevas E, John H, Wagner K, et al. Automated multi-dimensional liquid chromatography: sample preparation and identification of peptides from human blood filtrate [J]. J Chromatogr B, 2004, 803: 121-130.

[56] Holland L A, Jorgenson J W. Separation of nanoliter samples of biological amines by a comprehensive two-dimensional microcolumn liquid chromatography system [J]. Anal Chem, 1995, 67: 3275-3283.

[57] Schellinger A P, Stoll D R, Carr P W. High speed gradient elution reversed-phase liquid chromatography [J]. J Chromatogr A, 2005, 1064: 143-156.

[58] Coulier L, Kaal E R, Hankemeier T. Comprehensive two-dimensional liquid chromatography and hyphenated liquid chromatography to study the degradation of poly (bisphenol A) carbonate [J]. J Chromatogr A, 2005, 1070: 79-87.

[59] Wong V, Sweeney A P, Shalliker R A. Using analytical multidimensional isocratic HPLC methods of separation to isolate active constituents in natural products [J]. J Sep Sci, 2004, 27: 47-52.

[60] Stoll D, Danforth J, Zhang K, et al. Characterization of therapeutic antibodies and related products by two-dimensional liquid chromatography coupled with UV absorbance and mass spectrometric detection [J]. J Chromatogr B, 2016, 1032: 51-60.

[61] Kok S J, Hankemeier T, Schoenmakers P J. Comprehensive two-dimensional liquid chromatography with on-line Fourier-transform-infrared-spectroscopy detection for the characterization of copolymers

[J] . J Chromatogr A, 2005, 1098: 104-110.

[62] Adrian J, Esser E, Hellmann G, et al. Two-dimensional chromatography of complex polymers Part 1. Analysis of a graft copolymer by two-dimensional chromatography with on-line FTIR detection [J] . Polymer, 2000, 41: 2439-2449.

[63] Jiang X L, van der Horst A, Lima V, et al. Comprehensive two-dimensional liquid chromatography for the characterization of functional acrylate polymers [J] . J Chromatogr A, 2005, 1076: 51-61.

[64] Gilar M, Olivova P, Daly A E, et al. Two-dimensional separation of peptides using RP-RP-HPLC system with different pH in first and second separation dimensions [J] . J Sep Sci, 2005, 28: 1694-1703.

[65] Delahunty C, Yates III J R. Protein identification using 2D-LC-MS/MS [J] . Methods, 2005, 35: 248-255.

[66] Koch H M, Gonzalez-Reche L M, Angerer J. On-line clean-up by multidimensional liquid chromatography-electrospray ionization tandem mass spectrometry for high throughput quantification of primary and secondary phthalate metabolites in human urine [J] . J Chromatogr B, 2003, 784: 169-182.

[67] Donato P, Cacciola F, Tranchida P Q, et al. Mass spectrometry detection in comprehensive liquid chromatography: basic concepts, instrumental aspects, applications and trends [J] . Mass Spectrom Rev, 2012, 31: 523-559.

[68] Kim K H, Kim H J, Kim J H, et al. Determination of terbutaline enantiomers in human urine by coupled achiral-chiral high-performance liquid chromatography with fluorescence detection [J] . J Chromatogr B, 2001, 751: 69-77.

[69] Dobrev P I, Havlíček L, Vágner M, et al. Purification and determination of plant hormones auxin and abscisic acid using solid phase extraction and two-dimensional high performance liquid chromatography [J] . J Chromatogr A, 2005, 1075: 159-166.

[70] Mancini F, Fiori J, Bertucci C, et al. Stereoselective determination of allethrin by two-dimensional achiral/chiral liquid chromatography with ultraviolet/circular dichroism detection [J] . J Chromatogr A, 2004, 1046: 67-73.

[71] Stoll D R, Talus E S, Harmes D C, et al. Evaluation of detection sensitivity in comprehensive two-dimensional liquid chromatography separations of an active pharmaceutical ingredient and its degradants [J] . Anal Bioanal Chem, 2015, 407: 265-277.

[72] Ding K, Xu Y, Wang H, et al. A vacuum assisted dynamic evaporation interface for two-dimensional normal phase/reverse phase liquid chromatography [J] . J Chromatogr A, 2010, 1217: 5477-5483.

[73] Verstraeten M, Pursch M, Eckerle P, et al. Thermal modulation for multidimensional liquid chromatography separations using low-thermal-mass liquid chromatography (LC) [J] . Anal Chem, 2011, 83: 7053-7060.

[74] Strain H H. Conditions affecting sequence of organic compounds in Tswett adsorption columns [J] . Ind Eng Chem Anal Ed, 1946, 18: 605-609.

[75] Tian H Z, Xu J, Guan Y F. Axial temperature gradient and mobile phase gradient in microcolumn high-performance liquid chromatography [J] . Talanta, 2007, 72: 813-818.

[76] Greibrokk T, Andersen T. High-temperature liquid chromatography [J] . J Chromatogr A, 2003, 1000: 743-755.

[77] Yang Y. A model for temperature effect on column efficiency in high-temperature liquid chromatography [J] . Anal Chim Acta, 2006, 558: 7-10.

[78] Xiang Y Q, Liu Y S, Lee M L. Ultrahigh pressure liquid chromatography using elevated temperature [J] . J Chromatogr A, 2006, 1104: 198-202.

[79] Holm A, Molander P, Lundanes E, et al. Novel column oven concept for cold spot large volume sam-

ple enrichment in high throughput temperature gradient capillary liquid chromatography [J]. J Sep Sci, 2003, 26: 1147-1153.

[80] Xiang Y Q, Yan B W, Yue B F, et al. Elevated-temperature ultrahigh-pressure liquid chromatography using very small polybutadiene-coated nonporous zirconia particles [J]. J Chromatogr A, 2003, 983: 83-89.

[81] Stoll D R, Carr P W. Fast, comprehensive two-dimensional HPLC separation of tryptic peptides based on high-temperature HPLC [J]. J Am Chem Soc, 2005, 127: 5034-5035.

[82] Hillestrøm P R, Hoberg A M, Weimann A, et al. Quantification of 1, N6-Etheno-2'-deoxyadenosine in human urine by column-switching LC/APCI-MS/MS [J]. Free Radical Biol Med, 2004, 36: 1383-1392.

[83] Sweeney A P, Shalliker R A. Development of a two-dimensional liquid chromatography system with trapping and sample enrichment capabilities [J]. J Chromatogr A, 2002, 968: 41-52.

[84] 田宏哲, 徐静, 关亚风. 高温正相色谱/反相色谱 (HTNPLC /RPLC) 二维联用系统的构建与应用 [J]. 分析测试学报, 2008, 27: 691-696.

[85] Ross W D, Jefferson R T. In situ—formed open-pore polyurethane as chromatography supports [J]. J Chromatogr Sci, 1970, 8: 386-389.

[86] Zeng C M, Liao J L, Nakazato K, et al. Hydrophobic-interaction chromatography of proteins on continuous beds derivatized with isopropyl groups [J]. J Chromatogr A, 1996, 753: 227-234.

[87] Xie S F, Svec F, Frechet J M. Rigid porous polyacrylamide-based monolithic columns containing butyl methacrylate as a separation medium for the rapid hydrophobic interaction chromatography of proteins [J]. J Chromatogr A, 1997, 775: 65-72.

[88] Nakanishi K, Soga N. Phase separation in silica sol-gel system containing polyacrylic acid I. Gel formaation behavior and effect of solvent composition [J]. J Non-Cryst Solids, 1992, 139: 1-13.

[89] Cabrera K, Lubda D, Eggenweiler H M, et al. A new monolithic-type HPLC column for fast separations [J]. J High Resolut Chromatogr, 2000, 23: 93-99.

[90] Lubda D, Cabrera K, Kraas W, et al. New developments in the application of monolithic HPLC columns [J]. LC GC Europe, 2001, 14: 730-734.

[91] Rogatsky E, Tomuta V, Cruikshank G, et al. Direct sensitive quantitative LC/MS analysis of C-peptide from human urine by two dimensional reverse phase/reverse phase high-performance liquid chromatography [J]. J Sep Sci, 2006, 29: 529-537.

[92] Kimura H, Tanigawa T, Morisaka H, et al. Simple 2D-HPLC using a monolithic silica column for peptide separation [J]. J Sep Sci, 2004, 27: 897-904.

[93] Rogatsky E, Stein D T. Two-dimensional reverse phase-reverse phase chromatography: A simple and robust platform for sensitive quantitative analysis of peptides by LC/MS Hardware design [J]. J Sep Sci, 2006, 29: 538-546.

[94] Dugo P, Kumm T, Chiofalo B, et al. Separation of triacylglycerols in a complex lipidic matrix by using comprehensive two-dimensional liquid chromatography coupled with atmospheric pressure chemical ionization mass spectrometric detection [J]. J Sep Sci, 2006, 29: 1146-1154.

[95] Mondello L, Tranchida P, Stanek V, et al. Silver-ion reversed-phase comprehensive two-dimensional liquid chromatography combined with mass spectrometric detection in lipidic food analysis [J]. J Chromatogr A, 2005, 1086: 91-98.

[96] Yang Q, Shi X Z, Gu Q, et al. On-line two dimensional liquid chromatography/mass spectrometry for the analysis of triacylglycerides in peanut oil and mouse tissue [J]. J Chromatogr B, 2012, 895: 48-55.

[97] Klift E J C, Vivó-Truyols G, Claassen F W, et al. Comprehensive two-dimensional liquid chromatogra-

phy with ultraviolet, evaporative light scattering and mass spectrometric detection of triacylglycerols in corn oil [J]. J Chromatogr A, 2008, 1178: 43-55.

[98] Beccaria M, Costa R, Sullini G, et al. Determination of the triacylglycerol fraction in fish oil by comprehensive liquid chromatography techniques with the support of gas chromatography and mass spectrometry data [J]. Anal Bioanal Chem, 2015, 407: 5211-5225.

[99] Costa R, Beccaria M, Grasso E, et al. Sample preparation techniques coupled to advanced chromatographic methods for marine organisms investigation [J]. Anal Chim Acta, 2015, 875: 41-53.

[100] Wei F, Hu N, Lv X, et al. Quantitation of triacylglycerols in edible oils by off-line comprehensive two-dimensional liquid chromatography-atmospheric pressure chemical ionization mass spectrometry using a single column [J]. J Chromatogr A, 2015, 1404: 60-71.

[101] Wei F, Ji S X, Hu N, et al. Online profiling of triacylglycerols in plant oils by two-dimensional liquid chromatography using a single column coupled with atmospheric pressure chemical ionization mass spectrometry [J]. J Chromatogr A, 2013, 1312: 69-79.

[102] Narváez-Rivas M, Vu N, Chen G Y, et al. Off-line mixed-mode liquid chromatography coupled with reversed phase high performance liquid chromatography-high resolution mass spectrometry to improve coverage in lipidomics analysis [J]. Anal Chim Acta, 2017, 954: 140-150.

[103] François I, De Villiers A, Sandra P. Considerations on the possibilities and limitations of comprehensive normal phase-reversed phase liquid chromatography (NPLC × RPLC) [J]. J Sep Sci, 2006, 29: 492-498.

[104] Cacciola F, Giuffrida D, Utczas M, et al. Analysis of the carotenoid composition and stability in various overripe fruits by comprehensive two-dimensional liquid chromatography [J]. LC GC Europe, 2016, 29: 252-257.

[105] Dugo P, Giuffrida D, Herrero M, et al. Epoxycarotenoids esters analysis in intact orange juices using two-dimensional comprehensive liquid chromatography [J]. J Sep Sci, 2009, 32: 973-980.

[106] Dugo P, Škeříková V, Kumm T, et al. Elucidation of carotenoid patterns in citrus products by means of comprehensive normal-phase × reversed-phase liquid chromatography [J]. Anal Chem, 2006, 78: 7743-7750.

[107] Dugo P, Herrero M, Kumm T, et al. Comprehensive normal-phase × reversed-phase liquid chromatography coupled to photodiode array and mass spectrometry detection for the analysis of free carotenoids and carotenoid esters from mandarin [J]. J Chromatogr A, 2008, 1189: 196-206.

[108] Blahová E, Jandera P, Cacciola F, et al. Two-dimensional and serial column reversed-phase separation of phenolic antioxidants on octadecyl-, polyethyleneglycol-, and pentafluorophenylpropyl-silica columns [J]. J Sep Sci, 2006, 29: 555-566.

[109] Willemse C M, Stander M A, Tredoux A G J, et al. Comprehensive two-dimensional liquid chromatographic analysis of anthocyanins [J]. J Chromatogr A, 2014, 1359: 189-201.

[110] Donato P, Rigano F, Cacciola F, et al. Comprehensive two-dimensional liquid chromatography-tandem mass spectrometry for the simultaneous determination of wine polyphenols and target contaminants [J]. J Chromatogr A, 2016, 1458: 54-62.

[111] Leme G M, Cacciola F, Donato P, et al. Continuous vs. segmented second-dimension system gradients for comprehensive two-dimensional liquid chromatography of sugarcane (Saccharum spp.) [J]. Anal Bioanal Chem, 2014, 406: 4315-4324.

[112] Hájek T, Jandera P, Staňková M, et al. Automated dual two-dimensional liquid chromatography approach for fast acquisition of three-dimensional data using combinations of zwitterionic polymethacrylate and silica-based monolithic columns [J]. J Chromatogr A, 2016, 1446: 91-102.

[113] Wang Y, Lu X, Xu G W. Simultaneous separation of hydrophilic and hydrophobic compounds by

using an online HILIC-RPLC system with two detectors [J] . J Sep Sci, 2008, 31: 1564-1572.

[114] Cabooter D, Choikhet K, Lestremau F, et al. Towards a generic variable column length method development strategy for samples with a large variety in polarity [J] . J Chromatogr A, 2014, 1372: 174-186.

[115] Kalili K M, de Villiers A. Systematic optimisation and evaluation of on-line, off-line and stop-flow comprehensive hydrophilic interaction chromatography × reversed phase liquid chromatographic analysis of procyanidins, Part I: Theoretical considerations [J] . J Chromatogr A, 2013, 1289: 58-68.

[116] Willemse C M, Stander M A, Vestner J, et al. Comprehensive two-dimensional hydrophilic interaction chromatography (HILIC) × reversed-phase liquid chromatography coupled to high-resolution mass spectrometry (RP-LC-UV-MS) analysis of anthocyanins and derived pigments in red wine [J] . Anal Chem, 2015, 87: 12006-12015.

[117] Kalili K M, de Villiers A. Off-line comprehensive two-dimensional hydrophilic interaction× reversed phase liquid chromatographic analysis of green tea phenolics [J] . J Sep Sci, 2010, 33: 853-863.

[118] Cacciola F, Delmonte P, Jaworska K, et al. Employing ultra high pressure liquid chromatography as the second dimension in a comprehensive two-dimensional system for analysis of *Stevia rebaudiana* extracts [J] . J Chromatogr A, 2011, 1218: 2012-2018.

[119] Wang Y Q, Tang X, Li J F, et al. Development of an on-line mixed-mode gel liquid chromatography × reversed phase liquid chromatography method for separation of water extract from Flos Carthami [J] . J Chromatogr A, 2017, 1519: 145-151.

[120] Fan Y P, Fu Y H, Fu Q, et al. Purification of flavonoids from licorice using an off-line preparative two-dimensional normal-phase liquid chromatography/reversed-phase liquid chromatography method [J] . J Sep Sci, 2016, 39: 2710-2719.

[121] Beelders T, Kalili K M, Joubert E, et al. Comprehensive two-dimensional liquid chromatographic analysis of rooibos (*Aspalathus linearis*) phenolics [J] . J Sep Sci, 2012, 35: 1808-1820.

[122] Li D X, Schmitz O J. Comprehensive two-dimensional liquid chromatography tandem diode array detector (DAD) and accurate mass QTOF-MS for the analysis of flavonoids and iridoid glycosides in *Hedyotis diffusa* [J] . Anal Bioanal Chem, 2015, 407: 231-240.

[123] Zeng Y K, Shao D L, Fang Y Z. On-Line Two-Dimension Liquid Chromatography for the Analysis of Ingredients in the Medicinal Preparation of *Coptis chinensis* Franch [J] . Anal Lett, 2011, 44: 1663-1673.

[124] Dugo P, Favoino O, Luppino R, et al. Comprehensive two-dimensional normal-phase (adsorption)-reversed-phase liquid chromatography [J] . Anal Chem, 2004, 76: 2525-2530.

[125] Wong V, Shalliker R A. Isolation of the active constituents in natural materials by 'heart-cutting' isocratic reversed-phase two-dimensional liquid chromatography [J] . J Chromatogr A, 2004, 1036: 15-24.

[126] Tian H Z, Xu J, Guan Y F. Comprehensive two-dimensional liquid chromatography (NPLCxRPLC) with vacuum-evaporation interface [J] . J Sep Sci, 2008, 31: 1677-1685.

[127] Muhammad N, Wang F L, Subhani Q, et al. Comprehensive two-dimensional ion chromatography (2D-IC) coupled to a post-column photochemical fluorescence detection system for determination of neonicotinoids (imidacloprid and clothianidin) in food samples [J] . RSC Advances, 2018, 8: 9277-9286.

[128] Ouyang X Y, Leonards P, Legler J, et al. Comprehensive two-dimensional liquid chromatography coupled to high resolution time of flight mass spectrometry for chemical characterization of sewage treatment plant effluents [J] . J Chromatogr A, 2015, 1380: 139-145.

[129] Cacciola F, Mangraviti D, Rigano F, et al. Novel comprehensive multidimensional liquid chromatography approach for elucidation of the microbosphere of shikimate-producing *Escherichia coli* SP1.1/pKD15.071 strain [J]. Anal Bioanal Chem, 2018, 410: 3473-3482.

[130] Montero L, Ibáñez E, Russo M, et al. Metabolite profiling of licorice (*Glycyrrhiza glabra*) from different locations using comprehensive two-dimensional liquid chromatography coupled to diode array and tandem mass spectrometry detection [J]. Anal Chim Acta, 2016, 913: 145-159.

[131] Navarro-Reig M, Jaumot J, Baglai A, et al. Untargeted comprehensive two-dimensional liquid chromatography coupled with high-resolution mass spectrometry analysis of rice metabolome using multivariate curve resolution [J]. Anal Chem, 2017, 89: 7675-7683.

[132] Yao C L, Pan H Q, Wang H, et al. Global profiling combined with predicted metabolites screening for discovery of natural compounds: Characterization of ginsenosides in the leaves of *Panax notoginseng* as a case study [J]. J Chromatogr A, 2018, 1538: 34-44.

[133] Wong Y F, Cacciola F, Fermas S, et al. Untargeted profiling of *Glycyrrhiza glabra* extract with comprehensive two-dimensional liquid chromatography-mass spectrometry using multi-segmented shift gradients in the second dimension: Expanding the metabolic coverage [J]. Electrophoresis, 2018, 39: 1993-2000.

[134] Pandohee J, Stevenson P G, Conlan X A, et al. Off-line two-dimensional liquid chromatography for metabolomics: an example using Agaricus bisporus mushrooms exposed to UV irradiation [J]. Metabolomics, 2015, 11: 939-951.

[135] Fairchild J N, Horvath K, Gooding J R, et al. Two-dimensional liquid chromatography/mass spectrometry/mass spectrometry separation of water-soluble metabolites [J]. J Chromatogr A, 2010, 1217: 8161-8166.

[136] Gray M J, Dennis G R, Slonecker P J, et al. Evaluation of the two-dimensional reversed-phase-revered-phase separations of low-molecular mass polystyrenes [J]. J Chromatogr A, 2003, 1015: 89-98.

[137] Jandera P, Holčapek M, Theodoridis G. Investigation of chromatographic behaviour of ethoxylated alcohol surfactants in normal-phase and reversed-phase systems using high-performance liquid chromatography-mass spectrometry [J]. J Chromatogr A, 1998, 813: 299-311.

[138] Murphy R E, Schure M R, Foley J P. One-and Two-Dimensional Chromatographic Analysis of Alcohol Ethoxylates [J]. Anal Chem, 1998, 70: 4353-4360.

[139] Vonk R J, Wouters S, Barcaru A, et al. Post-polymerization photografting on methacrylate-based monoliths for separation of intact proteins and protein digests with comprehensive two-dimensional liquid chromatography hyphenated with high-resolution mass spectrometry [J]. Anal Bioanal Chem, 2015, 407: 3817-3829.

[140] Ren J T, Beckner M A, Lynch K B, et al. Two-dimensional liquid chromatography consisting of twelve second-dimension columns for comprehensive analysis of intact proteins [J]. Talanta, 2018, 182: 225-229.

[141] Hao L, Zhong W, Yang J, et al. 2D-LC as an on-line desalting tool allowing peptide identification directly from MS unfriendly HPLC methods [J]. J Pharm Biomed Anal, 2017, 137: 139-145.

[142] Kwiatkowski M, Kro sser D, Wurlitzer M, et al. Application of displacement chromatography to online two-dimensional liquid chromatography coupled to tandem mass spectrometry improves peptide separation efficiency and detectability for the analysis of complex proteomes [J]. Anal Chem, 2018, 90: 9951-9958.

[143] Sarrut M, Rouvière F, Heinisch S. Theoretical and experimental comparison of one dimensional versus on-line comprehensive two dimensional liquid chromatography for optimized sub-hour separations

of complex peptide samples [J]. J Chromatogr A，2017，1498：183-195.

[144] Blumberg L M. Accumulating resampling (modulation) in comprehensive two-dimensional capillary GC (GC×GC) [J]. J Sep Sci，2008，31：3358-3365.

[145] Khummueng W，Harynuk J，Marriott P J. Modulation ratio in comprehensive two-dimensional gas chromatography [J]. Anal Chem，2006，78：4578-4587.

[146] Prebihalo S，Brockman A，Cochran J，et al. Determination of emerging contaminants in wastewater utilizing comprehensive two-dimensional gas-chromatography coupled with time-of-flight mass spectrometry [J]. J Chromatogr A，2015，1419：109-115.

[147] Sampat A A S，Lopatka M，Vivó-Truyols G，et al. Towards chemical profiling of ignitable liquids with comprehensive two-dimensional gas chromatography：Exploring forensic application to neat white spirits [J]. Forensic Sci Int，2016，267：183-195.

[148] Deans D R. A new technique for heart cutting in gas chromatography [J]. Chromatographia，1968，1：18-22.

[149] Tranchida P Q，Purcaro G，Dugo P，et al. Modulators for comprehensive two-dimensional gas chromatography [J]. TrAC，Trends Anal Chem，2011，30：1437-1461.

[150] Liu Z Y，Phillips J B. Comprehensive two-dimensional gas chromatography using an on-column thermal modulator interface [J]. J Chromatogr Sci，1991，29：227-231.

[151] Oldridge N，Panic O，Górecki T. Stop-flow comprehensive two-dimensional gas chromatography with pneumatic switching [J]. J Sep Sci，2008，31：3375-3384.

[152] Kim S J，Reidy S M，Block B P，et al. Microfabricated thermal modulator for comprehensive two-dimensional micro gas chromatography：design，thermal modeling，and preliminary testing [J]. Lab on a Chip，2010，10：1647-1654.

[153] Phillips J B，Gaines R B，Blomberg J，et al. A robust thermal modulator for comprehensive two-dimensional gas chromatography [J]. J High Resolut Chromatogr，1999，22：3-10.

[154] Bueno Jr P A，Seeley J V. Flow-switching device for comprehensive two-dimensional gas chromatography [J]. J Chromatogr A，2004，1027：3-10.

[155] Gröger T，Gruber B，Harrison D，et al. A vacuum ultraviolet absorption array spectrometer as a selective detector for comprehensive two-dimensional gas chromatography：concept and first results [J]. Anal Chem，2016，88：3031-3039.

[156] Bean H D，Dimandja J M D，Hill J E. Bacterial volatile discovery using solid phase microextraction and comprehensive two-dimensional gas chromatography-time-of-flight mass spectrometry [J]. J Chromatogr B，2012，901：41-46.

[157] Magagna F，Guglielmetti A，Liberto E，et al. Comprehensive chemical fingerprinting of high-quality cocoa at early stages of processing：Effectiveness of combined untargeted and targeted approaches for classification and discrimination [J]. J Agric Food Chem，2017，65：6329-6341.

[158] Chin S T，Eyres G T，Marriott P J. Application of integrated comprehensive/multidimensional gas chromatography with mass spectrometry and olfactometry for aroma analysis in wine and coffee [J]. Food Chem，2015，185：355-361.

[159] Tranchida P Q，Franchina F A，Dugo P，et al. Use of greatly-reduced gas flows in flow-modulated comprehensive two-dimensional gas chromatography-mass spectrometry [J]. J Chromatogr A，2014，1359：271-276.

[160] Adahchour M，Beens J，Vreuls R J J，et al. Comprehensive two-dimensional gas chromatography of complex samples by using a 'reversed-type' column combination：application to food analysis [J]. J Chromatogr A，2004，1054：47-55.

[161] Tranchida P Q，Casilli A，Dugo P，et al. Generation of improved gas linear velocities in a comprehen-

sive two-dimensional gas chromatography system [J]. Anal Chem, 2007, 79: 2266-2275.

[162] Yao C, Anderson J L. Retention characteristics of organic compounds on molten salt and ionic liquid-based gas chromatography stationary phases [J]. J Chromatogr A, 2009, 1216: 1658-1712.

[163] Lambertus G R, Crank J A, McGuigan M E, et al. Rapid determination of complex mixtures by dual-column gas chromatography with a novel stationary phase combination and spectrometric detection [J]. J Chromatogr A, 2006, 1135: 230-240.

[164] Silva B J G, Tranchida P Q, Purcaro G, et al. Evaluation of comprehensive two-dimensional gas chromatography coupled to rapid scanning quadrupole mass spectrometry for quantitative analysis [J]. J Chromatogr A, 2012, 1255: 177-183.

[165] de Geus H J, Aidos I, de Boer J, et al. Characterisation of fatty acids in biological oil samples using comprehensive multidimensional gas chromatography [J]. J Chromatogr A, 2001, 910: 95-103.

[166] Ragonese C, Tranchida P Q, Dugo P, et al. Evaluation of use of a dicationic liquid stationary phase in the fast and conventional gas chromatographic analysis of health-hazardous C18 cis/trans fatty acids [J]. Anal Chem, 2009, 81: 5561-5568.

[167] de Koning S, Janssen H G, Brinkman U A T. Characterization of triacylglycerides from edible oils and fats using single and multidimensional techniques [J]. LC GC Europe, 2006, 19: 590-600.

[168] Delmonte P, Fardin-Kia A R, Rader J I. Separation of fatty acid methyl esters by GC-online hydrogenation× GC [J]. Anal Chem, 2013, 85: 1517-1524.

[169] Delmonte P, Kramer J K G, Hayward D G, et al. Comprehensive two dimensional gas chromatographic separation of fatty acids methyl esters with online reduction [J]. Lipid Technology, 2014, 26: 256-259.

[170] Western R J, Lau S S G, Marriott P J, et al. Positional and geometric isomer separation of FAME by comprehensive 2-D GC [J]. Lipids, 2002, 37: 715-724.

[171] Mondello L, Casilli A, Tranchida P Q, et al. Detailed analysis and group-type separation of natural fats and oils using comprehensive two-dimensional gas chromatography [J]. J Chromatogr A, 2003, 1019: 187-196.

[172] Hyötyläinen T, Kallio M, Lehtonen M, et al. Comprehensive two-dimensional gas chromatography in the analysis of dietary fatty acids [J]. J Sep Sci, 2004, 27: 459-467.

[173] Adahchour M, Jover E, Beens J, et al. Twin comprehensive two-dimensional gas chromatographic system: concept and applications [J]. J Chromatogr A, 2005, 1086: 128-134.

[174] Harynuk J, Vlaeminck B, Zaher P, et al. Projection of multidimensional GC data into alternative dimensions—exploiting sample dimensionality and structured retention patterns [J]. Anal Bioanal Chem, 2006, 386: 602-613.

[175] David F, Tienpont B, Sandra P. Chemotaxonomy of bacteria by comprehensive GC and GC-MS in electron impact and chemical ionisation mode [J]. J Sep Sci, 2008, 31: 3395-3403.

[176] Chin S T, Man Y B C, Tan C P, et al. Rapid profiling of animal-derived fatty acids using fast GC× GC coupled to time-of-flight mass spectrometry [J]. J Am Oil Chem Soc, 2009, 86: 949-958.

[177] Indrasti D, Man Y B C, Mustafa S, et al. Lard detection based on fatty acids profile using comprehensive gas chromatography hyphenated with time-of-flight mass spectrometry [J]. Food Chem, 2010, 122: 1273-1277.

[178] Purcaro G, Barp L, Beccaria M, et al. Fingerprinting of vegetable oil minor components by multidimensional comprehensive gas chromatography with dual detection [J]. Anal Bioanal Chem, 2015, 407: 309-319.

[179] Purcaro G, Barp L, Beccaria M, et al. Characterisation of minor components in vegetable oil by comprehensive gas chromatography with dual detection [J]. Food Chem, 2016, 212: 730-738.

[180] Costa R, Albergamo A, Piparo M, et al. Multidimensional gas chromatographic techniques applied to the analysis of lipids from wild-caught and farmed marine species [J]. Eur J Lipid Sci Technol, 2017, 119: 1600043.

[181] Fuchs S, Zinn S, Beck T, et al. Biosynthesis of menthofuran in *Mentha × piperita*: Stereoselective and mechanistic studies [J]. J Agric Food Chem, 1999, 47: 4100-4105.

[182] Jiang M, Kulsing C, Nolvachai Y, et al. Two-dimensional retention indices improve component identification in comprehensive two-dimensional gas chromatography of saffron [J]. Anal Chem, 2015, 87: 5753-5761.

[183] 王楠, 张艺, 李响, 等. 全二维气相色谱/飞行时间质谱分析不同产地的川芎挥发油 [J]. 色谱, 2010, 28: 329-335.

[184] Cao G, Shan Q Y, Li X M, et al. Analysis of fresh *Mentha haplocalyx* volatile components by comprehensive two-dimensional gas chromatography and high-resolution time-of-flight mass spectrometry [J]. Analyst, 2011, 136: 4653-4661.

[185] Cao G, Cai H, Cong X D, et al. Global detection and analysis of volatile components from sun-dried and sulfur-fumigated herbal medicine by comprehensive two-dimensional gas chromatography/time-of-flight mass spectrometry [J]. Analyst, 2012, 137: 3828-3835.

[186] Zini C A, de Assis T F, Ledford E B, et al. Correlations between pulp properties of *Eucalyptus* clones and leaf volatiles using automated solid-phase microextraction [J]. J Agric Food Chem, 2003, 51: 7848-7853.

[187] Magagna F, Valverde-Som L, Ruiz-Samblás C, et al. Combined untargeted and targeted fingerprinting with comprehensive two-dimensional chromatography for volatiles and ripening indicators in olive oil [J]. Anal Chim Acta, 2016, 936: 245-258.

[188] Tranchida P Q, Zoccali M, Bonaccorsi I, et al. The off-line combination of high performance liquid chromatography and comprehensive two-dimensional gas chromatography-mass spectrometry: a powerful approach for highly detailed essential oil analysis [J]. J Chromatogr A, 2013, 1305: 276-284.

[189] Filippi J J, Belhassen E, Baldovini N, et al. Qualitative and quantitative analysis of vetiver essential oils by comprehensive two-dimensional gas chromatography and comprehensive two-dimensional gas chromatography/mass spectrometry [J]. J Chromatogr A, 2013, 1288: 127-148.

[190] Xiang Z M, Chen X T, Qian C Y, et al. Determination of volatile flavors in fresh navel orange by multidimensional gas chromatography quadrupole time-of-flight mass spectrometry [J]. Anal Lett, 2020, 53: 614-626.

[191] Wong Y F, West R N, Chin S T, et al. Evaluation of fast enantioselective multidimensional gas chromatography methods for monoterpenic compounds: Authenticity control of Australian tea tree oil [J]. J Chromatogr A, 2015, 1406: 307-315.

[192] Zhu Y, Lv H P, Dai W D, et al. Separation of aroma components in Xihu Longjing tea using simultaneous distillation extraction with comprehensive two-dimensional gas chromatography-time-of-flight mass spectrometry [J]. Sep Purif Technol, 2016, 164: 146-154.

[193] Sgorbini B, Cagliero C, Boggia L, et al. Parallel dual secondary-column-dual detection comprehensive two-dimensional gas chromatography: a flexible and reliable analytical tool for essential-oils quantitative profiling [J]. Flavour Fragrance J, 2015, 30: 366-380.

[194] dos Santos A L, Polidoro A, Schneider J K, et al. Comprehensive two-dimensional gas chromatography time-of-flight mass spectrometry (GC×GC/TOF MS) for the analysis of volatile compounds in *Piper regnellii* (Miq.) C. DC. essential oils [J]. Microchem J, 2015, 118: 242-251.

[195] He M, Yang Z Y, Yang T B, et al. Chemometrics-enhanced one-dimensional/comprehensive two-di-

mensional gas chromatographic analysis for bioactive terpenoids and phthalides in Chaihu Shugan San essential oils [J]. J Chromatogr B, 2017, 1052: 158-168.

[196] Dymerski T, Namieśnik J, Vearasilp K, et al. Comprehensive two-dimensional gas chromatography and three-dimensional fluorometry for detection of volatile and bioactive substances in some berries [J]. Talanta, 2015, 134: 460-467.

[197] Schmarr H G, Bernhardt J. Profiling analysis of volatile compounds from fruits using comprehensive two-dimensional gas chromatography and image processing techniques [J]. J Chromatogr A, 2010, 1217: 565-574.

[198] 李淑静，董梅，许泓，等. 在线凝胶渗透色谱-二维气相色谱/质谱法测定鲫鱼样品中的 14 种农药残留 [J]. 色谱, 2014, 32: 157-161.

[199] Matamoros V, Jover E, Bayona J M. Part-per-trillion determination of pharmaceuticals, pesticides, and related organic contaminants in river water by solid-phase extraction followed by comprehensive two-dimensional gas chromatography time-of-flight mass spectrometry [J]. Anal Chem, 2010, 82: 699-706.

[200] Engel E, Ratel J, Blinet P, et al. Benchmarking of candidate detectors for multiresidue analysis of pesticides by comprehensive two-dimensional gas chromatography [J]. J Chromatogr A, 2013, 1311: 140-148.

[201] Liu X P, Li D K, Li J Q, et al. Organophosphorus pesticide and ester analysis by using comprehensive two-dimensional gas chromatography with flame photometric detection [J]. J Hazard Mater, 2013, 263: 761-767.

[202] Jia W, Chu X G, Zhang F. Multiresidue pesticide analysis in nutraceuticals from green tea extracts by comprehensive two-dimensional gas chromatography with time-of-flight mass spectrometry [J]. J Chromatogr A, 2015, 1395: 160-166.

[203] Banerjee K, Patil S H, Dasgupta S, et al. Optimization of separation and detection conditions for the multiresidue analysis of pesticides in grapes by comprehensive two-dimensional gas chromatography-time-of-flight mass spectrometry [J]. J Chromatogr A, 2008, 1190: 350-357.

[204] Banerjee K, Dasgupta S, Utture S C. Application of GC-TOFMS for pesticide residue analysis in grapes [J]. Compr Anal Chem, 2012, 58: 367-413.

[205] Tranchida P Q, Franchina F A, Zoccali M, et al. Untargeted and targeted comprehensive two-dimensional GC analysis using a novel unified high-speed triple quadrupole mass spectrometer [J]. J Chromatogr A, 2013, 1278: 153-159.

[206] Wojciechowska E, Weinert C H, Egert B, et al. Chlorogenic acid, a metabolite identified by untargeted metabolome analysis in resistant tomatoes, inhibits the colonization by *Alternaria alternata* by inhibiting alternariol biosynthesis [J]. Eur J Plant Pathol, 2014, 139: 735-747.

[207] Hantao L W, Aleme H G, Passador M M, et al. Determination of disease biomarkers in *Eucalyptus* by comprehensive two-dimensional gas chromatography and multivariate data analysis [J]. J Chromatogr A, 2013, 1279: 86-91.

[208] Aura A M, Mattila I, Hyotylainen T, et al. Characterization of microbial metabolism of Syrah grape products in an *in vitro* colon model using targeted and non-targeted analytical approaches [J]. Eur J Nutr, 2013, 52: 833-846.

[209] Cordero C, Zebelo S A, Gnavi G, et al. HS-SPME-GC × GC-qMS volatile metabolite profiling of *Chrysolina herbacea* frass and *Mentha* spp. leaves [J]. Anal Bioanal Chem, 2012, 402: 1941-1952.

[210] Pizzolante G, Cordero C, Tredici S M, et al. Cultivable gut bacteria provide a pathway for adaptation of Chrysolina herbacea to *Mentha aquatica* volatiles [J]. BMC Plant Biol, 2017, 17: 30.

［211］　Majors R E. Multidimensional high performance liquid chromatography ［J］. J Chromatogr Sci, 1980, 18: 571-579.

［212］　Ramsteiner K A. On-line liquid chromatography-gas chromatography in residue analysis ［J］. J Chromatogr A, 1987, 393: 123-131.

［213］　Quigley W W, Fraga C G, Synovec R E. Comprehensive LC×GC for enhanced headspace analysis ［J］. J Microcolumn Sep, 2000, 12: 160-166.

［214］　Biedermann M, Grob K. Memory effects with the on-column interface for on-line coupled high performance liquid chromatography-gas chromatography: The Y-interface ［J］. J Chromatogr A, 2009, 1216: 8652-8658.

［215］　Hyötyläinen T, Riekkola M L. On-line coupled liquid chromatography-gas chromatography ［J］. J Chromatogr A, 2003, 1000: 357-384.

［216］　Grob K, Bronz M. On-line LC-GC transfer via a hot vaporizing chamber and vapor discharge by overflow: increased sensitivity for the determination of mineral oil in foods ［J］. J Microcolumn Sep, 1995, 7: 421-427.

［217］　David F, Hoffman A, Sandra P. Finding a needle in a haystack: The analysis of pesticides in complex matrices by automated on-line LC-CGC using a new modular system ［J］. LC GC Europe, 1999, 12: 550-558.

［218］　Hyötyläinen T, Riekkola M L. Direct coupling of reversed-phase liquid chromatography to gas chromatography ［J］. J Chromatogr A, 1998, 819: 13-24.

［219］　Miller A, Frenzel T, Schmarr H G, et al. Coupled liquid chromatography-gas chromatography for the rapid analysis of γ-oryzanol in rice lipids ［J］. J Chromatogr A, 2003, 985: 403-410.

［220］　Kamm W, Dionisi F, Hischenhuber C, et al. Rapid detection of vegetable oils in milk fat by on-line LC-GC analysis of β-sitosterol as marker ［J］. Eur J Lipid Sci Technol, 2002, 104: 756-761.

［221］　Esche R, Müller L, Engel K H. Online LC-GC-based analysis of minor lipids in various tree nuts and peanuts ［J］. J Agric Food Chem, 2013, 61: 11636-11644.

［222］　Esche R, Scholz B, Engel K H. Online LC-GC analysis of free sterols/stanols and intact steryl/stanyl esters in cereals ［J］. J Agric Food Chem, 2013, 61: 10932-10939.

［223］　Toledano R M, Cortés J M, Rubio-Moraga Á, et al. Analysis of free and esterified sterols in edible oils by online reversed phase liquid chromatography-gas chromatography (RPLC-GC) using the through oven transfer adsorption desorption (TOTAD) interface ［J］. Food Chem, 2012, 135: 610-615.

［224］　Caja M M, Blanch G P, Herraiz M, et al. On-line reversed-phase liquid chromatography-gas chromatography coupled to mass spectrometry for enantiomeric analysis of chiral compounds in fruit beverages ［J］. J Chromatogr A, 2004, 1054: 81-85.

［225］　Ruiz del Castillo M L, Caja M M, Blanch G P, et al. Chiral evaluation of aroma-active compounds in real complex samples ［J］. J Food Sci, 2003, 68: 770-774.

［226］　Zoccali M, Bonaccorsi I L, Tranchida P Q, et al. Analysis of the sesquiterpene fraction of citrus essential oils by using the off-line combination of high performance liquid chromatography and gas chromatography-based methods: a comparative study ［J］. Flavour Fragrance J, 2015, 30: 411-422.

［227］　Xu Y, Wang H, Zhao J H, et al. Analysis of alkylbenzene samples by comprehensive capillary liquid chromatography× capillary gas chromatography ［J］. J Chromatogr A, 2008, 1181: 95-102.

［228］　Sanchez R, Vázquez A, Riquelme D, et al. Direct analysis of pesticide residues in olive oil by on-line reversed phase liquid chromatography-gas chromatography using an automated through oven transfer adsorption desorption (TOTAD) interface ［J］. J Agric Food Chem, 2003, 51: 6098-6102.

［229］　Pérez M, Alario J, Vázquez A, et al. Pesticide residue analysis by off-line SPE and on-line reversed-phase LC-GC using the through-oven-transfer adsorption/desorption interface [J]. Anal Chem, 2000, 72: 846-852.

[230] Poole C F. Thin-layer chromatography: challenges and opportunities [J]. J Chromatogr A, 2003, 1000: 963-984.

[231] Hawryl M, Świeboda R, Hawryl A, et al. Micro two-dimensional thin-layer chromatography and chemometric analysis of essential oils from selected *Mentha* species and its application in herbal fingerprinting [J]. J Liq Chromatogr Rel Technol, 2015, 38: 1794-1801.

[232] Takats Z, Wiseman J M, Gologan B, et al. Mass spectrometry sampling under ambient conditions with desorption electrospray ionization [J]. Science, 2004, 306: 471-473.

[233] Kertesz V, Van Berkel G J, Vavrek M, et al. Comparison of drug distribution images from whole-body thin tissue sections obtained using desorption electrospray ionization tandem mass spectrometry and autoradiography [J]. Anal Chem, 2008, 80: 5168-5177.

[234] Han Y H, Levkin P, Abarientos I, et al. Monolithic superhydrophobic polymer layer with photopatterned virtual channel for the separation of peptides using two-dimensional thin layer chromatography-desorption electrospray ionization mass spectrometry [J]. Anal Chem, 2010, 82: 2520-2528.

[235] Križman M, Pušar A. Comprehensive thin layer chromatography × gas chromatography using headspace sampling modulation—A case study on fatty acid composition analysis [J]. J Chromatogr A, 2015, 1405: 149-155.

[236] Mroczek T. Qualitative and quantitative two-dimensional thin-layer chromatography/high performance liquid chromatography/diode-array/electrospray-ionization-time-of-flight mass spectrometry of cholinesterase inhibitors [J]. J Pharm Biomed Anal, 2016, 129: 155-162.

[237] Petkova Z Y, Antova G A. Phospholipid composition of Cucurbitaceae seed oils [J]. Bulg Chem Commun, 2014, 46: 100-105.

[238] Guan Z Q, Tian B, Perfumo A, et al. The polar lipids of *Clostridium psychrophilum*, an anaerobic psychrophile [J]. Biochim Biophys Acta, 2013, 1831: 1108-1112.

[239] Rodríguez J E, Ramírez A S, Salas L P, et al. Transcription of genes involved in sulfolipid and polyacyltrehalose biosynthesis of *Mycobacterium tuberculosis* in experimental latent tuberculosis infection [J]. PLoS One, 2013, 8: e58378.

[240] Zhang Y, Chen R, Ma H Q, et al. Isolation and identification of dipeptidyl peptidase IV-inhibitory peptides from trypsin/chymotrypsin-treated goat milk casein hydrolysates by 2D-TLC and LC-MS/MS [J]. J Agric Food Chem, 2015, 63: 8819-8828.

[241] Matysik E, Woźniak A, Paduch R, et al. The new TLC method for separation and determination of multicomponent mixtures of plant extracts [J]. J Anal Methods Chem, 2016, 2016: 1813581.

[242] Lu N W, Zhang W X, An Q, et al. Two-dimensional thin-layer chromatographic fingerprint of *Helleborus thibetanus* Franch. Using a polyamide plate with nonaqueous and reversed micellar mobile phases [J]. JPC J Planar Chromatogr-Mod TLC, 2013, 26: 463-469.

[243] Hawryl M, Nowak R, Waksmundzka-Hajnos M. Two-dimensional thin-layer chromatographic determination of phenolic antioxidants from *Eupatorium cannabinum* extracts on cyano-bonded polar stationary phases [J]. JPC J Planar Chromatogr-Mod TLC, 2012, 25: 394-402.

[244] Tuzimski T, Petruczynik A, Misiurek J. Separation of a mixture of eleven alkaloids by 2D-TLC on Multi-K CS5 plates and identification of analytes in *Thalictrum foetidum* root extract by TLC and HPLC-DAD [J]. JPC J Planar Chromatogr-Mod TLC, 2017, 30: 142-147.

[245] Cid-Hernández M, López Dellamary-Toral F A, González-Ortiz L J, et al. Two-dimensional thin layer chromatography-bioautography designed to separate and locate metabolites with antioxidant activity contained on *Spirulina platensis* [J]. Int J Anal Chem, 2018: 4605373.

［246］　Zarzycki P K，Ślączka M M，Włodarczyk E，et al. Micro-TLC approach for fast screening of environmental samples derived from surface and sewage waters ［J］. Chromatographia，2013，76：1249-1259.

［247］　Stütz L，Weiss S C，Schulz W，et al. Selective two-dimensional effect-directed analysis with thin-layer chromatography ［J］. J Chromatogr A，2017，1524：273-282.

第 6 章

生物样品的光电关联成像技术

　　随着对生命科学研究的深入，人们发现在只有微米尺度大小的细胞内，时时刻刻都在发生着变化，DNA 的复制、蛋白质的合成、生物信息的传递、化学物质的释放等都是生生不息的生命过程。正如本书前几章介绍的那些实验技术，人们从细胞、组织中把某些物质提取出来后，利用定性、定量的分析技术手段进行检测，以验证这些过程的存在。而事实上，也可以采用更为直观的方法在生物体内、在组织内、在细胞内直接观察这些微观结构，认识生命发生发展的过程。这种直观的方法就是显微技术，该技术就是采用特定的样品制备程序，利用专业的显微镜系统，研究观察肉眼看不到的微观结构。根据观察样品的尺度范围不同，显微技术可分为光学显微镜技术（light microscope，LM）和电子显微镜技术（electron microscope，EM）。前者主要用于观察研究微米尺度范围内的样品，如完整的动植物细胞、细菌、细胞器等，在细胞生物学、微生物学、组织学等亚细胞水平的结构研究中有着重要的应用。而后者则用于观察研究纳米尺度范围内的样品，更注重细胞器的结构、组成细胞器的生物大分子的观察研究等。光学显微镜和电子显微镜的应用比较见表 6-1。

表 6-1　光学显微镜和电子显微镜的应用比较

种类	分辨本领	优点	缺点
光学 显微镜	0.2μm	①视野面积大 ②可以观察活体细胞、动态过程 ③可以观察细胞的立体结构	①分辨率较电镜低 ②荧光标记技术中，不能显示标记物与周围结构的关系
电子 显微镜	0.2nm	①分辨率较光镜高 ②可以观察细胞器的超微结构 ③可以观察生物大分子的定位分布	①视野面积小 ②观察固定、死亡的细胞 ③二维平面的图像

　　从表 6-1 可知，在两个不同的研究范围内，光学显微技术和电子显微技术发挥着各自的作用。后来人们发现有些特殊种类的细胞在相应组织内数量较少、分布不均，或者有些生物学事件只发生在某些特定的细胞内，那么，如果利用光镜观察，可以在相对较大的组织内（或较多的细胞范围内）观察到这些数量较少或发生"稀有"事件的细胞，但受分辨率的局限，看不到细胞内部的具体结构或事件；而如果利用电镜观察，则受观察的视野面积小的局限，人们需要耗费大量的时间逐个观察细胞直至寻找到目的物（细胞），甚至有时会因为电镜样品取材太小，可能在观察范围内，根本没有目的细胞。

为了解决类似的问题，光学显微镜-电子显微镜的关联技术（CLEM，光电关联显微镜技术）诞生了。在光电关联技术中，常涉及的电镜技术包括透射电子显微镜（transmission electron microscope，TEM）和扫描电子显微镜（scanning electron microscope，SEM），涉及的光学显微技术中以荧光显微技术（fluorescence microscope，FLM）为主要技术。从工作原理到制样技术方面看，光学显微技术和电子显微技术是两种完全不同的实验技术。科研工作者必须解决多方面的问题，以实现光电关联技术对同一样品同一区域的观察。

6.1　电子显微镜技术简介

6.1.1　电子显微镜的产生

电子显微镜的产生有两个重要的理论基础，其一是 1925 年，法国的德布罗意（Louis De Broglie）提出的波粒二象性，即快速运动的电子束具有波动性；其二是 1926 年，德国的布什（Busch）提出的电磁场理论，即通电线圈可以产生磁场，而磁场对运动的电子波具有像玻璃透镜一样的汇聚、偏转和折射的作用，这种电磁线圈被称为电磁透镜。1931 年，在德国柏林高等工业学院读研究生的鲁斯卡（Ruska）和他的导师诺尔（Knoll）以电子波为光源，以电磁透镜为汇聚透镜，发明制造出世界上第一台电子显微镜，开创了人类利用电子成像技术研究纳米尺度结构的工作[1]。

为什么电子波会成为电子显微镜的光源呢？在电子显微镜产生以前，人们已经学会利用光学显微镜技术进行亚细胞水平的相关研究。不过，光学显微技术也有其观察的局限性。1872 年，德国的物理学家阿贝（Abbe）推导出以下公式：

$$\delta = \frac{\lambda}{2n\sin\theta} \tag{6-1}$$

式中　δ——两点间可分辨的距离，即显微仪器的分辨能力，nm；

　　　λ——入射光波长，nm；

　　　n——入射光在透镜和物体间的介质的折射率；

　　　θ——由物体到物镜的入射孔径角的一半。

式(6-1) 中，δ 值越小，仪器的分辨能力越高。此外，$NA = n\sin\theta$，NA 定义为数值孔径。可见光在油介质中的折射率可达 1.4～1.6，此时 $\delta \approx 0.5\lambda$，即显微系统所用的入射光波长决定了仪器的分辨能力，并且，分辨本领大约是入射光波长的一半。由此可知，光学显微镜系统以可见光（400～800nm）为入射光源，此时的 $\delta \approx 200\text{nm}$，即 $\delta \approx 0.2\mu\text{m}$。所以，普通光学显微镜的分辨本领为 $0.2\mu\text{m}$。为了不断提高光学显微镜的分辨能力，人们就要寻找波长更短的入射光源。根据德布罗意的波粒二象性理论，在一定电场中运动的电子束，就是一束电子波，其波长和电场的电压成反比。相关资料显示，当电压为 100kV 时，电子波的波长为 0.0037nm，要远远小于可见光波长。这也就是电子显微镜分辨本领高于光学显微镜的原因。

6.1.2　电子显微镜的成像原理

任何宏观的物质都可以看成是由原子核和核外电子组成。电子显微镜工作的过程就是作为光源的电子波打击到样品上，和组成样品的原子核、核外电子相互碰撞、作用、传递能量，并产生新的电子信号的过程。这些新产生的电子散射信号带有样品内部或表面的结构信息，被不同类型的电子显微镜加以利用，呈现对应的放大结构。透射电子显微镜和扫描电子显微镜是最常见的两类电子显微镜，也是光电关联技术中常用的两类电镜。

6.1.2.1　透射电子显微镜的成像原理

透射电子显微镜工作时，生物样品被制备成厚度在 70～100nm 范围内的超薄切片。由于组成样品的各处的原子不同，这些原子对应的原子核的大小以及核外电子密度均不相同。当电子波以很高的能量穿透样品时，这些原子核和核外电子对入射电子产生不同的阻碍作用。组成样品的原子核越大，核外电子也就越多，对入射电子阻碍作用越强，入射电子穿过样品后的偏转角度越大，最终进入成像系统的电子数量越少，在荧光板上呈现出较暗的区域；相反，组成样品的原子序数越小，原子核越小，核外电子越少，对入射电子的阻碍作用越小，入射电子穿过样品后的偏转角度越小，最终进入成像系统的电子数量越多，在荧光板上呈现出较亮的区域。

所以，在透射电镜成像的荧光板上，得到的是一个有灰度等级差异的黑白图像。深色区域对应样品中密度较大的结构，浅色区域对应样品中密度较小的结构。由其工作原理可知，透射电子显微镜因电子束可穿透样品而得名，主要用于样品内部超微结构的观察与研究。

6.1.2.2　扫描电子显微镜的成像原理

扫描电子显微镜工作时，生物样品被制备成 3～5mm 见方的样品块，样品表面被喷溅一层薄薄的金属膜（厚度在 20nm 左右）。由于扫描电镜电子束运动的能量远低于透射电镜，所以，扫描电镜的电子波并不能穿透样品，只能打击在样品表面 20nm 深度范围内，逐点逐行地扫描运动。电子束扫描运动到每一点，该处的电子受到入射电子的激发，从样品表面脱离成为自由运动的电子，称为二次电子（secondary electron，SE）。通常样品表面的结构是凸凹不平的，各处产生的二次电子的数量也不相同。结构凸起越明显，越容易产生二次电子，扫描电镜中的二次电子检测器接收的二次电子数量越多，在荧光板上呈现明亮的区域。相反，表面结构越平坦，越不易产生二次电子，二次电子检测器接收的二次电子信号越少，在荧光板上呈现的是暗区。所以，扫描电镜下呈现的也是明暗差异的黑白图像。扫描电镜的电子束只在样品表面获得成像信号，主要用于表面形貌的观察研究。

透射电子显微镜和扫描电子显微镜原理比较见表 6-2。

6.1.3　电子显微镜的结构

电子显微镜属于大型精密仪器，其结构复杂、价格昂贵。因为透射电子显微镜和扫描电子显微镜的成像原理不同，所以结构也不尽相同。

表 6-2　透射电子显微镜和扫描电子显微镜原理比较

种类	成像信号	成像原理	用途	图像反差
透射电子显微镜	弹性散射电子[①] 非弹性散射电子[①] 直接透射电子[①]	与组成样品结构的元素的原子大小有关	样品内部超微结构观察	深色区域代表结构致密;浅色区域代表结构疏松
扫描电子显微镜	二次电子 背散射电子[②]	与样品表面的凸凹程度有关	样品表面形貌结构观察	深色区域代表结构平坦,浅色区域代表结构凸起

① 在透射电镜中，入射电子束穿过样品时，与原子核发生碰撞产生的电子散射信号为弹性散射电子；与核外电子发生碰撞产生的电子散射信号为非弹性散射电子；没有发生任何碰撞的电子称为直接透射电子。

② 在扫描电镜中，入射电子被反射后成为反射电子，也叫背散射电子，能够反映样品表面元素组成的相关信息。

6.1.3.1　透射电子显微镜的结构

一套完整的透射电子显微镜包括电子光学系统、真空系统和电力系统。电子波的产生、电子波和样品的相互作用、放大、成像都是在电子光学系统中完成的。这个系统自上而下分为照明系统、样品室、成像放大系统和观察记录系统。照明系统分为电子枪和聚光镜。产生电子波的装置称为电子枪，根据工作原理不同，分为热发射电子枪和场发射电子枪。前者电子源被加热到 2500K，其尖端产生热电子，受电场吸引，自上而下运动，成为电子波。电子源常用两种材料，一种是钨做成的丝状结构，称为钨灯丝电子枪；另一种是六硼化镧（LaB_6）做成晶体结构，称为六硼化镧电子枪。场发射电子枪则是利用一个额外施加的强大电场力把电子从电子源表面"吸引"或者"拔"出来。如果产生电子的同时还要加热，称为热场发射电子枪；不需要加热的称为冷场电子枪。其中，冷场电子枪更适合在生物样品中应用，而热场电子枪则在材料

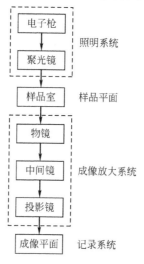

图 6-1　透射电镜电子光学系统框架图

研究中应用多一些。各电子枪的性能及应用比较见表 6-3。从电子枪产生的电子束向下运动经由聚光镜汇聚,照射到样品平面。从样品平面产生的电子信号经由成像放大系统的物镜、中间镜、投影镜逐级放大,最终在荧光板上呈现放大的图像。最后经由相机拍照,记录实验结果。系统中的聚光镜、物镜、中间镜、投影镜均为带有极靴的电磁透镜。电子光学部分的结构框图见图 6-1。

表 6-3 热发射电子枪和场发射电子枪的比较

电子枪种类		原理	优点	主要应用领域
热发射电子枪	钨灯丝电子枪	钨灯丝加热产生热电子	①价格便宜 ②对真空环境要求不太高	生物学 纳米材料
	六硼化镧电子枪	六硼化镧晶体加热产生热电子	①亮度是钨灯丝的 10 倍 ②使用寿命长	生物学 纳米材料
场发射电子枪	热场电子枪	氧化锆/钨晶面在加热、第一电场力作用下产生电子,第二电场负责加速电子	①束斑直径小 ②亮度是六硼化镧电子枪的 50～200 倍 ③电子束密度高,能够激发更多的电子信号	材料学
	冷场电子枪	钨晶面在第一电场力作用下发射电子,第二电场负责加速电子	①比热场电子束斑直径小,空间分辨率高 ②能量更集中,发散度小	生物学(扫描电镜更有优势)

电力系统主要给电子枪和各级透镜提供电力支持。因为电子波的波长短,不能穿透空气,而且考虑到电子成像信号和灯丝的使用寿命等因素,电镜的电子光学系统必须是高真空环境。由各级真空泵、真空管道、监测系统组成真空系统用以保持电镜高真空的工作环境。特别强调一点,透射电镜的样品最终制备在金属载网上,然后放在样品杆上,插入电子光学系统样品台内,进行观察。

6.1.3.2 扫描电子显微镜的结构

一套完整的扫描电子显微镜包括电子光学系统、扫描系统、检测系统、成像系统、真空系统和电力系统。电子光学系统包括电子枪,负责产生电子波。当电子束逐点逐行扫描时,电子束的束斑直径决定了扫描电镜的分辨本领。场发射电子枪的束斑直径要远小于热发射电子枪的,这一优势在扫描电镜成像过程中被充分体现出来。所以,场发射扫描电镜的分辨率得以提高。

扫描系统由扫描信号发生器和行扫描线圈、帧扫描线圈组成,控制电子在样品表面进行横向和纵向扫描。

检测系统主要包括各种信号检测器,例如二次电子检测器、背散射电子检测器等,负责接收相应的电子信号。一台扫描电镜可以根据工作需要配有多个不同的信号检测器。

成像系统早期是黑白相机,现在是 CCD 成像系统。真空和电力系统同透射电镜一样。

扫描电镜的结构框图见图 6-2。扫描电镜的样品最终制备在金属样品台上,样品

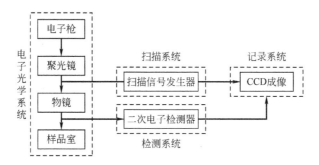

图 6-2　扫描电镜结构框架图

台再放入样品室内进行成像观察。

6.1.4　电镜生物样品制备技术

电子显微镜技术在生命科学范围内有着广泛的应用。生物样品的电镜制备技术也随之发展起来。在进入电镜观察之前，生物样品要经过一些特定处理，使之能够符合电镜的工作要求，以便真实地展示样品的超微结构。以下就生物样品的电镜制备技术加以介绍。

6.1.4.1　透射电子显微镜超薄切片技术

针对不同的观察目的，科研工作者研究出多种生物样品制备技术，如观察细菌、病毒等颗粒状样品的负染色技术；利用标记电子致密物的抗体进行细胞内抗原定位研究的免疫电镜技术；观察细胞内部超微结构的超薄切片技术等。在这些技术中，超薄切片技术是最基本的样品制备技术，其他技术都是以此为基础发展起来的。超薄切片，是通过一系列操作，最终将生物样品制备成厚度在 100nm 以下的切片。一张好的超薄切片要平整，没有褶皱、震颤、刀痕，并且可以在分子水平精确地保留样品的结构。超薄切片技术也是目前在光电关联技术中最常用的操作技术之一。常规超薄切片技术的操作流程如下所述。

（1）取材　通常生物样品用锋利的双面刀片切割成 1mm^3 的样品块，或截面积≤1mm^2、长 2~3mm 的样品条。取样小，利于后续操作时各种化学试剂的渗入。取材要求部位准确，操作迅速，刀具要锋利、没有人为损伤，尽量保证低温取样。注意，因为透射电镜的样品块取材过小，有可能在切取的样品块中没有取到前文中提到的发生"稀有"事件的目的细胞。

（2）固定　这是采用物理或化学的方法将细胞快速杀死的过程。细胞死亡的过程越迅速、越短暂，细胞形态保留得越真实。常规超薄切片技术中，利用化学固定剂的交联作用，将生物大分子有效地固定在细胞原来的位置、原有的结构，以防止后续操作的试剂对生物大分子的抽提、溶解，从而对结构产生破坏作用。常用的化学固定剂是 2.5%~3% 的戊二醛和 1% 的锇酸。植物样品常采用浸没固定的方式；动物样品常采用原位固定或灌流固定的方式。在光电关联技术中，这些固定剂的使用，有可能会在固定过程中，因发生交联作用而使蛋白质分子的构象改变，影响后续信号分子的结合与标记。

（3）脱水　是用脱水剂置换样品中水分的过程。生物样品平均含水量高，这一点是妨碍样品制备和观察的重要因素。含水量大的样品如果直接进入镜筒，挥发的水分会降低镜筒的真空度，同时细胞也会失水收缩。水分的存在，还会进一步阻碍后续操作中脂溶性包埋剂的渗入。常用的脱水剂是乙醇和丙酮，脱水方法为浓度梯度逐级置换的方法。在光电关联技术中，脱水剂的应用，有可能会使已标记的荧光信号淬灭，影响荧光信号观察与检测。

（4）包埋　是指树脂类的包埋剂通过分子运动渗入到细胞内，并将组织在包埋模具中用包埋剂包裹，当改变实验条件后，包埋剂会变硬，使组织成为硬的包埋块，利于后续的超薄切片过程。此步骤包括渗透、包埋和聚合三个操作。

（5）切片　包括修块、制刀、制膜、切片和捞取切片五个过程。包埋后的样品块表面及周围多余的树脂要修掉，样品表面要修平整。取样时，虽然样品截面大约为 $1mm^2$，但最终进入镜筒内被观察到的样本只是取样时 $1/4\sim1/3$ 的区域。在修块过程中，目的细胞有被切掉的可能性。为了避免此类事件的发生，可以通过制作切片厚度为几百个纳米的半薄切片（500～2000nm），然后在光学显微镜下观察并对目的细胞进行初步定位的方法来解决，这也是最早应用的广义的"光电关联技术"。最后，切完的超薄切片的厚度为 50～90nm，用样品环从水槽中捞取出来后，放到直径只有 3mm 的金属载网上，才能放入镜筒内观察。在应用光电关联技术时，金属载网不能直接用于光镜观察，需要进一步处理。

（6）染色　电子显微镜样品的染色和光镜样品的染色不同，光镜下，样品经过染色后，不同的结构区域与不同染料的结合能力不同，呈现不同的色彩。如 HE 染色（hematoxylin-eosin staining，苏木素-伊红染色法，简称 HE 染色）后，细胞核与苏木素结合，呈现灰蓝色，而细胞质与伊红结合，呈现粉红色。超薄切片的染色是用重金属盐溶液，染色后的效果不是增加样品的色彩，而是增加样品不同结构、不同区域对入射电子束的散射能力，从而呈现出不同的黑白反差。光学显微镜和电子显微镜因成像原理不同，所以，样品成像反差的概念也不相同。这也是光电关联技术中样品制备时要解决的重要问题之一。

上述六大步骤，即取材、固定、脱水、包埋、切片和染色，对透射电镜的超薄切片技术来说是必不可少的过程，但可能会和光电关联技术中样品的制备程序相冲突，后文详细介绍。

6.1.4.2　扫描电子显微镜生物样品制备技术

应用扫描电子显微镜，在材料科学研究中，甚至有些材料样品几乎不需要任何处理，直接放入样品仓内就可观察。而生物样品则面临很多问题要解决，如含水量大、不导电等，所以需要经过一系列的处理。扫描电镜以观察样品的表面形貌为主，对样品的要求没有透射电镜严格。而且不同的样品，其制备程序会略有不同，即通常所说的扫描电镜的样品制备技术是"私人订制"式的。下面介绍的是包括全部样品制备环节的操作过程。

（1）取材　和透射电镜相似，也要求准确、快速、操作轻、体积小，尽量低温操作。不同的是扫描电镜的样品要大一些，截面在 $5mm^2$ 左右，高度为 3～5mm。扫描电镜的视野面积要比透射电镜大得多。从光电关联技术的角度看，这是优势。

（2）固定　其原理、操作都与超薄切片相似。扫描电镜以观察样品表面的形貌为主，对细胞内部超微结构的保留程度没有超薄切片技术要求高。这意味着扫描电镜的固定对蛋白质分子的交联作用或者是蛋白质活性破坏的程度可能没有透射电镜高。这距离光电关联技术的要求更近一步。

（3）脱水　目的和具体操作与超薄切片技术要求一样。

（4）干燥　是将细胞中所有易挥发的液体全部除掉，使样品处于完全干燥的状态，没有任何液体。为了使样品在干燥操作中不会发生任何形变，常采用临界点干燥技术，即将液态 CO_2 在干燥仪中处理为临界状态，此时的 CO_2 没有表面张力，从细胞中向外溶解脱水剂时不会带来细胞形变。此外，利用冰升华的原理达到干燥目的的冷冻干燥技术也较为常用。

（5）粘样　与透射电镜的超薄切片所用的金属载网不同，扫描电镜的样品要粘在一个金属样品台上。同时，为了增加样品的导电性，通常选用导电胶粘样品。粘样时，要注意以下几个问题：保护好样品的结构细节；要分清观察面和非观察面，通常非观察面向下粘到样品台上，这一面的结构在电镜下看不到；在扫描电镜的观察窗口中，研究者只能看到样品台的一部分，为了正确区分样品，在粘样时，必须做好标记和记录。

（6）金属镀膜　扫描电镜的生物样品表面形貌的观察主要依靠二次电子信号。组成生物样品的元素相对比较小，二次电子的产率不高。金属镀膜即在样品表面喷镀上一层薄薄的金属膜，既精确重复了样品表面的形貌，又利于二次电子的产生。通常喷溅的金属有 Pt、Au、Cu、Al 等。

6.2　激光扫描共聚焦显微镜技术

自光学显微技术诞生至今，科学家们就致力于两个发展方向，即完善显微仪器的成像功能和提高显微技术的分辨率。从只有一个物镜的简式显微镜到含有多个透镜的复式显微镜、相位衬度显微镜、暗场显微镜等都集中于结构观察。从荧光显微镜开始，经历了激光扫描共聚焦显微镜，再发展到超高分辨显微镜，则是通过追踪荧光信号实现对细胞内目标分子、结构甚至生命过程的特异检测和动态监测。这表明，随着对生命科学研究的不断深入，科学研究者从单纯地观察细胞的结构转变为更关心细胞内发生的特定事件。

荧光标记技术是从普通事件中筛选特定事件的有效研究手段之一。有关荧光标记技术的研究有很多，关于荧光蛋白的研究和超高分辨荧光显微技术（stimulated emission depletion，STED，受激发射湮灭）分别摘取了 2008 年和 2014 年诺贝尔化学奖。荧光标记技术也是目前光电关联技术中光镜应用的主流技术。激光扫描共聚焦显微镜是在荧光显微镜的基础上构建起来的，而超高分辨显微镜技术又是以共聚焦技术为基础平台搭建起来的可达 10nm 分辨率的光学显微技术，这一分辨率已经超越了阿贝公式计算的衍射极限分辨率。在荧光标记检测技术中，激光扫描共聚焦显微技术有着重要的承上启下作用。因此，本章以共聚焦显微镜为例介绍光电关联技术中光学显微技术的相关知识。

6.2.1 激光扫描共聚焦显微镜的成像

激光扫描共聚焦显微镜（laser scanning confocal microscope，LSCM）这个概念最早是在 1957 年由 Marvin Minsky 提出来的，但由于一些技术的限制，直到 1982 年才出现第一台商品化的共聚焦显微镜。随着共聚焦成像技术的不断完善，目前，激光扫描共聚焦显微镜已成为生命科学相关研究领域中重要的研究工具。

6.2.1.1 激光扫描共聚焦显微镜的成像信号

共聚焦显微镜依赖样品产生的荧光信号进行图像放大和数据分析。与早期的同位素标记技术相比，荧光标记的灵敏度基本与前者相当，但毒性远低于同位素技术，信号稳定性却明显好于同位素技术。随着荧光技术的发展，越来越多的商品化荧光染料几乎都能够标记细胞内人们所熟知的每一种细胞器、每一种常规组分。所以，荧光标记技术的可操作性强，实验结果重复性高，该项技术越来越成为生物学研究领域中的重要工具之一。

6.2.1.2 激光扫描共聚焦显微镜的成像原理

（1）荧光信号的产生　自然界中有一些物质，当用特定波长的光照射该物质后，原来处于基态的电子会部分或全部吸收这些能量，跃迁到比较高的能级而处于激发态。对于该物质来说，这是一个不稳定的状态，处于激发态的电子最终将多余的能量释放并回到稳定的基态。这时，释放出来的能量如果以光子辐射的形式放出，则称为荧光。电子在不同能级之间跃迁会产生能量损失，所以释放出来的能量要比吸收进来的少。照射到样品上的是短波长、高能量的光，称为激发光；从样品中发射出来的长波长、低能量的光称为荧光。自然界中，有些物质会产生微弱的自发荧光干扰检测，因此通常要对样品进行荧光标记或者荧光染色才能进行共聚焦显微技术检测。

（2）具体成像原理　通常强调的"共聚焦显微镜是在荧光显微镜的基础上构建的"，这句话说明了共聚焦显微镜和荧光显微镜的关系既是密不可分，又存在一些区别，二者的共性是都检测荧光信号，区别则是无论是在成像功能还是在分辨率上，前者都有所提高。普通荧光显微镜在成像时，观察的样品是厚度为 $12\mu m$ 左右的切片。这个切片实际是由不同层面的二维结构叠落在一起的，如图 6-3(a) 所示，A、B、C 三点为一张切片上的三个不同平面，其中，B 为观察平面。三个平面都有自己的焦平面，相对 B 来说，A 和 C 为非焦平面。荧光标记的结构可能分布在三个层面内，这些荧光信号叠加后同时进入观察者的眼睛。最终，观察者看到的是模糊的、多层次混合的成像结果，其分辨率自然会降低。

共聚焦显微镜技术不太限制切片的厚度。共聚焦显微镜在成像光路中加了两个直径在 $100\sim200nm$ 的针孔（pin hole，PH），其中一个称为照明针孔，放置在光源后，从光源产生的光通过该针孔形成点光源聚焦在样品平面；另一个称为检测针孔，放在荧光信号的成像位置。照明针孔和检测针孔相对观察平面来说是共轭的，物距即是焦距。针孔的存在是共聚焦显微镜技术分辨率得以提高的一个重要原因。针孔纳米级的直径只允许点光源通过，如图 6-3(b) 所示，当针孔位于 B 平面的成像平面 B' 时，只

有来自 B 平面的成像信号经过针孔进入眼睛或检测器，而其他非焦平面的信号被针孔拦截掉。当连续调整针孔的位置时，就可以连续接收到不同层面的样品信息。这也是共聚焦显微镜可以在样品内沿 z 轴方向连续进行"光学切片"、实现断层扫描的原因。

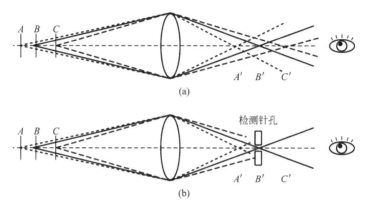

图 6-3　激光扫描共聚焦显微镜中针孔的作用

在共聚焦显微镜工作时，光源会逐点、逐行地扫描样品，计算机再以像点的形式记录这些信息，然后在显示器上逐点、逐行地还原，观察者就可以看到一幅完整的共聚焦图像。当光源或载物台沿 z 轴方向移动（实际在调整针孔的位置时），就可以连续得到样品不同层面的结构信息，即光学切片。借助共聚焦显微镜强大的软件，可以把这些连续切片组合成立体结构，即"3D 成像技术"；还可对表达的荧光强度进行半定量分析；利用时间扫描序列程序，也可以对活细胞内动态的生理、生化过程进行监测。

6.2.2　激光扫描共聚焦显微镜的结构

激光扫描共聚焦显微镜系统主要包括激光光源、扫描系统、荧光显微镜三大系统，还有辅助的数字信号处理器和各种工作软件等。

6.2.2.1　激光光源

共聚焦显微镜选择激光作为光源，以激发样品产生荧光信号，进行成像和数据分析。激光具有如下优点：

（1）单色性好　理论上讲没有绝对单一波长的单色光，每种波长的光都不只是一条单一的谱线，而是谱峰。谱峰的半峰宽越窄，则认为单色性越好。目前的光源多是采用氦氖激光器发射的激光，其谱峰宽度 $<10^{-8}$ nm，几乎可以认定是单谱线光源。单色性好，能够减少色差，提高分辨率[2]。

（2）点光源　与原有荧光显微镜的场光源相比，激光束是点光源，束斑直径小。当激光束逐点逐行扫描时，光束的直径越小，分辨率越高。

（3）强度大　高强度的激光器即使在低功率条件下工作，也可以激发样品产生足够的荧光强度。

目前，常用的激光器主要有近紫外激光器（发射 405nm 的激光）、Ar 激光器

（发射 457nm、477nm、488nm 或 514nm 的激光）、绿 He-Ne 激光器（发射 543nm 的激光）、红 He-Ne 激光器（发射 633nm 的激光）。

6.2.2.2　扫描系统

扫描系统包括针孔、二色分光镜、发射荧光分色器、扫描反射镜和光电倍增管（photomultiplier tubes，PMT）检测器。针孔的作用如前所述，可阻挡非观察平面的成像信号，并实现连续断层扫描的成像功能。二色分光镜则是将波长不同的两种颜色的光分选进入不同的光路中。通常，每个分光镜有特定的波长参数，波长大于这个参数的入射光能够直接透射过去，而波长小于这个参数的入射光则被反射到另一条光路中。发射荧光分色器则是从众多的荧光信号中分选出可被检测的荧光进入检测器。扫描反射镜由计算机控制偏转的频率和角度，进而控制激光束在样品表面扫描运动。检测器为光电倍增管（PMT），是能够对荧光信号进行增强处理的元件。

6.2.2.3　荧光显微镜系统

共聚焦显微镜系统中采用的是可独立工作的荧光显微镜，它的结构组成如下：

（1）汞灯光源　发射波长不同的激发光照射到样品，其作用是在采集共聚焦图像前，进行预实验，以检测荧光标记的效果。

（2）滤色片　汞灯发射的是复合光，通过位于汞灯和物镜之间的滤色片选择，能够使特定波长的光源进入光路经物镜聚焦在样品上，激发样品产生荧光。

（3）物镜和目镜　共聚焦显微镜中的物镜比较特殊，它既能够将激发光汇聚到样品上，又能够把样品产生的荧光汇聚到焦点上。所以，这个物镜的焦距也是它的物距，称之为共轭成像。

（4）载物台　载物台位于物镜下方的显微镜为正置显微镜；反之，载物台位于物镜上方的称为倒置显微镜。后者更适合观察生活在培养瓶或平皿中的细胞等生物样品。

除以上元件外，共聚焦的显微镜系统还配有汞灯和激光器的转换器以及步进马达等元件。共聚焦显微镜的三大系统在计算机和工作站的调控下完成图像采集和数据分析的工作。激光扫描共聚焦显微镜的结构框图如图 6-4 所示。

6.2.3　激光扫描共聚焦显微镜的样品制备技术

共聚焦显微技术中样品制备的关键环节就是通过荧光标记过程，使样品能够发射特异性的荧光信号。根据所用染料不同，常用的标记技术分为三类：通过分子重组技术实现内源性的荧光蛋白的标记；通过抗原、抗体的特异结合实现的免疫荧光标记技术；用荧光小分子染料直接标记细胞内特定组分的荧光染色技术。第一类方法的关键环节是分子重组技术，第三类操作方法因标记的靶向分子种类繁多，针对不同的目标分子而有不同的操作要求，此两种方法均不在这里介绍。以下仅介绍以石蜡切片为研究对象的第二类操作的基本流程，值得注意的是，每一步操作的具体参数需要根据实验情况进行优化。

（1）脱蜡　取石蜡切片，60℃烤片 2～4h；以二甲苯脱蜡、梯度乙醇水化。

（2）抗原修复　配制抗原修复液，高压修复100s，缓慢降至室温，PBS清洗。

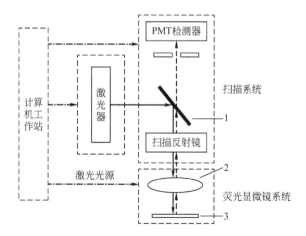

图 6-4　激光扫描共聚焦显微镜结构框架图
1—二色分光镜；2—物镜；3—样品

（3）封闭　配制封闭液，室温封闭 30min；甩掉封闭液，不清洗。

（4）一抗孵育　配制一抗溶液，4℃过夜孵育；第二天，PBS 清洗。

（5）二抗孵育　配制二抗溶液，避光孵育 1h；PBS 清洗。

（6）脱水、透明　再反向梯度乙醇脱水、二甲苯透明，树胶封片。

（7）上机观察　设定恰当的工作条件，图像采集、数据分析。

6.3　光电关联技术

前面介绍了在光电关联技术中常常会用到的电镜技术（包括透射电镜技术及扫描电镜技术）和激光扫描共聚焦显微镜技术，从成像原理、仪器结构到样品制备技术，这两类都是完全不相关的形态学研究技术。细胞内的"偶发"事件或"稀有"事件包括某种刺激条件下会产生，但在正常生理条件下几乎不发生的生物学事件或过程（或者人们还没有意识到正常条件下该事件如何发生）；或者是那些在总体样本中发生这些事件的细胞较少，而且这些细胞分布不均；或者是这些事件持续的时间很短，很难被捕获。

在电镜极小的视野面积内，去寻找这些相对数量较少的细胞是一个耗时、费力的工作。而光学显微技术，尤其是荧光显微镜不仅能够在亚细胞水平通过追踪靶向标记的荧光信号研究这些事件，更能够在大范围的组织内筛选出这些目的细胞，以便在更高的层面，如利用电镜技术进行更有意义的研究。那么，电子显微镜技术高分辨成像的优势在这些偶发事件的具体动作和相关结构的研究中，会得到充分发挥。所以，光电关联技术给研究者提供了一个机会，可以在亚超微结构的水平上，研究偶发事件发生时的大分子结构及其定位和功能。与单独应用其中任何一种技术相比，光电关联技术会给研究者提供更多的有效信息。

6.3.1 光电关联技术的发展

早期的光电关联技术（也可以称为广义的光电关联技术）指的是在研究一个样本时，既用到了光镜，也用到了电镜，就是两个技术应用在一项研究中。目前，很多研究者在研究动、植物病理超微结构变化时，还习惯先进行石蜡切片的光镜观察，以从宏观上了解细胞的排列、细胞间隙、细胞内容物含量的变化等信息，同时制备电镜的超薄切片，通过在电镜下对超微结构的观察，对比研究上述宏观结构改变的具体细节和原因。但由于生物体细胞变化的不同步性，很有可能光镜和电镜取到的样品位置不一致，反而得不到互相支持的、有意义的结论。

另外，在透射电镜超薄切片制样技术中，半薄切片的筛选恰恰就是借助光镜通过形态学的辨认、保留有意义的结构以便进行超薄切片。正是在这个应用过程中，为了验证半薄切片上的结构是否包含目的细胞，人们想到利用免疫荧光信号标记、荧光显微镜镜检，确认结果后，再进一步修块、切片、电镜下观察，这就是光电关联技术的雏形。直到 20 世纪 70 年代，学者 Geissinger 在光学显微镜和扫描电镜的基础上，首次提出"光电关联技术"的概念[3]。此后，又有研究者利用荧光显微技术、透射电镜技术和扫描电镜技术同时研究白血病病毒，宣告真正意义上以荧光信号为基础的光电关联技术的出现[4]。随着荧光探针种类的增加、靶向标记技术的提高、冷冻制样技术的出现，高分辨的数字成像技术的进步和图像处理软件的发展，以荧光信号为基础的光电关联技术得到了快速发展。

在光电关联技术中，可以和电镜联用的光学成像设备或技术有很多，如相差显微镜、微分干涉显微镜、延时成像技术、荧光显微镜、共聚焦显微镜，以及最新的超高分辨荧光成像技术等；可以和光镜技术联用的电子相关成像分析技术或设备也有很多，如原子力显微镜、聚焦离子束、能谱仪等。在众多关联技术中，以追踪荧光信号的荧光显微镜（或共聚焦显微镜）与透射电镜、扫描电镜的联用研究最多。

6.3.2 光电关联技术样品制备

如前所述，以检测荧光信号为基础的共聚焦显微镜技术和透射电镜、扫描电镜的原理、样品制备过程及仪器结构都有不同。事实上，有些操作不仅不相同，甚至还互相冲突，其结果或者使检测信号损失，如电镜制备技术中常用的锇酸固定剂，能够使抗原发生氧化变性，从而使荧光分子从标记复合体上解离，荧光信号衰减；或者不能更好地保留结构，如荧光标记技术中，常用 Triton X-100 为细胞膜通透剂，以提高抗体的渗入率，但通透剂的加入会破坏细胞的结构。所以，必须采用一个兼容性特别强的样品制备技术，既要保留共聚焦显微镜观察的荧光信号，又要保留电镜观察的电子致密信号，还要保存良好的、真实的超微结构，这样得到的实验结果才有意义。

6.3.2.1 光电关联技术样品制备的基本策略

① 选择合适的荧光标记探针，如荧光蛋白、荧光有机小分子染料、纳米金等标记靶标分子或结构。

② 选择合适的固定方法，对标记后的样品进行固定，如化学固定方法或冷冻固定方法。

③ 荧光信号的观察、拍照。

④ 选择合适的电镜致密分子，通过免疫或其他反应程序将电子致密信号标记在细胞样品上，为电镜技术的观察提供信号。

⑤ 确定恰当的包埋方案，包埋就是采用树脂包埋方法使样品成为包埋块或样品直接冷冻成样品块，以便于后续的切片。

⑥ 根据不同的实验需要，将样品切成单张切片或连续切片，以便在电镜下观察。

⑦ 采用电子染色或染色增强技术，增强电镜下致密信号分子的反差。

⑧ 电镜观察样品，获得电镜图像。

⑨ 电镜结果和光镜结果关联、叠加。

光电关联技术的样品制备操作程序复杂，可选择的标记探针种类繁多，而且不同的探针又有各自的操作要求，所以每一步所采用的具体操作方法也有不同，甚至操作程序的先后顺序也会随不同的实验而不同。因此，目前还没有适用于所有光电关联技术的通用操作流程，本节后面内容会对主要操作步骤加以介绍。

6.3.2.2　选择光电关联技术的探针

在常规荧光检测技术中，对样品中感兴趣的结构进行特异的荧光染色后，使其具备荧光信号，在荧光显微镜下才可以观察到目的结构。在常规电镜技术中，电镜样品通过重金属染色（通常用柠檬酸铅和醋酸铀进行双染色），入射电子束产生不同的电子反差，才能观察到具有黑白差别的图像。关联技术中的检测信号可以是其中任何一项相关技术的检测信号，也可以是所有相关检测技术的信号。这是由观察研究目的决定的。如果在光电关联技术中，荧光信号仅仅是为电镜切片前筛选感兴趣区域服务的，后续操作不再需要荧光信号，那么，电镜样品则可以按常规程序进行制备。这样的样品只需要标记荧光信号就可以。

如果关联技术中，既要用到样品的荧光信号，而在电镜部分，样品结构不仅要具备常规的黑白反差，目标分子还要具有特异的电子致密性标记，就如同免疫电镜技术突出显示的结果一样，才能在结构中被识别出来，研究者可以采用两次标记程序分别标记荧光信号和电子信号。但这种多步骤操作具有如下缺点：其一，无论是光镜技术还是电镜技术，采用的标记分子通常分为两部分，一部分用于结合目标分子，另一部分用于产生检测信号。光电关联技术要利用两种不同的信号检测同一种靶向分子，那么两种标记分子必然要识别同一靶标位点，这样在结合时会产生竞争抑制，两种信号可能标记得都不完全，其结果是两种信号的强度都会减弱，不利于成像。Agronskaia利用集成化光电关联系统时，以过氧化氢酶为抗原，以抗过氧化氢酶的抗体为一抗，分别采用蛋白酶 A-纳米金的电子信号和标记 Alexa 488 的荧光信号的二抗先后靶向标记该一抗的样本。虽然在结果中检测到了两种信号，但作者也提到不能定量控制这两种信号的比例这一问题的存在[5]。其二，如果采用同一蛋白质分子的两个不同靶标位点分别结合荧光标记分子和电子致密分子，两个结合位点的结合效率会有不同，影响标记效果。两种标记图像在叠加关联时，准确性也会降低。

那么，通过一次标记操作使样品中的靶标结构同时具备荧光信号和电子信号，成为研究光电关联技术的首选方案。这种策略，不仅简化了标记程序，而且在光镜中观察的区域与电镜中观察的结构具有高度一致性，大大提高了结果图像叠加的准确性，使关联技术的结果更有意义。研究者把在这个标记策略中，既具有荧光信号又具有电子致密信号的染料称双功能探针。目前，根据发光机理的不同，将这些探针分为三大类：

（1）荧光致光氧化系统　化合物二氨基联苯胺（diaminobenzidine，DAB）是常规免疫组织化学标记技术中最常用的显色底物。其标记反应的原理是过氧化物酶分解底物后产生氧自由基，使 DAB 发生氧化反应成为不溶性的沉淀物。这种沉淀聚合物的嗜锇性非常强，能够与锇元素特异性结合，成为不透光的聚合物。电镜样品制备技术中，锇酸是必用的后固定剂，将氧化后的 DAB 产物引入电镜技术中，利用嗜锇性为电镜观察提供特异的高反差电子信号。根据提供氧自由基的过程不同，将 DAB 系统分为两类，一类是荧光生色团即光敏剂产生荧光的同时引致 DAB 的氧化，称为光敏剂引发的 DAB 氧化系统；第二类是一些通过基因重组技术转染进入细胞后表达的小肽段或小分子蛋白质，称为遗传标签。这些标签蛋白质自身或在辅助因子的作用下，会引致 DAB 氧化。

① 由光敏剂引发的 DAB 氧化　DAB 氧化系统第一次被引入电镜技术，利用的就是光敏剂引发的氧化反应。1982 年，马兰托（Robert Maranto）将荧光黄染料注射到神经元细胞内，受蓝光照射的荧光黄分子释放自由基将 DAB 氧化，形成电镜下可见的嗜锇聚集物[6]。这是首次利用光氧化系统将荧光信号转化为电镜下致密的电子信号，实现了荧光信号电镜下的可视观察。

事实上，多数的荧光分子当受到激发光照射时，都会产生单线态氧，其结果是不仅自身的荧光信号被漂白，也会氧化 DAB。不同荧光分子之间的这种产生单线态氧的能力不同，如荧光黄（lucifer yellow）、曙红（eosin）等产生单线态氧能力强的荧光分子被称为光敏剂。而人们熟知的绿色荧光蛋白（green fluorescent protein，GFP），产生单线态氧的能力差，但其本身的荧光信号相对稳定。荧光致氧化系统的转化效率除了与光敏剂有关，还取决于激发光的照射强度和持续的时间。与普通的紫外光源相比，适当强度的激光作为照射光源，可以得到重复性较好的实验结果，而在紫外光源的照射下的实验结果并不能总是令人满意。

② 由基因标签引发的 DAB 氧化　在荧光致光氧化系统中，除了光敏剂可以激发产生光氧化外，还有一类小分子短肽（或者是与配体结合后）也具有这样的能力。如四个半胱氨酸构成的短肽序列（Cys$_4$-tag）可以特异地结合双砷化合物 FlAsH/ReAsH，受到蓝光激发照射后，FlAsH 发射绿色的荧光（ReAsH 发射红色荧光），同时，将 DAB 转化为不溶性的聚合物。另一种小分子蛋白质——小型单线态氧制造者（mini singlet oxygen generator，miniSOG），是对拟南芥的荧光黄素蛋白的结构进行改造后，得到的能够产生单线态氧的荧光蛋白。与其他探针相比，miniSOG 具有很多优点，首先，与半胱氨酸短肽/FlAsH 相比，miniSOG 不需要任何辅助因子，就可以产生单线态氧。而前者必须结合辅助因子 FlAsH，才能产生荧光并伴随氧化过程的发生。miniSOG 产生单线态氧的效率是半胱氨酸短肽/FlAsH 的 20 倍，具有很强的 DAB 氧化能力。因此，miniSOG 具有更高的灵敏度、更低的背景。其次，与 GFP 相比，miniSOG 也发射绿色荧光，虽然荧光量子产率较低，但即使没有氧气存在时，也能够产生单线态氧。而 GFP 的单线态氧的量子产率特别低，光氧化能力较

弱。再次，与辣根过氧化物酶（HRP）相比，虽然后者同样具有将 DAB 氧化的能力，但它是一个四聚体蛋白，只有在分泌过程中才能正常发挥氧化作用，氧化后的 DAB 不溶性产物就会相对弥散，降低分辨率。而 miniSOG 的分子要比 HRP 小很多，其氧化 DAB 的致密产物会更集中、不分散。

最后，与前面介绍的光敏剂诱发光氧化系统相比，miniSOG、半胱氨酸短肽都可以通过基因重组技术，与目的蛋白组成融合蛋白，即标签蛋白。这些标签蛋白插入目的蛋白后，并不干扰目的蛋白的生物学功能，作为内源性的荧光标记物，不再需要通过被动渗透进入细胞，而是随着细胞基因的表达而表达。这样就可以避免那些提高细胞膜通透性的操作给细胞超微结构带来的损伤。

（2）酶标反应致光氧化系统　DAB 不仅能够被荧光直接氧化，还可以被过氧化物酶反应的产物所氧化。该体系常用过氧化物酶分解底物，释放氧自由基将 DAB 氧化，形成嗜锇的电子致密物。与抗体结合的辣根过氧化物酶（HRP）转化 DAB 系统已广泛应用于电镜标记技术中。

此外，人们还从植物中提取了一种抗坏血酸盐氧化酶（ascorbate peroxidase，APX），对其结构进行优化后，提高了对 DAB 的转化效率，成为增强型 APXE。当 APXE 和 GFP 结合后，就成为既具有 GFP 的荧光信号，又可以将 DAB 转化为电子致密物的光电关联的双功能标记探针。但过氧化物酶氧化系统对底物分解后，底物可能从酶的标记位点上扩散，降低电镜下观察的反差，甚至扩散到其他地方的电子致密物还有可能干扰实验结果。所以，过氧化物酶标记系统更适合在细胞内较为封闭的区间进行标记。另外，当 HRP 标记的二抗进入细胞时，要经过 Triton X-100 的作用改善细胞的通透性，提高二抗进入细胞的渗入率，而由此带来的负面问题就是有可能影响细胞的超微结构。这一问题在后面还会涉及到。

（3）荧光纳米颗粒　胶体金目前广泛应用于免疫电镜技术中，是细胞超微结构的首选标记物。由于胶体金常用的标记尺寸为 5nm 和 15nm，这两个粒径尺寸的胶体金需要改善细胞膜的通透性才能进入细胞。细胞膜通透性的改变，可能会引起细胞内超微结构的改变。

此外，胶体金只能提供电镜观察的致密电子信号，不具备荧光信号。为此，研究者选用粒径只有 2nm 的胶体金颗粒，共价偶联在荧光素染料 FITC（fluorescein 5-iso-thiocyanate，异硫氰酸荧光素）或 CY3（一种花青色荧光染料，发射 600nm 的橙色荧光）上，组成既可以产生荧光信号，又具有电子致密性的"荧光纳米金"染料。与传统的胶体金颗粒相比，这种纳米金材料在不破坏细胞结构的前提下进入细胞。当研究者采用定位标记研究技术时，这一技术的基本要求就是细胞的超微结构保留要真实。而荧光纳米金因为粒径小，不需要改善细胞膜的通透性，完全符合这一要求。

但荧光纳米金小尺寸的粒径，不能够在电镜下直接被观察到，必须经"银增强"或"金增强"处理，而增强处理后的纳米金材料也不可能再进行多重标记。对于常规胶体金在这两点上更具有优势，其一是粒径足够大，在电镜下不需要其他处理即可直接观察；其二是还可以利用粒径不同的胶体金对细胞内的不同抗原进行双重或多重标记。

事实上，另外一种粒径大小在纳米尺寸范围内的无机荧光材料——量子点

（quantum dots）更符合人们对光电关联技术中双功能标记染料的要求。量子点是指粒径在 1~10nm 范围内，由 Cd、Se、Te 等半导体元素构成的、具有核-壳型结构的无机荧光材料。作为荧光材料，量子点具有荧光发射强度大、抗光漂白能力强的特点。量子点本身是由重金属元素构成，使其同时具备成为电镜下致密的电子信号的潜能。

所以，一个小小的量子点能够实现在光电关联技术中的双重检测。并且，随量子点粒径的不同，其发射的荧光波长也不同。这预示着用量子点进行多重标记时，在荧光显微镜下，能够观察到不同荧光色彩的信号；电镜下，可以观察到粒径不同的致密电子信号。Giepmans 等已经在小鼠细胞和切片水平实现量子点的双重和三重标记，并借助于光电关联系统拍摄到带有荧光信号的电镜照片[7]。

此外，量子点可以通过 1-(3-二甲氨基丙基)-3-乙基碳二亚胺（EDC）和 N-羟基琥珀酰亚胺（NHS）介导的共价偶联方法直接与抗体蛋白相连，也可以实现链霉素化的量子点与生物素化抗体通过非共价偶联。作为无机材料构成的荧光染料，其荧光稳定性较好。在光电关联复杂的标记程序中，与蛋白质相关的荧光信号会发生荧光淬灭现象，而量子点的荧光信号则更稳定。量子点作为光电关联技术的双功能标记染料，其应用前景令人期待。光电关联技术中常用的双功能探针比较见表 6-4。

表 6-4　光电关联技术中常用的双功能探针比较

双功能探针分类		代表性的探针组合	荧光信号来源	电子信号来源	标记程序
荧光致氧化系统	光敏剂引发的氧化系统	曙红+DAB；荧光黄+DAB	光敏剂	DAB	荧光标记+DAB氧化+锇酸染色
	基因标签（与配体）引发的氧化系统	miniSOG+DAB；半胱氨酸短肽/FlAsH+DAB	短肽（+配体）	DAB	基因表达+DAB氧化+锇酸染色
酶标致氧化系统	荧光蛋白/HRP+DAB[8]；荧光蛋白/APX+DAB		荧光蛋白	DAB	免疫标记+DAB氧化+锇酸染色
荧光纳米颗粒	荧光分子+纳米金		荧光分子	纳米金	荧光标记+增强染色
	量子点		量子点	量子点	荧光标记

6.3.2.3　固定的方法

电镜样品固定中最常用的固定剂是戊二醛（glutaraldehyde，GA），作为前固定剂，戊二醛的渗透速度快，固定效力强，能够良好地保存样品的超微结构。戊二醛固定的原理是通过分子交联作用，利用两个活性基团——醛基在生物大分子之间形成交联，防止后续操作引入的如乙醇、丙酮等脱水剂对生物大分子的溶解和抽提作用。而在联用技术中，荧光信号和电子致密信号实现靶向标记的常用策略就是免疫标记。这需要细胞内保存抗原的最大结合活性，但正常戊二醛的固定会使蛋白质分子交联，有可能改变蛋白质结构，使其失去结合活性或结合位点被隐藏起来，降低标记效率。所以，在实际操作中结合具体标记目标优化戊二醛的固定条件，如固定剂的浓度、固定时间和固定的温度，对提高标记效率具有重要意义。

但是，戊二醛的浓度过低，不利于超微结构的保存。所以，优化实验条件的意义在于在标记效率和保存结构之间选择一个平衡点，研究者根据自己的实验需求有倾向性地选择更好地保存超微结构还是更多地保留特异性标记结果，并据此进行实验条件的优化。锇酸是电镜常规样品制备技术中的后固定剂，它既能固定保留样品结构，同时，因为锇是重金属元素，还具有电子染色作用。此外，在 DAB 氧化体系中，锇酸也是氧化反应后 DAB 不溶性产物的"显色剂"。但很多研究报道，锇作为重金属，有可能使荧光信号发生光漂白的现象[7]。

当然，冷冻固定（高压冷冻固定）对超微结构的保留和抗原活性的保存都要优于化学固定。但是，冷冻固定需要专用的设备，而且要有后续的冷冻替代的操作相衔接。另外，冷冻固定技术在操作过程中，极易产生冰晶损伤，细胞超微结构和生物大分子都会受到破坏，反而会降低标记效率。所以，实验成本和操作要求高这两点使冷冻固定这一技术的使用和推广受到了限制。

6.3.2.4　包埋方案的确定

包埋的目的是让液体包埋剂进入细胞后，当实验条件改变时，进入细胞的包埋剂发生聚合反应使样品块变硬，便于后续的切片过程。选择关联技术的包埋方案时要考虑两个因素：包埋剂的种类和包埋的时机。

本章介绍过透射电镜样品包埋时有两类包埋剂，一类是脂溶性的环氧树脂类的包埋剂，如 Epon812、Spurr 等。这类树脂在交联剂和催化剂存在时，发生交联聚合反应，形成三维空间聚合体。在这个聚合反应中，环氧树脂单体分子有可能和细胞中的蛋白质分子发生交联反应，影响目标分子的生物学活性，不利于保存抗原活性，降低标记效率。但这类树脂对样品的超微结构保存得很好。另一类包埋剂是低黏度的丙烯酸类树脂，如 LR White、Lowicryl 等，这类树脂黏度小、在细胞内渗透力强，聚合时只是树脂单体分子之间的交联，不会影响细胞内蛋白质分子的结构，对抗原活性保存得更好，更适合免疫标记技术。但这类包埋剂对样品的超微结构保存得不是特别理想。此外，环氧树脂要加热到 60℃ 才能聚合，此时，有些蛋白质分子会因加热而变性；丙烯酸树脂在低温条件下聚合，利于蛋白质活性的保存。两类包埋树脂的具体性质比较见表 6-5。

表 6-5　两类包埋树脂的性质比较

树脂类型	超微结构的影响	抗原活性的影响	聚合条件	应用优势
环氧树脂类，如 Epon812、Spurr	保存良好	不保存	60℃加热聚合	适合超微结构的研究
丙烯酸树脂类，如 LR White、Lowicryl 系列	保存一般	保存良好	低温＋紫外照射	适合免疫标记相关技术的研究

包埋剂种类的选择除了与包埋剂的性质有关外，还与包埋时机有关。包埋时机有

两层含义：其一，光电关联技术在检测两种信号时，如果采用的是组合式的关联系统进行顺序检测，即先进行荧光信号的标记与观察，再进行电镜信号的标记、切片等环节和观察。此时，荧光信号已经检测完毕，那么选择包埋剂时可以不受保存抗原活性和荧光信号观察的限制，首选环氧树脂类包埋剂，以便于超微结构的保存。当然，也有利用组合式关联系统观察样品时，先标记荧光信号、再标记电镜信号，然后再进行光学显微镜和电子显微镜的观察。这种情况下，选择包埋剂时也要考虑保存荧光信号的问题。其二是如果利用集成式光电关联一体机，即样品所有信号全部标记后，装载在样品台上，再进行光镜、电镜观察时，选择包埋剂就要考虑对抗原活性和荧光信号的影响。

目前，有三种包埋方法，即先标记后包埋（称为包埋前标记）、可逆包埋和先包埋后标记（称为包埋后标记）。这里提及的标记都是针对荧光信号的标记程序来说明的。先标记后包埋适用于如下几种情况：一是抗原的性质不稳定，易受外界环境、操作的影响，如固定、脱水、包埋剂的渗入都有可能影响到蛋白质的结构及活性，进而影响与抗体或荧光标记物的结合性能。二是抗原表达数量少、分布不均的情况。此种情况，如果采用在切片水平标记，则因为本身抗原含量就少，制备成切片后，就更难标记了。三是荧光信号足够稳定，能够耐受固定、包埋等操作的处理，如 GFP、量子点的荧光信号均适合先标记后包埋的操作程序。

对于先包埋后标记的操作，通常是指包埋后将样品制备成半薄或超薄切片，在切片水平上进行的标记操作。这种操作对抗原的稳定性和表达数量要求比较高，而对荧光信号的稳定性要求不高。可逆包埋指的是切片后，将切片上的树脂可逆溶解，只留下结构然后进行标记。这种操作对超微结构保存得特别差，所以应用较少[9]。在上述标记探针选择时，笔者比较推荐量子点这样的双功能探针，其化学性质稳定，荧光性质优良，只需要一次标记操作，即可获得两种标记信号，简化了实验流程，方便了后续操作。

6.3.2.5　切片厚度及承载切片的基底

（1）切片厚度　对于光电关联技术来说，样品是以切片的形式展现各种检测信号和样品结构的，在这一点上，两项技术是一致的。因为无论是光镜还是电镜，研究者观察到的都是来自切片的结果，不同的是切片的厚度和最后承放切片的基质。普通荧光显微镜通常制备的石蜡切片（冰冻切片）的厚度为 $10\mu m$ 左右，而电镜由于电子光源的限定，切片的厚度最好在 100nm 以下。

对于光镜来说，在一定范围内，切片的厚度越薄，其 z 轴的分辨率越高。当然，如果过薄，积累的荧光信号也会减少。同时，相关研究表明，当电镜的切片厚度为 $0.25\mu m$（250nm）时，在透射电镜 120kV 工作电压下，仍然可以观察到样品的超微结构，虽然分辨率有所降低[9]。目前，对于荧光显微镜-透射电镜联用技术可用的切片厚度为 $0.25\sim0.75\mu m$。这个切片厚度比超薄切片厚一些，但远比石蜡切片薄，习惯上称为半薄切片。此外，这个厚度的样品也可以在联用技术中用于扫描电镜的样品观察。

（2）承载切片的基底　常规光学显微技术中，切片样品是放置在玻璃载玻片上，封上盖玻片后上机观察。而在电镜中，由于电子波的波长短，不能穿透玻璃这种材质，所以电镜的超薄切片是放置在金属载网上的。金属载网直径 3mm、厚度 0.8mm，其表面附有一层薄薄的、由聚乙烯醇缩甲醛（俗称福尔莫瓦膜）或者碳（称为碳膜）制备成的支持膜。有如下几种方法可解决不同的承载基质的问题：

第一种方案，有研究者制备连续的半薄切片，其中一张切片封在玻璃载玻片上，用于光镜观察；相邻的一张切片制备在金属载网上，用于电镜观察。这种操作的优势是避免了同一张切片样品在两套观察系统间的转移过程，可以更好地保存两张切片上的结构。动物的细胞大小在 15μm 左右，植物细胞的直径更大，在几十微米范围内，当切片厚度在不足 1μm 时，在十几张连续切片范围内，理论上讲，人们观察到的都是同一个细胞，而相连续的两张切片可以观察到同一个细胞器。但当把切片捞取在载玻片或铜网上时（铜做的金属载网较为常用，习惯上称为铜网），切片放置的角度、是否带有折痕，甚至有时切片翻转后才粘到载玻片或铜网上，即使在捞取切片时，保证所有情况都一致，最后，铜网放置在电镜样品室时，切片的角度仍会随机发生改变，不可人为控制。这些都为下一步图像的精准关联带来了隐患。当然，在光镜和电镜观察样品时，可以多角度拍摄多张照片，以便于后续图片加工处理。

第二种方案是制备好的样品都先切在附有支持膜的铜网上。然后，在玻璃载片上滴加甘油，将铜网置于甘油液滴中，再将铜网用一个盖片封住。这样，附有切片的铜网就被夹在盖玻片和载玻片之间的甘油液滴中。如果需要油镜观察时，就在盖玻片上再滴上一滴观察介质（如松柏油），将镜头浸入油中以备光镜观察。下一步，再将铜网从甘油中小心取出，用蒸馏水反复冲洗，室温晾干后，用以后续的电镜观察。该步操作要小心，防止铜网上的支持膜破裂。最好的方案是选用商品化的各种样品夹，以实现样品在不同设备之间的转移。

6.3.2.6　硬件设备及软件

（1）硬件设备　光电关联系统根据硬件设备是否组装在一起，分为集成式光电关联系统和组合式光电关联系统。组合式光电关联系统是利用实验室现有的光镜和电镜设备，在实验流程上按照先荧光、再电镜的观察程序完成关联操作即可。

集成式光电关联系统是在一台设备上同时具备两套成像模式，既具有可见光光源，又具有电子束光源，光镜观察和电镜成像均在一套设备内完成。这类仪器的优势是样品不需要在两台设备之间转换，不需要对观察位置重新定位，极大地节约了实验时间。而且，既然是一套设备，两个模式下拍出的照片可直接关联、叠加。但目前商品化的光电关联系统并不多。原 FEI 公司的 iCorr 光电关联系统是将光学插件搭载于 FEI Tecnai Spirit 透射电镜上，允许反射和落射荧光成像，可以实现在电镜样品室内交替进行光学成像和透射电镜成像，并能完成两种成像模式之间的自动关联定位，关联精度可达 2μm。该系统的荧光光路被安装在与电镜光轴相垂直的位置，光镜模式成像后，样品台带动样品旋转 90°后进入电镜成像光路中。这套 iCorr 关联系统的工作模式转换如图 6-5 所示。

因为光学系统要加载在真空条件下，传统物镜镜头具有的金属配件不能兼容在真空下工作，所以，这套系统采用了一种特殊物镜以解决上述问题。研究者在利用这套系统时，还发现在电镜真空系统工作的荧光信号发生光漂白率较低。这可能是由于真空环境内，氧气分子含量极低，没有活性氧的产生，所以不易发生光漂白现象。另

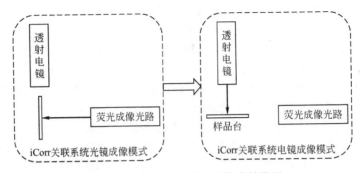

图 6-5　iCorr 关联系统成像模式转换图

外，虽然由于安装空间的限制，这套系统安装了一个数值孔径较小的镜头，但由于荧光信号质量好，灵敏度还是较高的。

　　荷兰 Delmic 公司制造的 SECOM 光电关联整合系统是将荧光成像模式和扫描电镜成像模式整合在一套设备中，可以快速地将高质量的光学图像和高质量的扫描电镜图像进行高精度叠加，从而开展光电关联研究。在光电关联整合平台 SECOM 上，采用的是倒置荧光显微镜，物镜镜头在样品台的下面，这样就可以避开原有扫描电镜的成像光路，实现互不干扰的光学成像和电子成像模式，其工作光路框图如图 6-6 所示。

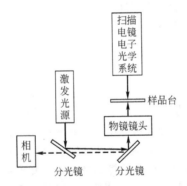

图 6-6　SECOM 光电关联系统工作框图

　　此外，我国科技工作者也自行研发了一些光电关联平台，如中科院生物物理所生物成像中心以低温光学高真空平台为基础，搭建了组合式光电关联平台。相关工作的研究论文已公开发表，并申请了专利[10]。

　　在组合式光电关联系统中，样品在两套独立工作的设备间转换、传输是较为重要的一个环节。这步操作决定了样品的完整性、定位操作的复杂性和准确性，从而决定了后续实验的操作时间及关联系统的工作效率。为此，Zeiss 公司开发了一款专为样品转移、传输的 Shuttle & Find 装置。该装置有多种不同型号，分别可以装载透射电镜的铜网、光学载玻片等多种切片样品，在关联样品夹上标有基准标记，能够方便地在不同观察模式中重新定位；在专用的 ZEN 图像处理软件中，能够实现关联图像的缩放、旋转、平移等功能。这款关联样品夹和 ZEN 软件只适用于 Zeiss 自己的显微镜产品。

（2）图像处理软件　或许是因为集成式光电关联系统的商品化产品不多，目前，更多研究者选用的还是组合式光电关联系统，即由两台独立的光镜设备和电镜设备组成的联用系统。既然是两套原本独立的系统，那么拍出来的图像除了拍摄区域一致以外，就照片本身而言，没有什么关联性。下一步该如何处理这两张照片，则是由研究目的决定的。应用光电关联系统的研究目的主要有以下两个：

第一，是利用荧光标记的光镜结果指导电镜样品的修块、切片，以保证在最后电镜样品上有感兴趣的研究区域或结构。这种情况下，是不需要将两张照片结果进行叠加处理的。

第二，是要把两个结果叠加对比，通过叠加将黑白的电镜照片带上"彩色"的荧光信号，并从中获取从微米到纳米、从结构到功能的多层次信息。将两种（甚至多种）以不同的显微技术拍摄的照片，通过图像调整、叠加得到一个新图像，这对研究者来说是非常具有吸引力的。有研究者在共聚焦显微镜下拍摄得到带有 GFP 的荧光信号图像，然后在电镜下对同一区域拍摄得到的电镜图像，利用 Adobe Photoshop 成功地在电镜的图像上叠加了 GFP 的荧光图像，获得带有荧光信号的电镜照片[11]。而 D. R. Keene 等利用斐济（Fiji，图像处理软件 ImageJ 的高级版本）图像处理软件将 GFP 的荧光信号叠加在透射电镜图像上[12]。

除了这些公共的、免费的图像处理软件可以利用外，很多公司还针对自己的光学显微镜、电子显微镜或光电关联系统及配件设计了功能强大的图像软件。如前面提到的 Zeiss 公司针对自己的显微镜产品"Shuttle & Find"设计的 ZEN 软件。而 FEI 公司的 MAPS 软件、日立公司的 MirrorCLEM 等系统则实现了"无限制"图像关联，即对组合式光电关联系统的硬件型号没有限制，对任何设备拍摄的光镜、电镜图像均可实现快速导航、精准定位、关联图像的功能。

当然，图像叠加不仅可以依靠软件进行，也完全可以手动操作。为了提高手动操作的成功率，可以将切片制备在单孔铜网上，这样的切片面积大，结构信息多，而且没有连续切片的干扰，容易分辨出目标结构。其次，切片的形状采用不对称图形或将规则切片上的一个角切除，在切片形状上做好标记。再次，也可能利用带有标记的铜网，便于定位相关位置。此外，如果是观察单层培养细胞，也可以将细胞培养在有网格标记的 dish 皿中，通过网格上的数字标记目的细胞。

6.3.3　光电关联技术的展望

光电关联技术在过去的几十年间，在各个方面都取得了长足的进步。从组合式光电关联系统到集成式光电一体机的发展，为光电关联技术在生命科学中的应用打造了一个高效的工作平台。各种双功能探针的出现，使研究者从细胞层面深入到生物大分子的领域，实现了从结构认识到功能研究的转换。光电关联技术的应用遍及动物、植物、微生物等各个生命科学的研究领域，让人们更深刻地认识了生命的结构、了解了生命的过程。当然，光电关联技术本身还有很多发展空间，它终将会发展成为形态学研究的技术担当。

样品制备技术方面缺乏通用性，如前所述，制备流程非常繁琐，每步操作又要根据不同目的选择合适的方法。事实上，样品制备技术的每一步前进，都是在相关技术的发展基础上实现的。在光电关联技术样品制备流程中，如引入量子点标记技术，就可以实现一次标记后，既带有荧光信号又带有电子致密信号。同时，量子点荧光信号稳定，在选择后续其他程序时，可以不再受限于荧光信号稳定性的问题，而优先考虑超微结构保存。所以，量子点的出现，简化了光电关联技术样品制备流程。

现有的光电关联技术样品制备流程一直在保存较强的荧光信号和优良的超微结构之间寻求平衡。如果所有的荧光标记物都和量子点一样，具有优良的荧光特性，那么平衡点就会向保存结构倾斜。类似的技术还有，如高压冷冻固定技术的出现，使传统的电镜超薄切片技术中戊二醛的固定不再成为必需的步骤，那么戊二醛固定时对抗原活性的影响也可以不必考虑；冷冻超薄切片技术（tokuyasu cryosections）的出现，使各种包埋剂无论是脂溶性还是水溶性、无论是高温聚合还是低温聚合，都不会再对荧光信号的强度产生影响。每一项技术的进步，都会推动样品制备流程日渐完善。

在硬件方面，未来显微关联技术发展的方向不仅仅是荧光显微镜，还有荧光寿命显微技术、拉曼成像技术、光谱分析成像技术等都可以应用于光电关联系统中；而且，还可以是更多元化的技术关联，如荧光显微镜-透射电镜-扫描电镜的联用、荧光显微镜-聚焦离子束-扫描电镜的联用等。正是因为可应用的关联技术越来越多，生产厂商不可能制备出包含所有技术模块的集成化关联系统。那么，对各种图像、数据关联分析的软件就显得更有实用性。

6.4　荧光显微镜-透射电镜关联技术的应用

自光电关联技术产生以来，很多研究者利用以荧光信号为基础的光电关联技术在动物、植物和微生物学领域进行了广泛而深入的研究，尤其是利用透射电镜的关联技术得到广泛推广。以下对荧光显微镜-透射电镜关联技术的应用加以介绍。

6.4.1　利用集成式光电关联系统的应用研究

2008年，Alexandra V. Agronskaia 等首次利用集成式光电关联系统进行了研究[5]。

6.4.1.1　实验材料与技术

（1）检测目的不同的三份样品的制备　第一份样品是将粒径为 $0.2\mu m$ 的荧光黄乳胶溶液滴加在附有支持膜的铜网上，自然晾干，以备观察。第二份样品只进行了荧光标记。以 Wistar 大鼠十二指肠为样本，切取 $1mm^3$ 样品块，以 4% 甲醛固定；Lowicryl 系列的 HM20 为包埋剂，$-30℃$ 包埋；切成 $70\sim120nm$ 的超薄切片。在室温下，以偶联了 Alexa 488（一种发射波长为 488nm 的荧光染料）的小麦细菌凝集素为探针，在切片上进行荧光标记，孵育 30min。第三份样品进行了荧光信号和电镜信号的双重标记。以 Wistar 大鼠的肝为样本，切取新鲜组织后用 2% 的甲醛和 0.2% 的戊二醛固定；样品块浸入 2.3mol/L 的蔗糖溶液中进行冷冻保护和固定；按 Tokuyasu 的冷冻切片程序进行冷冻超薄切片，厚度为 75nm。切片复温后，以兔抗鼠的过氧化氢酶抗体为一抗，然后，用偶联 10nm 粒径的纳米金的蛋白 A 特异结合一抗，实现电镜致密信号的标记。接下来，用标记 Alexa 488 的羊抗兔的二抗标记抗过氧化氢酶一抗，使得同一张切片样品上带有荧光信号。这步操作中，荧光信号和电子致密信号分别结合在同一抗体上两个不同的结合位点，实现双重标记。

（2）实验仪器　该项研究的创新之处在于首次采用集成式光电关联一体机进行应用性研究。该设备是在 FEI Tecnai 12 型透射电镜的基础上加装了激光扫描成像系统制备而成。

6.4.1.2　实验过程及结论

实验过程分为三部分：

第一部分利用集成系统观察第一份只有荧光黄的乳胶颗粒样品。经荧光显微镜观察、拍照后，发现该集成系统中的荧光显微镜低倍下能够清晰地观察并拍摄到乳胶颗粒的图像；检测到的荧光谱线与荧光黄的荧光发射谱线一致。利用该集成系统中的电镜部分对颗粒样品进行了观察和拍照，利用颗粒样品的自身反差，电镜下可得到清晰的图像；荧光系统的加入，并没有影响透射电镜的成像性能。在进行两种图像关联时，测量发现两种坐标体系转换过程中在 x- 和 y-方向的偏差为 $\pm 0.5\mu m$，这个范围足够根据荧光信号在透射图像范围内进行调整，以精确叠加两个图像。

第二部分实验是在关联系统下对样品进行光、电检测。杯状细胞合成、分泌的黏液主要成分是糖基化蛋白，凝集素可以和这些糖基化蛋白特异结合。第二份样品中用标记 Alexa 488 的小麦细菌凝集素靶向结合杯状细胞中的糖基化蛋白。在荧光显微镜系统中，可以清晰地辨认出各种细胞器和细胞轮廓。整个荧光的扫描程序只用了大约 20min，然后样品不需要从样品台上卸载下来，只要垂直翻转样品台，即进入了透射电镜观察系统。如果是同样的操作，在组合式关联系统中观察荧光样品，然后再转移到电镜系统，重新定位就需要几个小时。所以，集成式光电关联系统极大地节约了实验时间，缩短了实验周期。

第三部分实验中要观察的是细胞内的过氧化物酶体，直径约 $0.2\mu m$。由于尺寸小，过氧化物酶体非常适合用于检验这套系统中两种成像模式的定位观察、拍照能力。由于在荧光成像技术下，只有特异标记的感兴趣区域会有荧光信号而被观察到，周围其他结构都是黑暗区域，基本辨别不出来具体结构。而在电镜对比图像中，则可清晰地看到在电镜下标记物与荧光信号精准叠加。光镜下观察到的过氧化物酶体上荧光信号的位置，在电镜下同样标记有致密的电子信号，此外，致密信号周围的其他结构也清晰可见。

6.4.1.3　讨论

在最后的讨论部分，研究者认为集成式光电关联系统的主要优势有以下几点：其一，与组合式关联系统相比较，集成式光电关联系统节约了样品在两套设备间的转换时间和重新定位的时间；其二，不需要在两套设备间转换，减少了人为破坏样品完整性的可能；其三，在一套成像系统下关联两个成像模式下的图像，精准度更高。对于集成式光电关联系统来说，急需解决的是样品制备技术方面的问题，该技术要能够在精确保留样品超微结构和样品荧光信号之间找到平衡点，从而将光电关联系统的优势充分体现出来。

6.4.2 组合式光电关联系统在遗传标签 miniSOG 的构建与研究中的应用

在光电关联技术中，选择适当的探针靶向标记目标分子，使其带有荧光信号和电子致密信号，这对获得精确的实验结果具有重要意义。双功能探针的出现（即只标记一次，就可以使样品同时带有上述两种信号），简化了样品制备的操作流程，使结果图像的关联更精准。MiniSOG 就是这样一种具有双功能标记的遗传标签。如前所述，miniSOG 是对拟南芥的向光素进行基因改造后获得的一种荧光蛋白，它本身能够产生荧光信号，这为荧光显微镜提供了观察信号。它还能产生大量单线态氧，具有将 DAB 氧化的能力，这为电子显微镜提供了观察信号。MiniSOG 是通过基因改造获得的，那么也可以通过基因重组技术与其他目标蛋白融合，成为和 GFP 一样的基因标签。Shu 等[13]构建了具有多重身份的 miniSOG，借助于光电关联系统的平台，对其在细胞、组织和生物体水平的标记应用进行了探讨和研究。

6.4.2.1 实验材料与技术

（1）miniSOG 基因合成、诱变和筛选。

（2）融合蛋白的构建及表达　MiniSOG 与不同目的蛋白融合，分别转染进入 HEK293（Human Embryonic Kidney 293 cell，人胚胎肾细胞系）细胞和 HeLa（源自一位名叫 Henrietta Lacks 的妇女的宫颈癌细胞）细胞、培养的皮层神经细胞。

（3）荧光成像、光氧化反应、电镜样品制备

① 荧光成像　贴壁培养上述转染后的细胞，以 2％戊二醛固定，清洗，封闭，荧光显微镜观察、筛选转染成功的细胞（倒置显微镜便于后续的 DAB 氧化反应）。

② 光氧化反应　新鲜配制的 DAB 溶液，过滤后置于冰上，再加入到细胞中；保证氧气持续地通入细胞液；用高强度的激光照射细胞，在显微镜下观察出现棕色反应产物、绿色荧光信号消失时，停止光照，终止反应。

③ 电镜包埋块制备　从载物台上取下细胞，清洗，以 1％锇酸后固定，清洗，以 2％醋酸铀块染，冷的梯度乙醇脱水，丙烯酸树脂包埋。

④ 转基因线虫制备、荧光筛选、光氧化反应、电镜样品制备　注入线粒体靶向的细胞色素 c-miniSOG 融合蛋白，其他操作按前述各方法进行。

⑤ 转基因小鼠的制备、荧光筛选、光氧化反应、电镜样品制备　SynCAM2-miniSOG 融合蛋白通过宫内电穿孔进入胚胎侧脑，取子 7 代和子 21 代，麻醉后以 4％甲醛灌流固定，取脑后，换新鲜固定液，切成 $100\mu m$ 切片，荧光显微镜筛选有荧光信号的区域，对该区域进行光氧化，然后按前述方法进行电镜样品制备。

⑥ 电镜切片及观察　在盖片上包埋的培养细胞，筛选出标记区后，切割下来，粘在丙烯树脂块上，取下盖片，进行超薄切片；$0.5\mu m$ 的厚切片在 400kV 工作电压下以 2°为间隔持续改变样品杆的倾角，连续成像后再进行样品的三维重构。

6.4.2.2 实验过程及结论

① 在培养细胞中，ER-miniSOG 融合蛋白能够靶向定位在内质网上，产生明显绿

色荧光；细胞色素 c-miniSOG 融合蛋白靶向定位在线粒体上，也可以观察到绿色荧光；在转染后的线虫的肌细胞内也观察到定位在线粒体上的绿色荧光。在该实验环节中，与 miniSOG 融合的都是定位明确的蛋白质分子，而 miniSOG 能够成功定位在这些细胞器上，说明无论是在分泌途径中发挥生物学功能的蛋白质还是结构性的蛋白质，都可以与 miniSOG 融合，并成功定位。

② 为了证明 miniSOG 作为双功能标记分子的能力，将突触细胞黏附分子和 miniSOG 构建融合蛋白，并在神经元培养细胞和完整的小鼠大脑中得以表达，通过电子断层扫描和连续块面扫描电子显微镜实现高质量的超微结构成像和突触细胞黏附分子蛋白质的三维定位。

6.4.2.3　讨论

研究者重点讨论了 miniSOG 作为标记分子的优点：可以通过基因重组技术，将要研究的目标蛋白与 miniSOG 构建成融合蛋白，而且，miniSOG 的加入不会干扰目标蛋白的生物学功能；作为遗传标签的 miniSOG，以及后续氧化反应所需的因子都是小分子，避免了通透剂（如 Triton X-100）对细胞超微结构的影响；其对 DAB 的氧化能力要强于 GFP 和半胱氨酸短肽；对超微结构的定位十分精确；未来可以与冷冻替代等样品制备技术结合，也可以与其他电镜技术下的三维重建技术相结合。

本研究除了对 miniSOG 的性质、应用进行了探讨，也给出了一个详尽的光电关联的样品制备过程，总结如图 6-7。

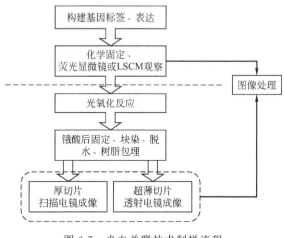

图 6-7　光电关联技术制样流程

6.5　荧光显微镜-扫描电镜关联技术的应用

扫描电镜是电子显微技术中用以观察样品表面超微结构的工具之一，在生命科学研究中发挥了重要的作用。因其对样品的适应性强，或者说对样品的要求不高，所以，样品制备程序简单，更容易整合到光电关联技术样品制备流程中，而被广泛应用。

6.5.1 利用集成式光电关联系统的应用研究

SECOM 系统是集激光扫描共聚焦显微镜和扫描电子显微镜于一体的集成式光电关联系统，其结构已在本章第二节中介绍过。甘油二酯（diacylglycerol，DAG）既是细胞膜动力的调节器，又是细胞内重要的第二信使，因此，了解 DAG 在细胞内的分布具有重要意义。Christopher J. Peddie 等借助于 SECOM 系统，以细胞内的 GFP-C1 为 DAG 的靶向探针，对其分布进行了研究（蛋白激酶 PKC 是一类广泛表达的信号转导蛋白，其活化的标志是在脂质第二信使产生后转移到细胞膜上，这一过程是由 PKC 上的 C1 和 C2 两个模块介导的。而 C1 模块上具有与 DAG 结合的结合囊，该研究中制备 GFP-C1 特异结合 DAG)[14]。

6.5.1.1 实验材料与技术

（1）细胞培养、标记蛋白构建、转染　构建 GFP-C1 融合蛋白，转染进入 HeLa 细胞；同时，将 mCherry-H2B（与组蛋白偶联的红色荧光染料）转染进入 HeLa 细胞。

（2）包埋前共聚焦显微镜成像　将转染后的细胞培养在玻璃盖片上，4%多聚甲醛固定，共聚焦显微镜下观察、拍照。

（3）电镜超薄切片制备　将上述共聚焦显微镜观察过的细胞以 1.5%戊二醛和 2%多聚甲醛固定，清洗；1.5%铁氰化钾和 1%锇酸混合固定剂固定，清洗；1%单宁酸固定，增强膜反差，清洗；系列乙醇脱水，环氧树脂包埋，加热聚合；根据荧光信号筛选出的细胞，修块，切成 70nm 的超薄切片；铀、铅双染色。

（4）高压冷冻和冷冻荧光显微镜观察

① 高压冷冻　将转染和未转染的细胞按常规操作进行高压冷冻。

② 冷冻荧光显微镜观察　将冷冻后的样品在液氮中转移到荧光显微镜的冷冻样品台上，转染和未转染的细胞在结构和荧光信号保存是一致的，没有明显区别。

（5）冷冻替代、树脂包埋　冷冻替代后，样品在低温环境下，直接进行低温树脂包埋；包埋块切成两种切片，分别为 70nm 超薄切片和 200nm 的半薄切片。

（6）荧光显微镜筛选转染细胞　对于切片上有漏洞、质量不佳的样品，可以将铜网夹在盖片和载片之间，滴加甘油后观察；切片质量好的铜网直接观察。

（7）透射电镜成像　将质量好的切片样品放入透射电镜中，根据筛选出的细胞区域拍照。

（8）关联图像　利用 Adobe Photoshop 软件关联荧光图像和电镜图像。

（9）光谱分析　分别对切片样品中的 GFP 和 mCherry 的荧光激发光谱、发射光谱和抗光漂白性进行检测。

（10）SECOM 光电关联系统成像　将厚切片置于关联系统样品台中，先用荧光模式拍照，再用扫描电镜模式拍照；在系统内合成荧光信号和电子致密信号的叠加图像。

6.5.1.2 实验过程及结论

（1）共聚焦-透射电镜联用　将转染后的细胞在包埋前直接在共聚焦显微镜下观

察，可见明显的 GFP 的绿色荧光信号和 mCherry 的红色荧光，但细胞内其他结构没有荧光信号，所以无法对两种信号进行细胞内的定位分析；透射电镜下观察常规固定制备超薄切片后，拍摄图像；合成两种信号的叠加图，从叠加结果可见，绿色信号在细胞核周围，定位在高尔基体；红色信号则定位在细胞核上。

（2）冷冻固定、(快速)冷冻替代技术及超薄切片　经冷冻固定、冷冻替代后制备的超薄切片的荧光信号保存得很好，但其他研究实验表明在冷冻替代过程中，GFP的荧光信号会发生衰减。分析该项研究中荧光信号保存得好的原因有两个：该研究采用冷冻固定，避免了化学固定剂对荧光信号淬灭的影响；其次，常规冷冻替代的操作时间长，荧光蛋白与替代试剂接触时间过长，影响了荧光信号的稳定性。而该研究中采用了快速冷冻替代程序，减小了荧光蛋白的冷冻时间，可以更好地保留荧光信号。采用三种不同的树脂包埋，即 HM20、K4M 和 LR White，切片，以检验不同包埋树脂对荧光信号的影响。

（3）荧光显微镜观察、光谱分析　利用共聚焦显微镜对上述三种树脂包埋的切片进行观察，三种切片都可观察到明显的荧光信号；经光谱扫描分析，三种切片的荧光信号都与 GFP 和 mCherry 的光学性质一致，K4M 和 LR White 中检测到少量自发荧光，但不干扰检测。此外，与在细胞中观察到的荧光信号相比，切片的荧光强度要弱一些，但切片的抗光漂白能力比细胞要好。荧光强度弱的原因有可能是因为切片薄，保留的信号相对较少。

（4）SECOM 光电关联系统成像　200nm 的厚切片在关联系统中成像，先获取荧光图像，再拍摄同一区域的电镜图像。从叠加图像中分析，DAG 主要分布在细胞核周围的细胞器上，如高尔基体、内质网、核质网，还有一些散在的泡状结构中。

6.5.1.3　讨论

（1）利用集成式光电关联技术的优势　虽然该项技术中只用了单一的荧光信号，没有标记电子致密信号，但在电镜下也可以区分细胞的结构细节，同样可以实现双模式观察。集成式关联系统的优势包括：样品不需要在两套模式中转换，节约了时间；图像叠加的精准度更高，目标分子定位更准确，实现了快速、无缝转换、高精度成像。

（2）建立了快速的冷冻替代的方法　该项研究中建立的快速冷冻替代的方法不仅保留了较好的荧光信号，还保存了很好的超微结构。这为光电关联技术的应用提供了一个更为有效的样品制备方法。

（3）该项研究中存在的问题　目前在联用系统中是通过 GFP 的荧光信号将细胞内 DAG 定位于高尔基体上，但由于普通共聚焦显微镜的光衍射的限制，GFP 的信号有些弥散，不能将 DAG 精确定位到"点"上，期待以后采用分辨率更好的超高分辨荧光显微镜技术可以得到更为精确的定位信息。

6.5.2　组合式光电关联技术在细胞外囊泡观察研究中的应用

细胞外囊泡（extracellular vesicles，EVs）是细胞向外分泌的、由脂质双分子层包围的纳米级颗粒，是细胞进行胞间通信的一种方式。细胞外囊泡和受体细胞的相互作用日渐成为胞间通信的研究热点。胞外囊泡的质膜上富集有大量的透明质酸合成酶

3（Hyaluronan synthase 3，HAS3），它是一种完整的跨膜蛋白。研究者以 HAS3 为胞外囊泡标记的靶向分子，利用共聚焦显微镜-扫描电镜的关联技术研究发现胞外囊泡确实结合在受体细胞的质膜上，并有可能在质膜上发生膜融合，而 CD44（透明质酸的受体蛋白）参与了与受体细胞结合的调控过程[11]。

6.5.2.1　实验材料与技术

（1）培养细胞　以标记有数字网格的 dish 培养皿为细胞的培养基质，培养胞外囊泡的受体细胞人乳腺癌细胞系 MCF7，为研究 CD44 的作用，在 MCF7 细胞培养液中加入透明质酸寡糖；构建并常规培养稳定表达 GFP-HAS3 融合蛋白的人黑色素瘤细胞系 MV3，作为细胞外囊泡的供体细胞；为了便于将受体细胞捕获胞外囊泡的过程可视化，将 MV3 同时培养在 I 型胶原中。

（2）制备胞外囊泡　收集细胞外培养液，离心收集胞外囊泡。

（3）CD44 的荧光标记　采用间接的免疫荧光标记技术将受体细胞 MCF7 的 CD44 标记上 Texas red 荧光信号。

（4）扫描电镜样品制备　经光镜检测过的、标记有 CD44 的受体细胞进入扫描电镜样品制备流程，即样品经固定、脱水、干燥、喷金后以扫描电镜观察。

（5）共聚焦显微镜-扫描电镜的联用技术　由 Zeiss 公司的 LSM 700 型激光扫描共聚焦显微镜和 Zeiss 公司的 Sigma 高分辨场发射扫描电镜组合成关联系统，利用仪器自带的 ZEN 软件、公用的 ImageJ 和 Adobe Photoshop 软件进行图像处理。

（6）免疫电镜标记受体细胞　刮取 MCF7 细胞，经固定琼脂预包埋，再用 2.3mol/L 的蔗糖固定后进行冷冻超薄切片。在切片上，以抗 GFP 的抗体为一抗、偶联了 10nm 大小的纳米金的蛋白 A（Protein A）为二抗，对切片上来自于供体细胞的 GFP 进行免疫电镜标记，透射电镜观察。

6.5.2.2　实验过程及结论

（1）用纳米颗粒跟踪分析技术（nanoparticle tracking analysis，NTA）分析 MV3 细胞分泌的胞外囊泡的粒度分布和浓度，利用透射电镜负染色技术直观地观察胞外囊泡的形态和大小。两种结果一致，即 MV3 细胞分泌的胞外囊泡大小为 100～200nm，电镜下呈现的形态为典型的杯托状。

（2）共聚焦显微镜观察并拍摄标记有 GFP 的供体细胞 MV3 和胞外囊泡的共聚焦图像，MV3 和胞外囊泡均具有强度很高的 GFP 绿色荧光信号。

（3）共聚焦显微镜-扫描电镜关联技术检测受体细胞 MCF7 与胞外囊泡的结合过程：MCF7 细胞表面的 CD44 被标记有 Texas red 的红色荧光信号，该细胞分组处理如下所述。

① 对照组　常规培养的 MCF7 细胞，只进行红色荧光标记；

② 实验组 1　MCF7 细胞红色荧光标记后，在常规培养液中加入提取的供体细胞的胞外囊泡，该囊泡具有 GFP 的绿色荧光信号；

③ 实验组 2　MCF7 细胞红色荧光标记后，加入供体胞外囊泡后，再加入透明质酸寡糖片段。胞外囊泡和透明质酸寡糖互相竞争抑制与 CD44 结合。

在激光扫描共聚焦显微镜下，与对照组细胞比较，可以清晰地观察到实验组 1 中

MCF7 细胞表面结合了的红色荧光信号中出现绿色的荧光信号，这至少说明在受体细胞表面有胞外囊泡附着；并且随孵育时间的增加，细胞表面结合的胞外囊泡数量增加；在实验组 2 中，当加入竞争结合抑制的寡糖片段后，结合的胞外囊泡的绿色信号减少，说明胞外囊泡与受体细胞的结合是由 CD44 参与调控的。共聚焦显微镜观察、拍照后，将样品转移到扫描电镜下观察。利用细胞培养时的标有数字网格的培养皿基底初步确认在共聚焦下的观察位点，利用 ZEN 和 PS 软件进行精确定位、图像叠加，获得带有 GFP 的绿色荧光、Texas red 的红色荧光和细胞核的 DAPI（4′,6-二脒基-2-苯基吲哚）的蓝色荧光的"彩色"扫描电镜图像。借助于扫描电镜观察，可见在细胞表面附有不同形态的胞外囊泡，有圆的、杯状的、内凹状的，其中以圆形的居多。

6.5.2.3　讨论

在讨论部分，研究者首先强调在该项研究中采用了光电关联系统的优势。在该项研究中，如果只采用共聚焦显微镜技术观察，受分辨率的限制，研究者看到的胞外囊泡仅仅是标记有绿色信号的"点"，但无法清晰地分辨"点"的大小和形态。而此项研究正是借助于光电关联技术中的扫描电镜成像模式，才能高分辨地观察到荧光信号下的那些"点"发生的形态变化。这些形态的改变提示研究者，在细胞膜上，胞外囊泡和受体细胞发生积极的相互作用，有可能结合的具体动作发生在受体细胞膜上。此外，在扫描电镜图像上，与荧光图像叠加后，研究者还发现了一些没有 GFP 信号的胞外囊泡，分析它们应该是受体细胞自身产生的。如果单独使用扫描电镜技术，没有光电关联技术的荧光信号，研究者很难区别两种来源不同的胞外囊泡，这有可能对后续的研究产生干扰。这也正是该项研究中利用光电关联技术获得的更丰富、更多元化的结构信息。本研究最后还讨论了 GFP 信号的标记意义、CD44 在胞外囊泡与受体细胞结合时发挥的作用等问题。

参 考 文 献

[1] David B，Williams C B C. 透射电子显微学：上册 [M]. 北京：高等教育出版社，2015.

[2] 袁兰. 激光扫描共聚焦显微镜技术教程 [M]. 北京：北京大学医学出版社，2004.

[3] Geissinger H D. A precise stage arrangement for correlative microscopy for specimens mounted on glass slides，stubs or EM grids [J]. J Microsc，1974，100：113-117.

[4] Gonda M A，Gilden R V，Hsu K C. An unlabeled antibody macromolecule technique using hemocyanin for the identification of type B and type C retrovirus envelope and cell surface antigens by correlative fluorescence，transmission electron，and scanning electron microscopy [J]. J Histochem Cytochem，1979，27 (11)：1445-1454.

[5] Agronskaia A V，Valentijn J A，Van Driel L F，et al. Integrated fluorescence and transmission electron microscopy [J]. J Struct Biol，2008，164：183-189.

[6] Maranto A R. Neuronal mapping：a photooxidation reaction makes Lucifer yellow useful for electron microscopy [J]. Science，1982，217 (4563)：953-955.

[7] Giepmans B N，Deerinck T J，Smarr B L，et al. Correlated light and electron microscopic imaging of multiple endogenous proteins using Quantum dots [J]. Nat Methods，2005，2 (10)：743-749.

[8] Li J L，Wang Y，Chiu S L，et al. Membrane targeted horseradish peroxidase as a marker for correlative fluorescence and electron microscopy studies [J]. Front Neural Circuits，2010，4：6.

[9] Rieder C L，Bowser S S. Correlative Microscopy in Biology：Instrumentation and Methods [M]. Aca-

demic Press，1987：249-277.

[10] Li S G，Ji G，Shi Y，et al. High-vacuum optical platform for cryo-CLEM（HOPE）：A new solution for non-integrated multiscale correlative light and electron microscopy ［J］. J Struct Biol，2018，201 （1）：63-75.

[11] Arasu U T，Häkönen K，Koistinen A，et al. Correlative light and electron microscopy is a powerful tool to study interactions of extracellular vesicles with recipient cells ［J］. Exp Cell Res，2019，376：149-158.

[12] Keene D R，Tufa S F，Wong M H，et al. Correlation of the same fields imaged in the TEM，Confocal，LM，and MicroCT by image registration ［J］. Methods Cell Biol，2014，124：391-417.

[13] Shu X K，Lev-Ram V，Deerinck T J，et al. A genetically encoded tag for correlated light and electron microscopy of intact cells，tissues，and organisms ［J］. PLoS Biol，2011，9（4）：e1001041.

[14] Peddie C J，Blight K，Wilson E，et al. Correlative and integrated light and electron microscopy of in-resin GFP fluorescence，used to localise diacylglycerol in mammalian cells ［J］. Ultramicroscopy，2014，143：3-14.